高职高专“十二五”规划教材

仪器分析应用技术

赵艳霞　段怡萍　主　编

中国轻工业出版社

图书在版编目（CIP）数据

仪器分析应用技术/赵艳霞，段怡萍主编. —北京：中国轻工业出版社，2018.1

高职高专“十二五”规划教材

ISBN 978-7-5019-8236-3

Ⅰ.①仪… Ⅱ.①赵…②段… Ⅲ.①仪器分析-高等职业教育-教材 Ⅳ.①O657

中国版本图书馆 CIP 数据核字（2011）第 126095 号

责任编辑：江　娟　　责任终审：孟寿萱　　封面设计：锋尚设计

版式设计：宋振全　　责任校对：晋　洁　　责任监印：张　可

出版发行：中国轻工业出版社（北京东长安街 6 号，邮编：100740）

印　　刷：三河市万龙印装有限公司

经　　销：各地新华书店

版　　次：2018 年 1 月第 1 版第 5 次印刷

开　　本：720×1000　1/16　印张：13.75

字　　数：277 千字

书　　号：ISBN 978-7-5019-8236-3　定价：28.00 元

邮购电话：010-65241695

发行电话：010-85119835　传真：85113293

网　　址：http://www.chlip.com.cn

Email：club@chlip.com.cn

如发现图书残缺请与我社邮购联系调换

180062J2C105ZBW

《仪器分析应用技术》编委会

主　编　赵艳霞（武汉职业技术学院）

　　　　　段怡萍（武汉职业技术学院）

副主编　李　敏（武汉职业技术学院）

　　　　　李耀仓（武汉生物工程学院）

参　编（按姓氏笔画排序）

　　　　　王大红（武汉职业技术学院）

　　　　　任　靓（武汉软件工程职业学院）

　　　　　张　婧（武汉职业技术学院）

　　　　　覃　宇（武汉职业技术学院）

　　　　　谢明芳（武汉职业技术学院）

前　言

目前，仪器分析技术在工业分析、药品分析、食品分析等各个领域发挥了重要的作用。通过本课程的学习，学生能熟练使用各种仪器设备，掌握相关理论知识，为培养学生专业职业能力奠定基础。作为教育部/财政部“国家示范性高等职业院校建设”优质核心课程，仪器分析进行了基于工作过程为导向的学习领域课程改革，在“一体化”教学模式的实施中，我们开发了配套教材。本教材紧扣高等职业技术教育的培养目标，本着“立足实用，强化能力，注重实践”的职教特点进行编写。

与传统的仪器分析教材相比，本教材具有以下特点：

（1）教材内容选取上以“实用、够用”为主。在企业调研的基础上，本书介绍了企业常用的仪器分析方法，包括紫外可见分光光度计、气相色谱法、液相色谱法、高效液相色谱法、电位分析法，并在最后“其他仪器分析方法中”简单介绍了红外吸收光谱法、气相色谱-质谱联用技术、电泳分析法。同时，降低了理论难度，加大了实验技术方面的介绍。如样品的预处理、软件处理数据的方法等。

（2）在教材编写组织上，打破了理论教材与实验教材分开的格局，根据职业情景和职业能力的同一性原则，以一个个完整的“任务”为线条，融合了任务中所需的理论知识，取代了“章节式”的结构，并且在每一模块中穿插了具有知识性的阅读材料，以帮助学生获取相关仪器分析方法的资讯。

（3）在每一种分析方法中，注重对仪器设备结构、操作方面的介绍，还增加了部分仪器设备的维护与保养知识、常见故障及排除方法的介绍，加强学生职业操作技能的培养。

本书由赵艳霞和段怡萍担任主编。绪论由段怡萍编写，第一模块由李敏编写，第二模块由赵艳霞编写，第三模块由任靓、李耀仓编写，第四模块由王大红、覃宇编写，第五模块由段怡萍、张婧编写，第六模块由谢明芳编写。在编写过程中，还参考了有关专家和编者的文献资料和教材，在此一并表示最衷心的感谢！

由于编者水平有限，书中定有疏漏和不当之处，敬请各位专家和读者予以批评指正。

编者

2011 年 5 月

目　录

绪 论

仪器分析是借助精密的分析仪器，依据物质的物理性质或物理化学性质来确定物质的化学组成、含量及结构的分析方法。近年来，随着电子技术、计算机技术、激光技术等技术的发展，分析技术发生了深刻变化，许多新方法、新技术、新仪器不断涌现，经典的化学分析也正在不断地仪器化。目前，仪器分析在石油、化工、冶金、医药、食品、地质、环保、国防等领域的应用突飞猛进。因此，了解各种仪器分析的原理与操作、掌握仪器分析的方法已成为分析工作者必须具备的职业技能。

一、仪器分析方法的分类

仪器分析是一门多学科相互渗透的综合性应用科学，分类方法很多。根据测定的方法原理不同，主要分为光学分析法、电化学分析法、色谱分析法等。仪器分析方法分类见表 0-1。

表 0-1　　仪器分析方法分类

方法分类	被测物理参数	相应分析方法(部分)	检测目的
光学分析法	辐射的发射	原子发射光谱法	元素的定性,定量分析
		火焰发射光谱法	碱金属、碱土金属元素含量测定
		原子荧光光谱法	元素定量分析
		紫外可见分光光度法	定量分析,紫外可定性分析
	辐射的吸收	红外吸收光谱法	结构鉴定、定量分析
		原子吸收光谱法	金属、半金属元素含量测定
		核磁共振波谱法	物质结构鉴定
电化学分析法	电极电位	直接电位法、电位滴定法	定量分析
	电导	直接电导法、电导滴定法	定量分析
	电量	库仑分析法	定量分析
	电流-电压	极谱分析法	定量分析
色谱分析法	两相间的分配	气相色谱法、液相色谱法	混合物的分离与定量分析
	相对迁移率	电泳分析法	混合物的分离与定量分析
	质荷比	质谱法	相对分子质量测定、结构鉴定，色质联用物质的鉴定和定量分析

（1）光学分析法　此法是基于物质与光作用时，物质内部发生能级间的跃迁而产生特征光谱，通过测定其吸收或发射光谱的波长与强度，进行定性分析、定量分析、结构分析和各种数据的测定的一种分析方法。光学分析法包括吸收光谱法和发射光谱法两类。

(2) 电化学分析法　此法是基于物质电化学性质与浓度的关系来测定被测物质含量的一类分析方法。电化学分析法包括电位分析法、电导分析法、库仑分析法、极谱分析法等。

(3) 色谱分析法　此法是基于样品中各组分物质在两相中分配系数不同而将混合物分离，然后用各种检测器测定各组分含量的分析方法。色谱分析法包括气相色谱法（GC）、高效液相色谱法（HPLC）等。

以上三类是目前应用最广的分析方法。由于仪器分析发展迅速，其他仪器分析方法也涌现很多，如差热分析法、放射分析法、核磁共振波谱法、X射线荧光分析法等。本教材着重介绍紫外可见分光光度法、原子吸收光谱法、电位分析法、气相色谱法和液相色谱法等常用的仪器分析方法。

二、仪器分析的特点

仪器分析作为分析化学中的一类分析方法，具有以下特点：

(1) 灵敏度高　与化学分析相比，仪器分析灵敏度高，相对检出限一般在10^{-6}或10^{-9}数量级，甚至可达10^{-12}，如气相色谱法的检出限可达10^{-12}～10^{-8}，原子吸收光谱法的检出限可达10^{-9}。因而仪器分析方法适用于微量及痕量成分的分析。

(2) 分析速度快，自动化程度比较高　在分析过程中，绝大多数分析仪器都是将被测组分的浓度变化或物理性质变化转变成某种电性能（如电阻、电导、电位、电容、电流等），从而易与计算机连接，实现自动化和智能化。因此仪器分析具有分析速度快，操作简便的特点。如光电直读光谱仪可在1～2min测出钢样中20～30种元素的含量。

(3) 试样用量少，适合于微量和超微量分析　如在气相色谱分析中样品的进样量只要几微升。

(4) 选择性高，应用范围广泛　由于仪器本身有较高的分辨能力，容易方便地选择最佳条件进行测试，还可以利用其他辅助技术如掩蔽和分离方法等，大大提高其选择性。

除了上述特点外，仪器分析方法也具有一定的局限性。其一，仪器分析设备昂贵，难保养，工作条件要求较高。其二，相对误差较大（通常为5%），不适合于常量和高含量组分的分析，但绝对误差很小，可满足微量组分的分析。

化学分析是利用化学反应及其计量关系来进行分析，对于常量组分的测定，具有经典、成熟、准确等特点。在仪器分析中，有时会利用化学分析法的相关知识。如在仪器分析中，一般都要用标准物质进行定量工作曲线校准，而很多标准物质却需要用化学分析进行准确含量的测定。因此，正如著名分析化学家梁树权先生所说："化学分析和仪器分析同是分析化学的两大支柱，两者唇齿相依，相辅相成，彼此相得益彰"。总的来说，化学分析是基础，仪器分析是发展方向。

三、仪器分析的发展趋势

从19世纪30年代开始，仪器分析方法得到了迅速的发展，并逐步成为分析化学的主要组成部分。另外，一些科学技术的发展，为许多新的仪器分析方法的建立和发展奠定了良好的基础，并提供了技术支持。目前，仪器分析在石油工业、化学工业、环境保护、冶金工业、药物分析、食品分析等各个领域中的应用日趋广泛。如利用红外光谱、紫外光谱、核磁共振及质谱分析等方法对药物的结构进行分析；利用原子吸收光谱仪测定食品中微量金属元素；利用气相色谱仪、薄层层析扫描仪测定农产品中的农药残毒及其他有机化合物等。

由于科学技术的发展，对分析技术又提出很多新的研究课题。从常量到痕量分析，从总体到微区分析，从整体到表面分析，从定性定量到微观结构分析，从静态到追踪分析，要求快速、灵敏、准确、高效、自动化地检测物质的含量、状态、价态及结构。科学技术的发展鞭策着仪器分析不断向前发展，目前仪器分析的发展趋势具有如下五个特点：

（1）新的仪器和新的分析方法不断涌现　现代的最新的科学技术，如激光、等离子体、计算机等先进的电子技术都引入仪器分析中，使这门科学得到飞速发展，新的分析仪器，新的分析方法将会不断涌现。

（2）自动化程度越来越高　目前世界各地展出的分析仪器，一个共同特点就是微机化和自动化，这不但使分析操作和数据处理整个过程都自动化，而且还可以对科学实验条件或生产工业进行自动调节和控制。

（3）多种分析方法联合使用　仪器分析多种方法的联合使用可以使每种分析方法的优点得以发展，每种方法的缺点得以补救。目前联用分析技术已成为当前仪器分析的重要方向。

（4）分析的灵敏度越来越高，分析速度越来越快　随着科学技术与经济的发展，进一步提高了仪器分析法的灵敏度和选择性，如活化分析和质谱分析的绝对灵敏度为10^{-14}g。同时要求仪器分析方法分析速度越来越快。据报道，在临床分析中，一次取血样4mL，可在0.5h内报出31种临床分析项目的结果。

（5）学科的相互交叉和渗透　生物、物理、数学等各学科的相互渗透、相互融合，使仪器分析逐渐成为一门以一切可能的方法和技术，一切可以利用的物质属性，对一切可以测定的化学组分及其形态、状态、结构、分布进行测量及表征的综合学科。

四、样品的前处理技术

一般完成一个检测任务，其分析过程主要包括样品的采集、样品的前处理、分析检测、数据处理和填写报告单。其中，样品的前处理最为重要，其主要目的是排除其他组分的干扰，完整地保留被测组分并使之浓缩，以获得满意的分析结果。

样品前处理的传统方法包括物理法和化学法两大类。用于样品前处理的经典物理方法主要包括蒸馏、柱色谱、重结晶、萃取、过滤、干燥、离心等；化学方法主要包括络合、沉淀、衍生三大类。样品前处理的新方法分为脱机处理与联机处理两大类。脱机处理主要有超临界流体萃取、固相萃取、微波溶出等方法；联机处理是将样品的制备与分析直接相连，不需人为转移，易于自动化，重现性好，误差小。

模块一 电位分析法

学习目标

知识目标： 掌握电位分析法的基本原理；掌握 pH 玻璃电极测量溶液 pH 的原理和实验方法；熟悉酸度计和电位滴定仪的结构及各部件的功能作用；了解酸度计和电位滴定仪的维护与保养。

技能目标： 能熟练操作酸度计、离子计和电位滴定仪。

电化学分析法是依据物质的电化学性质（如电流、电位、电导、电量等），来测定物质组成及含量的分析方法。电位分析法是电化学分析法的一个重要分支。它的实质是通过在零电流的条件下测定两电极间的电位差（即构成原电池的电动势）进行分析测定。电位分析法包括直接电位法和电位滴定法。直接电位法是通过直接测定试液组成原电池的电动势来计算待测离子的活度（浓度），而电位滴定法是以滴定过程中指示电极电位（或原电池的电动势）的变化为依据进行分析的。一般电位分析法具有以下特点：

（1）设备简单，操作方便　一般电位分析法只用酸度计（离子活度计）或自动电位滴定仪即可，操作起来也非常方便。

（2）可用于连续、自动和遥控测定　由于电位分析测量的是电信号，所以可方便地将其传播、放大，也可作为反馈信号来遥控测定和控制。

（3）灵敏度高、选择性好、重现性好　如直接电位法一般可测离子的浓度范围为 10^{-5}～10^{-1}mol/L，个别可达 10^{-8}mol/L。电位滴定法的灵敏度更高。

任务一　工业废水 pH 的测定

【任务目的】

（1）掌握酸度计测定工业废水 pH 的检验方法。

（2）学会正确使用酸度计。

（3）能根据说明书操作其他型号的酸度计。

【工作依据】

测定溶液的 pH，通常用 pH 玻璃电极作指示电极，饱和甘汞电极（简写作

SCE）作参比电极，与待测溶液组成原电池。在一定实验条件下，原电池的电动势 E 与溶液的 pH 之间的关系符合能斯特方程式，即

$$E=K'+0.0592\text{pH}\ (t=25℃)$$

式中，K' 是常数。在实际测量溶液的 pH 时常采用比较法。即先配制一个与待测溶液 pH 接近的标准溶液，然后在相同条件下分别测定标准溶液和待测溶液的电动势 E_S、E_X，设标准溶液和待测溶液的 pH 分别为 pH_S、pH_X，根据能斯特方程有：

$$E_S=K'+0.0592\text{pH}_S$$

$$E_X=K'+0.0592\text{pH}_X$$

$$\text{pH}_X=\text{pH}_S+\frac{E_X-E_S}{0.0592}\quad (t=25℃)$$

测定 pH 的方法有单标准 pH 缓冲溶液法和双标准 pH 缓冲溶液法。如果待测溶液的 pH 与选用的标准溶液 pH 非常接近，可选用单标准 pH 缓冲溶液法；如果想进一步提高测量的准确度，应选用双标准 pH 缓冲溶液法，且要求待测溶液的 pH 处在两种标准缓冲溶液的 pH 之间。本任务使用双标准 pH 缓冲溶液法。

【工作准备】

（1）仪器　PHS-3C 型 pH 计（或其他型号酸度计）。

（2）试剂

① 0.05mol/L 邻苯二甲酸氢钾标准缓冲溶液（$t=25℃$，pH＝4.003）：精密称取预先在 120℃下烘干 2h 的邻苯二甲酸氢钾 2.58g，置于洁净干燥的小烧杯中，用不含二氧化碳的蒸馏水溶解后倒入 250mL 容量瓶中，用少量蒸馏水冲洗烧杯壁 2～3 次，冲洗用水转移到容量瓶中，然后用蒸馏水定容至刻度，摇匀。

② 0.025mol/L 混合磷酸盐标准缓冲溶液（$t=25℃$，pH＝6.864）：精密称取预先在 120℃下烘干 2h 的磷酸二氢钾 0.85g 和磷酸二氢钠 0.88g，置于洁净干燥的小烧杯中，用不含二氧化碳的蒸馏水溶解后倒入 250mL 容量瓶中，用少量蒸馏水冲洗烧杯壁 2～3 次，冲洗用水转移到容量瓶中，然后用蒸馏水定容至刻度，摇匀。

③ 0.01mol/L 硼砂标准缓冲溶液（$t=25℃$，pH＝9.182）：精密称取硼砂 0.95g 置于洁净干燥的小烧杯中，用不含二氧化碳的蒸馏水溶解后倒入 250mL 容量瓶中，用少量蒸馏水冲洗烧杯壁 2～3 次，冲洗用水转移到容量瓶中，然后用蒸馏水定容至刻度，摇匀。

【工作内容】

在阅读过仪器说明书后进行以下操作。

1. 准备工作

开机前仪器检查、安装预热：检查仪器完整性，把酸度计的三芯电源插头插

入 220V 交流电源座（PHS-3C 酸度计的电源插口和电源开关位置均在仪器后），接通电源开关，打开仪器电源开关，预热 20min。

2. 检查和安装电极

（1）pH 复合玻璃电极的检查　仔细检查所选 pH 复合玻璃电极的球泡是否有裂纹；仔细检查内参比电极是否浸入内参比溶液内，若有裂纹或内参比电极未浸入内参比液者不能使用；仔细检查参比液内是否有气泡，若参比液内有气泡应稍晃动，除去气泡。

注意！玻璃电极球泡易碎，操作要仔细。

（2）pH 复合玻璃电极的安装　将已在饱和 KCl 溶液中浸泡 24h 的 pH 复合玻璃电极插入复合电极插座，将电极夹持在电极支架上，用蒸馏水清洗电极，并用洁净的滤纸吸取附着在电极上面的水。

3. 测量工业废水的 pH

① 将电极放入 pH＝6.864（t＝25℃）混合磷酸盐标准缓冲溶液中，将选择开关置于“温度”挡位，调节“温度补偿旋钮”，使数码管显示的数值与工业废水当前温度一致。

② 将选择开关置于“pH”挡，调节“定位”旋钮，使数码管显示的数值与混合磷酸盐标准缓冲溶液当前温度下的 pH 一致。

③ 取出电极，在蒸馏水中清洗，用洁净的滤纸吸干电极上的水，用 pH 试纸粗测工业废水的 pH，再将电极浸入到与工业废水 pH 接近的标准缓冲溶液中，调节“斜率”旋钮，使数码管显示的数值与所选的标准缓冲溶液当前温度下的 pH 一致。

④ 反复进行上述②、③步骤，直至显示值符合两标准缓冲溶液的 pH 为止。

⑤ 将清洗干净的电极浸入到工业废水中，待显示值稳定后直接读出工业废水的 pH。

4. 结束工作

关闭电源开关，拔出电源插头。取出 pH 复合玻璃电极，用蒸馏水清洗干净后，浸泡在饱和 KCl 溶液中。清洗烧杯，晾干后妥善保存。用干净抹布擦净工作台，罩上仪器罩，填写仪器使用记录。

【任务提示】

［1］ 本任务所用的 PHS-3C 型酸度计采用 pH 复合玻璃电极，它是 pH 玻璃电极和饱和甘汞电极的复合体，测量时不需另外使用参比电极，是目前酸度计上使用最多的一种电极。

［2］ 玻璃电极膜极薄，容易破裂，使用时要小心，切勿触及硬物。

［3］ 使用 pH 玻璃复合电极时，应拔去电极前端的电极套，拉下橡皮套。取下套后，应避免电极的敏感玻璃泡与硬物接触，因为任何破损或擦毛都会使电极失效。测量完毕后，及时将玻璃电极清洗，并浸泡在 3mol/L KCl 饱和溶液

中，套上橡皮套。

[4] 标准缓冲溶液的配制是否准确，关系到测量结果的准确度。目前，我国标准计量局颁布的 pH 标准缓冲溶液体系有六种缓冲溶液，现列出三种常用的缓冲溶液，它们在不同温度下的 pH 如表 1-1 所示。

表 1-1　　不同温度下标准缓冲溶液的 pH

温度/℃	0.05mol/L 邻苯二甲酸氢钾的 pH	0.025mol/L 混合磷酸盐的 pH	0.01mol/L 硼砂的 pH
0	4.006	6.981	9.458
5	3.999	6.949	9.391
10	3.996	6.921	9.330
15	3.996	6.898	9.276
20	3.998	6.879	9.226
25	4.003	6.864	9.182
30	4.010	6.652	9.142
35	4.019	6.844	9.105
40	4.029	6.838	9.072
50	4.055	6.833	9.015
60	4.087	6.837	8.968

由于同种标准缓冲溶液在不同温度下的 pH 稍有不同，而酸度计上的 pH 分度值是按照 25℃时的条件进行划分的，为了测量其他温度下溶液的 pH，必须进行温度补偿。

[5] 标准缓冲溶液的选择应遵循下列原则：使用与被测溶液 pH 相近的标准缓冲液校正仪器，以降低测量误差，提高分析准确度。

[6] 电极插入溶液中，小心轻摇几下试杯，使电极平衡，静置待稳定后读数。

[7] 由于待测试样的 pH 常随空气中 CO_2 等因素的改变而改变，因此采集试样后应立即测定，不宜久存。

问题探究

Q1：pH 计的工作原理是什么？

Q2：玻璃电极的主要构造及原理是什么？

知识链接一　直接电位法测 pH 的工作原理

直接电位法是通过直接测定试液组成原电池的电动势来计算待测离子的活度(浓度)。即将两支性能不同的电极插入同一被测液中构成原电池，在零电流的条件下，由于两支电极的电位存在着电位差（电池电动势），从而建立了电池电动势与被测液浓度之间的关系。直接电位法应用最早、最广泛的是测定溶液的

pH。根据这一原理制得的测定被测溶液 pH 的仪器称为酸度计。

一、电位分析法的工作依据

电极电位与溶液中对应离子活度之间的关系可用能斯特方程式表示：

$$E=E^{\ominus}+\frac{2.303RT}{nF}\lg\frac{[氧化型]}{[还原型]} \tag{1-1}$$

式中　E——电极电位

$E^{\ominus}$——标准电极电位

T——热力学温度，K

n——电极反应中转移的电子数

R——理想气体常数，8.3144J/(K·mol)

F——法拉第常数 96487C/mol

氧化型——离子的高价态

还原型——离子的低价态

将这些常数代入式（1-1）中，并将自然对数换成常用对数，则在 25℃时：

$$E=E^{\ominus}+\frac{0.05916}{n}\lg\frac{[氧化型]}{[还原型]} \tag{1-2}$$

对于金属电极，还原态是纯金属，其活度是常数定为 1，则式（1-2）可简化为：

$$E_{电位}=E^{\ominus}+\frac{0.05916}{n}\lg[氧化型]$$

根据上式可见，测定了电极电位就可确定离子的活度或浓度，这就是电位分析法的理论依据。

二、酸度计的基本构造

目前，酸度计种类、型号很多，但基本构造都相似，都主要由指示电极、参比电极、被测液、导线连接组成一个原电池装置，工作装置如图 1-1 所示。

1. 参比电极

在工作电池中，电位恒定不变的电极称为参比电极。参比电极是决定指示电极电位的重要因素。最精确的参比电极是标准氢电极，但由于其制作比较麻烦，实际应用不多。常见的参比电极是甘汞电极和银-氯化银电极。

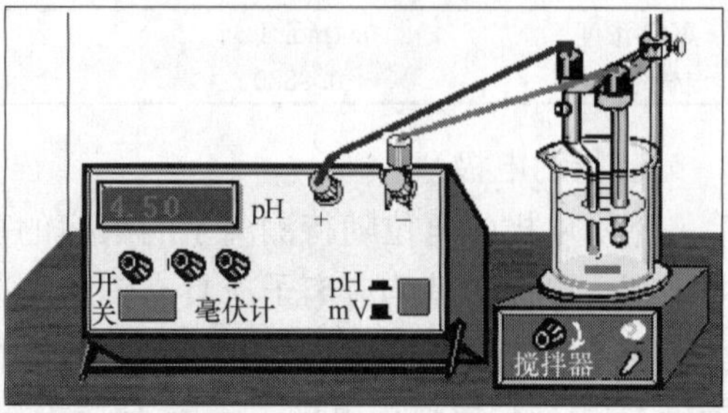

图 1-1　酸度计实验装置图

（1）甘汞电极　是由汞（Hg）

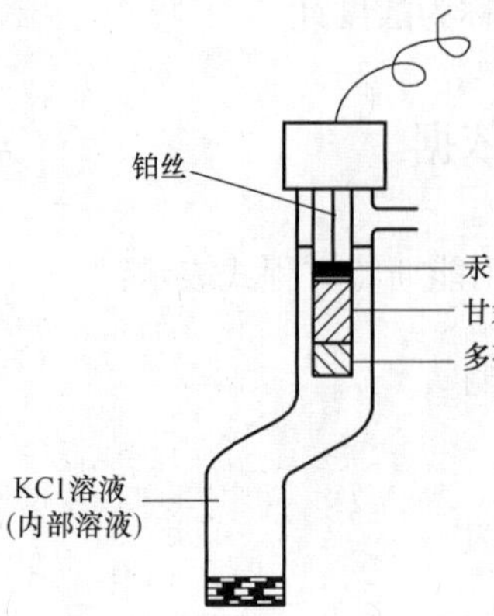

图 1-2　甘汞电极构造示意图

和甘汞（Hg_2Cl_2）的糊状物装入一定浓度的（KCl）溶液中构成的，如图 1-2 所示。

甘汞电极（参比电极）的特点是电位值固定不变。其电极反应式如下：

$$Hg_2Cl_2 + 2e^- \longrightarrow 2Hg + 2Cl^-$$

电位在 $t=25℃$时表达式为：

$$E_{Hg_2Cl_2/Hg} = E^{\ominus}_{Hg_2Cl_2/Hg} - 0.05916\lg Cl^-$$

其中 $E^{\ominus}_{Hg_2Cl_2/Hg}$ 为标准甘汞电极电位值。

由上式可知，当 t 一定时，甘汞电极的电位值取决于 KCl 溶液中的 Cl^- 浓度。Cl^- 浓度一定，电极的电位就是一个恒定值。甘汞电极中氯化钾溶液常用的浓度有三种，每种浓度对应的甘汞电极的电极电位如表 1-2 所示。

表 1-2　　甘汞电极的电极电位（25℃）

电极类型	0.1mol/L 甘汞电极	标准甘汞电极	饱和甘汞电极
KCl 浓度	0.1mol/L	1mol/L	饱和溶液
电极电位/V	+0.3365	+0.2828	+0.2438

（2）银-氯化银电极　也是一种广泛应用的参比电极，它是将银丝表面镀上一层氯化银，浸入到用氯化银饱和的一定浓度的氯化钾溶液中。其电极反应为：

$$Ag + Cl^- = AgCl + e$$

在 $t=25℃$时，

$$E_{AgCl/Ag} = E^{\ominus}_{AgCl/Ag} - 0.05916\lg Cl^-$$

由上式可知，当 t 一定时，银-氯化银电极的电位值也取决于 KCl 溶液中的 Cl^- 浓度。银-氯化银电极中氯化钾溶液常用的浓度有三种，每种浓度对应的银-氯化银电极的电极电位如表 1-3 所示。

表 1-3　　银-氯化银电极的电极电位（25℃）

电极类型	0.1mol/L 银-氯化银电极电极	标准银-氯化银电极	饱和银-氯化银电极
KCl 浓度	0.1mol/L	1mol/L	饱和溶液
电极电位/V	+0.2880	+0.2223	+0.2000

2. 指示电极

指示电极的电位随待测离子的浓度的变化而改变。为避免共存离子的干扰，要求指示电极对其响应离子应具有较高的选择性。另外，指示电极还应具有灵敏度高、测量浓度范围宽、响应速度快等特点。按结构和原理的不同，可将指示电极分为金属-金属离子电极、金属-金属难溶盐电极、惰性金属电极和离子选择性电极等。在直接电位法测定溶液 pH 中，最常见的是离子选择性电极中的 pH 玻璃电极。

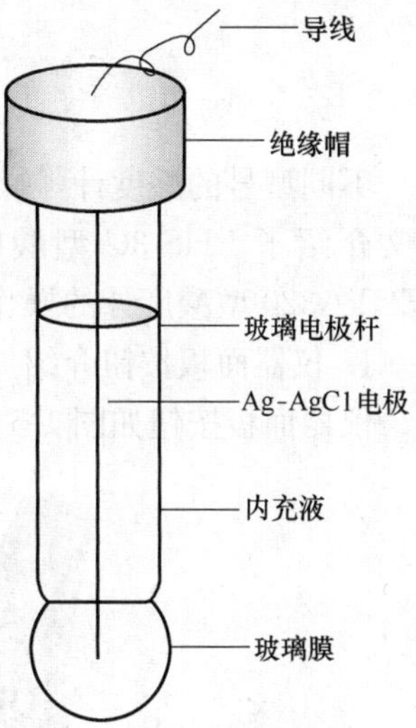

图 1-3　玻璃电极

（1）pH 玻璃电极的构造　如图 1-3 所示。它的主要部分是一个玻璃泡，泡的下半部为特殊材料组成的玻璃薄膜（摩尔分数约为 Na_2O 22%、CaO 6%、SiO_2 72%）。膜厚为 30～100μm。在玻璃泡中装有 0.1mol/L HCl 溶液作为内参比溶液（或称为内充液），内充液中插入一根银-氯化银电极作为内参比电极。内参比电极的电位是恒定的，与被测溶液的 pH 无关。玻璃电极作为指示电极，其作用主要在玻璃膜上。

（2）膜电位　当玻璃电极作为指示电极浸入被测溶液时，玻璃膜处于内部溶液和试样溶液之间，这时跨越玻璃膜产生一电位差 ΔE_M，这种电位差称为膜电位（膜电位的产生原理见知识链接二“离子选择性电极”部分），它与氢离子活度之间的关系符合能斯特公式：

$$\Delta E_M=\frac{2.303RT}{F}\lg\frac{c_{H^+,试}}{c_{H^+,内}} \tag{1-3}$$

$$\Delta E_M=K+\frac{2.303RT}{F}\lg c_{H^+,试}=K-\frac{2.303RT}{F}pH_{试} \tag{1-4}$$

当 $t=25℃$，上述公式也可简化为：

$$\Delta E_M=K-0.05916pH_{试} \tag{1-5}$$

（3）不对称电位　由式（1-3）可见，当 $c_{H^+,试}=c_{H^+,内}$ 时，ΔE_M 应为零。但实际上测量表明 ΔE_M 并不等于零，跨越玻璃膜仍存在一定的电位差，这种电位差称为不对称电位。当玻璃电极在水溶液中长时间浸泡后，可使不对称电位达到恒定值，合并于式（1-5）的常数 K 中。

（4）玻璃电极的电位　玻璃电极具有内参比电极，通常是银-氯化银电极，其电位是恒定的，与待测 pH 无关。所以玻璃电极的电位值应是内参比电极和膜电位之和。

$$E_{玻}=E_{AgCl/Ag}+\Delta E_M=E_{AgCl/Ag}+K-0.05916pH_{试}=K_{玻}-0.05916pH_{外} \tag{1-6}$$

其中，$K_{玻}=E_{AgCl/Ag}+K$

玻璃电极的优点是对 H^+ 有高度的选择性，使用范围广，不受氧化剂、还原剂影响，适用于有色、浑浊或胶态溶液的 pH 测定及具有响应快（达到平衡快）、不沾污试液的特点。但由于膜太薄，不能用于含 F^- 的溶液，并且电极电阻高。玻璃电极的 pH 测量范围一般为 1～10。当试液 pH＜1 时，测量结果偏高，称为“酸差”。当试液 pH＞10 时，测量结果偏低，称为“碱差”或“钠差”。

三、酸度计的基本操作

不同型号的酸度计，操作方法略有不同（在使用前应仔细阅读仪器说明书）。前文介绍了 PHS-3C 型酸度计的基本操作（见任务一工作内容），下面介绍 DELTA320 型酸度计的操作方法，仪器外形如图 1-4 所示。

1. 仪器面板按钮介绍

仪器面板按钮如图 1-5 所示。

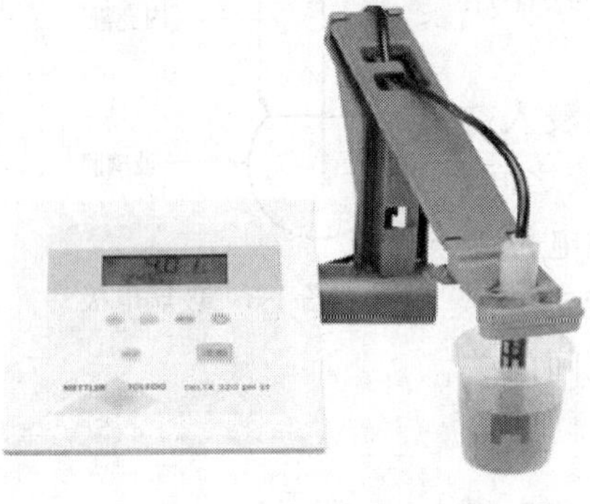

图 1-4　DELTA320 型酸度计

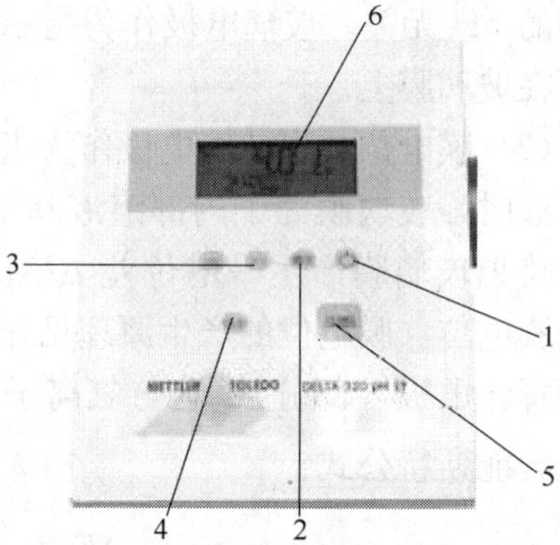

图 1-5　DELTA320 型酸度计仪器面板

1—开关键　2—模式键，可进行 pH、mV 之间的转换　3—“▲”和“▼”键，可进行温度的上下调节，进行温度补偿　4—校正键　5—读数键，可进行酸度计的 pH 读数　6—显示屏

2. 基本操作

（1）仪器的安装　安装仪器，接通仪器电源，打开仪器电源开关，预热 20min。

（2）仪器的校正　先长按“模式键”进入界面，通过“▲”和“▼”键选择 b 值，有 3 组标准缓冲液（$t=25℃$）进行选择：

组 1（$b=1$）：pH4.00　7.00　10.00

组 2（$b=2$）：pH4.01　7.00　9.21

组 3（$b=3$）：pH4.01　6.86　9.18

一般选择 $b=3$，再按“模式键”确定后，按“读数键”返回。选择与被测溶液 pH 接近的 b 值中三种标准缓冲液进行校正。

将清洗好的复合电极插入某一标准溶液中，按“校正键”，开始校正，当左上角出现$\sqrt{A}$稳定时，第一次校正完毕。用同种方法进行第二次校正。

（3）被测溶液的测定　将清洗好的复合电极放在被测溶液中，按“读数键”，轻摇烧杯使溶液与电极充分接触，静置，当达到$\sqrt{A}$稳定时，进行读数，即为被测溶液的 pH。平行测定三次。

四、直接电位法测定溶液 pH 的原理

测定溶液的 pH 通常用玻璃电极作指示电极为负极；饱和甘汞电极（简写作SCE）作参比电极为正极，与待测溶液组成下列工作电池：

$$Ag|AgCl,0.1mol/L\ HCl|玻璃膜|试液||KCl(饱和),Hg_2Cl_2|Hg$$

←—— 玻璃电极 ——→←—— SCE ——→

电池的电动势 E 为：

$$E=E_{SCE}-E_{玻} \quad (1\text{-}7)$$

$$E_{玻}=K_{玻}-0.05916pH$$

因为在 $t=25℃$下，饱和甘汞电极的电位值是一定值，将 K 常数与饱和甘汞电极的电位值合并为一个常数 K'，因此上述电池的电动势应为：

$$E=E_{SCE}-(K_{玻}-0.05916pH)=K'+0.05916pH \quad (t=25℃) \quad (1\text{-}8)$$

式中，$K'=E_{SCE}-K_{玻}$。由上式可知：原电池的电动势与溶液的 pH 之间呈直线关系。25℃时溶液 pH 变化一个单位时，电池电动势将改变 59.16mV。

技能拓展　酸度计的保养与维护

为了保证测试结果的准确可靠，新制造或使用中、修理后的 pH 计都应定期进行检查。使用中若能够合理维护电极、按要求配制标准缓冲液和正确操作电极，可大大减小 pH 示值误差，从而提高检验数据的可靠性。

1. 正确使用与保养电极

目前实验室使用的电极都是复合电极，其优点是使用方便，不受氧化性或还原性物质的影响，且平衡速度较快。使用时，将电极加液口上所套的橡胶套和下端的橡皮套全取下，以保持电极内氯化钾溶液的液压差。电极的维护主要有以下几点：

（1）复合电极不用时，可充分浸泡在 3mol/L 氯化钾溶液中。切忌用洗涤液或其他吸水性试剂浸洗。

（2）使用前，检查玻璃电极前端的球泡。正常情况下，电极应该透明而无裂纹；球泡内要充满溶液，不能有气泡存在。

（3）测量浓度较大的溶液时，尽量缩短测量时间，用后仔细清洗，防止被测液黏附在电极上而污染电极。

（4）清洗电极后，不要用滤纸擦拭玻璃膜，而应用滤纸吸干，避免损坏玻璃薄膜，防止交叉污染，影响测量精度。

（5）测量中注意电极的银-氯化银内参比电极应浸入到球泡内氯化物缓冲溶

液中，避免电计显示部分出现数字乱跳现象。使用时，注意将电极轻轻甩几下。

(6) 电极不能用于强酸、强碱或其他腐蚀性溶液。

(7) 严禁在脱水性介质（如无水乙醇、重铬酸钾等）中使用。

2. 标准缓冲溶液的配制及其保存

标准缓冲溶液的配制影响到结果的准确度，因此，标准溶液的正确配制与保存是关键。

(1) pH 标准物质应保存在干燥的地方，如混合磷酸盐 pH 标准物质在空气湿度较大时就会发生潮解，一旦出现潮解，pH 标准物质即不可使用。

(2) 配制 pH 标准溶液应使用二次蒸馏水或者是去离子水。如果是用于 0.1 级 pH 计测量，则可以用普通蒸馏水。

(3) 配制 pH 标准溶液时，存放 pH 标准物质的塑料袋除了应倒干净以外，还要用蒸馏水多次冲洗，用小烧杯稀释后一起定容到容量瓶中，以保证配制的 pH 标准溶液准确无误。

(4) 配制好的标准缓冲溶液一般可保存 2～3 个月，如发现有浑浊、发霉或沉淀等现象时，不能继续使用。

(5) 碱性标准溶液应装在聚乙烯瓶中密闭保存。防止二氧化碳进入标准溶液后形成碳酸，降低其 pH。

3. pH 计的正确校准

酸度计的校准方法均采用两点校准法，即选择两种标准缓冲液：一种是 pH=6.86 标准缓冲液，第二种是 pH=9.18 标准缓冲液或 pH=4.00 标准缓冲液。先用 pH=6.86 标准缓冲液对 pH 计进行定位，再根据待测溶液的酸碱性选择第二种标准缓冲液。如果待测溶液呈酸性，则选用 pH=4.00 标准缓冲液；如果待测溶液呈碱性，则选用 pH=9.18 标准缓冲液。若是手动调节的 pH 计，应在两种标准缓冲液之间反复操作几次，直至不需再调节其零点和定位（斜率）旋钮，pH 计即可准确显示两种标准缓冲液 pH，则校准过程结束。此后，在测量过程中零点和定位旋钮就不应再动。若是智能式 pH 计，则不需反复调节，因为其内部已贮存几种标准缓冲液的 pH 可供选择，而且可以自动识别并自动校准。但要注意标准缓冲液选择及其配制的准确性。

在校准前应特别注意待测溶液的温度。以便正确选择标准缓冲液，并调节 pH 计面板上的温度补偿旋钮，使其与待测溶液的温度一致。不同的温度下，标准缓冲溶液的 pH 是不一样的（表 1-1）。校准工作结束后，对使用频繁的 pH 计一般在 48h 内仪器不需再次标定。如遇到下列情况之一，仪器则需要重新标定：

(1) 溶液实际温度与标定温度有较大的差异时。

(2) 电极在空气中暴露过久，如半小时以上时。

(3) 定位或斜率调节器被误动。

(4) 测量过酸（pH<2）或过碱（pH>12）的溶液后。

(5) 换过电极后。

(6) 当所测溶液的 pH 不在两点标定时所选溶液的中间，且距 pH=7 又较远时。

任务二 离子选择性电极法测牙膏中氟离子的含量

【任务目的】

(1) 学会正确使用离子计。

(2) 掌握标准曲线法的操作过程及数据处理方法。

(3) 能根据说明书操作其他型号的离子计。

【工作依据】

离子计测量离子浓度的原理是建立在电位分析法的基础上，根据能斯特方程在不同条件下的应用。当氟离子选择电极（指示电极）和饱和甘汞电极（参比电极）插入试液中时，组成测量原电池。电池电动势 E 在一定条件下与氟离子活度 α_{F^-} 的对数值成直线关系，测量时则

$$E=K-\frac{2.303RT}{F}\lg\alpha_{F^-}$$

当溶液的总离子强度不变时，离子活度也是常数，于是上式可写成：

$$E=K-\frac{2.303RT}{F}\lg c_{F^-}$$

上式表明，在一定温度下，当溶液中离子强度保持不变，电池电动势 E 和氟离子的浓度 c_{F^-} 的对数成直线关系。

实践证明：当溶液中 c_{F^-} 的浓度在 $10^{-7}\sim10^{-1}$ mol/L 范围内时，原电池电动势与氟离子的浓度的对数值呈线性关系，本任务采用标准曲线法进行测定。溶液的酸度对测定有影响，测定的适宜 pH 范围为 5.0～5.5。

为了保持溶液的总离子强度不变，本任务在标准溶液与试样溶液中加入等量的总离子强度调节缓冲剂（TISAB）。另外，加入总离子强度调节缓冲剂还可以控制溶液的 pH，消除 H^+ 或 OH^- 等共存离子的干扰。

【工作准备】

(1) 仪器　PXS-215 型数字式离子计、氟离子选择性电极、饱和甘汞电极、电磁搅拌器。

(2) 试剂　100μg/mL NaF 标准贮备液、10μg/mL 氟离子标准溶液、总离子强度调节缓冲剂（TISAB）。

(3) 样品　含氟牙膏。

【工作内容】

1. 仪器准备

将氟离子选择性电极和甘汞电极分别与离子计正确相接，开启仪器开关，预

热仪器。

2. 清洗电极

取去离子水 50～60mL 至 100mL 烧杯中，放入搅拌磁子，插入氟离子选择性电极和饱和甘汞电极。开启搅拌器，使之保持较慢而稳定的转速（注意在整个实验过程中保持该转速不变，切记!），此时会观察到离子计示数升高。2～3min 后，若读数大于－300mV，则更换去离子水，继续清洗，直至读数小于－300mV。

3. 标准曲线的绘制

按表 1-4 配制系列标准溶液。

表 1-4　系列标准溶液配制

编号	1	2	3	4	5	6
10μg/mL 氟离子标准溶液体积/mL	0.25	0.50	1.50	2.50	4.00	5.00
TISAB 体积/mL			10			
定容体积/mL			50			
溶液浓度/(μg/mL)	0.05	0.10	0.30	0.50	0.80	1.00
电动势值 E/mV						

将标准系列溶液分别倒入一部分于塑料烧杯中，放入搅拌子，插入经洗净的电极，搅拌 2min 后，停止搅拌，读取稳定的电动势值 E（mV）并记录。按顺序从低浓度到高浓度依次测量，每测量一份试液，无需清洗电极，只需用滤纸吸干电极上的水珠。在方格绘图纸上绘制 E-$\lg c_{F^-}$ 标准曲线。

4. 样品溶液的配制与测定

准确称取牙膏样品 0.1～0.2g，用 50℃温水使其溶解后转移至 100mL 容量瓶中，加入 TISAB 溶液 10mL，用去离子水稀释至刻度，定容，摇匀，然后倒入洁净的塑料烧杯中，插入饱和甘汞电极和氟离子选择性电极，在搅拌情况下待电压稳定后读出样品溶液的电动势值 E（mV），复测定两次，取平均值。在标准曲线上查出其相应的氟离子浓度。

5. 数据处理

根据测得的试液中氟离子浓度值 c（μg/mL），由下式计算牙膏样品中的氟含量。

$$\text{氟质量浓度(mg/mL)} = \frac{c_{F^-} \times 100 \times 10^{-3}}{m}$$

式中　c_{F^-}——从标准曲线上查得样品溶液 F^- 的浓度，μg/mL

m——牙膏样品的质量，g

【任务提示】

[1]　氟离子电极使用前需在 10^{-3}mol/L 氟化钠溶液中浸泡 1～2h，然后用去离子水反复清洗电极至空白电位（约 300mV）。

[2]　用氟离子选择性电极测量 F^- 浓度时，最适应的 pH 范围为 pH5.5～

6.5。pH 过低易形成 HF，影响 F^- 的活度；pH 过高，易引起单晶膜中 La^{3+} 的水解，形成 $La(OH)_3$，影响电极响应。另外，与 F^- 易形成配合物的多价阳离子（Al^{3+}、Fe^{3+} 等）会干扰测定，一定要加入总离子强度缓冲剂 TISAB 进行调节。

[3]　氟离子选择性电极测定水中氟化物常采用标准曲线法和标准加入法等。当水体成分复杂时，宜采用标准加入法，以减少基体影响。

[4]　测定时试样最好从低浓度到高浓度，若从高浓度到低浓度的溶液中测定时，必须先用去离子水清洗电极到低浓度的电位以下。

问题探究

Q1：如何正确操作各种型号的离子计？

Q2：什么是离子选择性电极？

Q3：在直接电位法中，测量离子浓度，除了标准曲线法外，还有什么定量方法？

知识链接二　直接电位法测定离子活度（浓度）的工作原理

一、离子选择性电极

离子选择性电极是对特定离子有选择性响应的一类电极，是电位分析法的主要部件。如 pH 玻璃电极，就是具有氢离子专属性的典型离子选择性电极。随着科学技术的发展，目前已制成了几十种离子选择性电极，如对 Na^+ 有选择性的钠离子玻璃电极等。尽管离子选择性电极种类很多，但其基本构造相同，都是由敏感膜、内参比溶液、内参比电极（AgCl/Ag）等组成。

根据国际纯粹与应用化学联合会的推荐，按照膜的组成和结构的不同，将离子选择性电极分类如下：

- 离子选择性电极
  - 原电极
    - 晶膜电极
    - 非晶膜电极
  - 敏化电极
    - 气敏电极
    - 酶电极

原电极是指敏感膜直接与待测试液接触的离子选择性电极，它分为晶膜电极和非晶膜电极。敏化电极是以原电极为基础装配成的离子选择性电极，它分为气敏电极和酶电极。其中气敏电极是测定溶液中气体含量的一类电极，也称气敏探针。酶电极是在离子选择性电极的敏感膜上覆盖一层活性酶物质，通过酶的界面催化作用，使被测物质在电极敏感膜上定量、快速地发生化学反应生成电极能响应的分子或离子，从而间接测定被测物质。下面主要介绍晶膜电极和非晶膜电极。

1. 晶膜电极

晶膜电极的敏感膜是由一种或几种难溶盐晶体压制而成。可分为均相晶膜电极和非均相晶膜电极。均相晶膜电极的晶膜是由一种或几种难溶盐晶体混合物压制而成。由于难溶盐晶体膜很薄、易碎，所以有时将难溶盐晶体按一定比例分散到惰性支持体的单体里一起压制成膜，这样制成的电极称为非均相晶膜电极。

氟离子电极是典型的均相晶膜电极，敏感膜晶体主要是 LaF_3，其中掺入少量 EuF_2 或 CaF_2 晶体以增加晶膜的导电性和缩短电极的响应时间，内参比电极是 AgCl/Ag 电极，内参比溶液是 0.01mol/L NaCl 和 0.1mol/L NaF 混合溶液，基本构造参见图 1-3。

LaF_3 晶膜表面存在晶格离子空穴，当晶膜与试液接触时，试液中的 F^- 能进入到晶格离子空穴中，而晶膜中的 F^- 也会扩散进入溶液而在膜中留下新空穴，当离子交换达到平衡时，晶膜表面与试液两相界面上形成双电层而产生膜电位。

$$E_{膜}=K-\frac{2.303RT}{F}\lg c_{F^-}$$

当 $t=25℃$， $$E_{膜}=K+0.05916\text{pF} \quad (1\text{-}9)$$

式中，pF 是氟离子活度（浓度）的负对数。

氟离子选择性电极对 F^- 浓度（活度）的线性响应范围是 10^{-6}～1mol/L。溶液的酸碱度对其测定准确度有较大影响。实践证明，氟离子选择性电极测定的适应的 pH 范围为 5.0～5.5。

除了氟离子电极外，常见的晶膜电极还有卤素离子电极、硫离子选择性电极、Cu^{2+}、Pb^{2+} 等阳离子电极。

2. 非晶膜电极

玻璃电极是使用最早的一类离子选择性电极，对一价阳离子响应，如 H^+、Li^+、K^+、Na^+ 等，所以有 pH 玻璃电极、pNa 玻璃电极等。玻璃电极之所以对不同阳离子有响应，主要是由于敏感膜的玻璃成分不同造成的。下面主要介绍 pH 玻璃电极的响应原理。

将 pH 玻璃电极浸入水中，玻璃表面会吸水而使玻璃溶胀，在它的表面形成溶胀的硅酸层（水化层），这种水化层的是逐渐形成的，只有当玻璃膜浸泡 24h 以上后，才能完全形成并趋于稳定。同样，膜内表面与内参比溶液接触，亦已形成水化层。

在水化层形成的过程中，伴随着水溶液中 H^+ 与玻璃中 Na^+ 的交换作用，此交换反应可表示如下：

$$Na^+SiO_4^-(\text{玻璃})+H^+(\text{溶液})=\!=\!=H^+SiO_4^-(\text{玻璃})+Na^+(\text{溶液})$$

由于硅酸盐结构与 H^+ 的键合能力远大于 Na^+，此交换反应的平衡常数很大，因此，浸泡好的玻璃膜表面的电位几乎全部被 H^+ 所占据，即形成 $H^+SiO_4^-$ 水化层。

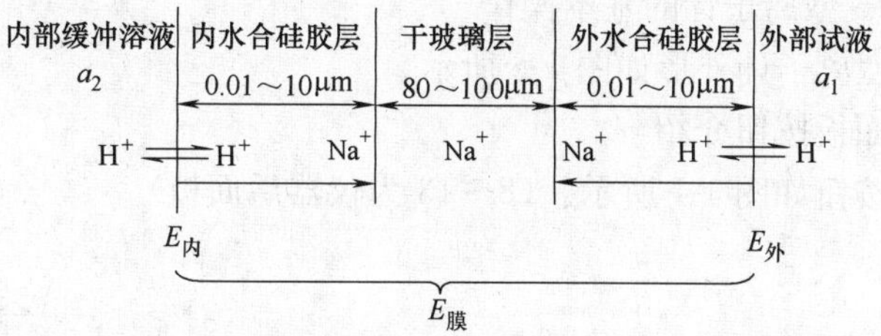

将浸泡好的电极浸入待测溶液时，膜外层的水化层与试液接触，由于溶液中 H^+ 活度和硅胶层表面上 H^+ 活度不同而发生离子交换。玻璃膜在膜与溶液的界面上存在如下离解平衡：

$$H^+SiO_4^-(\text{玻璃水化层})+H^+(\text{溶液})\longrightarrow H^+SiO_4^-(\text{玻璃水化层})+H^+(\text{溶液})$$

若内部溶液和外部溶液的 pH 不同，则膜内、外液界面上电荷分布不同，这样跨越膜的两侧界面就有一个电势差，即膜电位。

当玻璃膜在膜与溶液的界面达到扩散及交换平衡时，若膜的内、外侧水化层与溶液间的界面电位分别为 $E_{内}$ 和 $E_{试}$。膜两边溶液的 H^+ 活度为 $a_{H^+,试}$ 及 $a_{H^+,内}$，则膜电位 ΔE_M 应为：

$$\Delta E_M=E_{试}-E_{内} \tag{1-10}$$

界面电位与 H^+ 活度应符合下述关系：

$$E_{试}=k_1+\frac{RT}{F}\ln\frac{a_{H^+,试}}{a'_{H^+,试}}$$

$$E_{内}=k_2+\frac{RT}{F}\ln\frac{a_{H^+,内}}{a'_{H^+,内}}$$

一般来说，假设玻璃膜内外表面的结构状态相同，则 H^+ 在膜的两表面可能交换钠离子占据的位点数目也相同，因此 $k_1=k_2$，$a'_{H^+,试}=a'_{H^+,内}$，于是可得：

$$\Delta E_M=E_{试}-E_{内}=\frac{RT}{F}\ln\frac{a_{H^+,试}}{a_{H^+,内}}$$

由于 $a_{H^+,内}$ 为一常数，上式可写作：

$$\Delta E_M=K+2.303\frac{RT}{F}\cdot\lg a_{H^+,试}$$

说明在一定温度下玻璃电极的膜电位与溶液的 pH 呈线性关系：

对阳离子有响应的电极，膜电位为：$\Delta E_M=K+\frac{2.303RT}{nF}\cdot\lg a_{阳离子}$

对阴离子有响应的电极，膜电位为：$\Delta E_M=K-\frac{2.303RT}{nF}\cdot\lg a_{阴离子}$　(1-11)

上式说明，在一定条件下，膜电位与溶液中欲测离子活度的对数之间呈线性关系，这是离子选择性电极法测定离子活度的理论基础。

二、离子计的基本操作

1. PXS-215 型离子计的基本操作

PXS-215 型离子计外形如图 1-6 所示。

(1) 仪器面板按钮介绍

仪器面板按钮如图 1-7 所示。(8～13 为仪器后面板)。

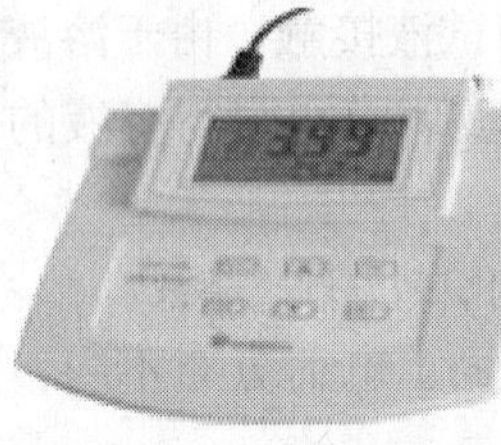

图 1-6　PXS-215 型离子计外形

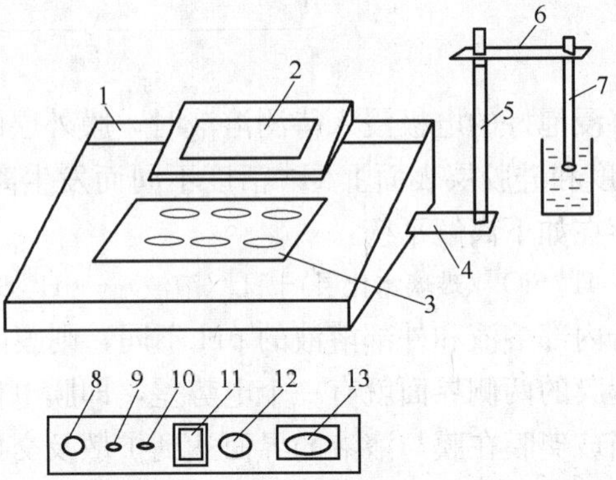

图 1-7　仪器面板

1—机箱　2—显示屏　3—键盘　4—电极梗座　5—电极梗　6—电极夹　7—电极　8—测量电极插座　9—参比电极　10—温度电极插座　11—电源开关　12—保险丝座　13—电源插座

(2) 控制面板按键介绍　如表 1-5 所示。

表 1-5　控制面板按键

按　键	功　能
pX/mV	“pX”mV 转换键，pX、mV 测量模式转换
温度	“温度”键，对温度进行手动设置，自动温度补偿时此键不起作用
标定	“标定”键，对 pX 进行二点标定工作
▲	“▲”键，此键为数值上升键，按此键为调节数值上升
▼	“▼”键，此键为数值下降键，按此键为调节数值下降
确认	“确认”键，按此键为确认上一步操作
等电位/离子选择	此键可设置等电位点，及进行测量离子选择

(3) 基本操作

① 开机前的准备：将电极梗旋入电极梗座中，电极夹插入电极梗中。将离子选择性电极、参比甘汞电极安装在电极夹上，将甘汞参比电极下端的橡皮套拉下、并且将上端的橡皮塞拔去使其露出上端小孔，离子选择性电极用蒸馏水清洗后需用滤纸擦干，以防止引起测量误差。

② 离子选择及等电位点的设置：打开电源，仪器进入 pX 测量状态，按“等电位/离子选择”键，进行离子选择，按“等电位/离子选择”键可选择一价阳离子（X^{+1}）；一价阴离子（X^{-1}）；二价阳离子（X^{+2}）；二价阴离子（X^{-2}）及 pH 测量，然后按“确认”键，仪器进入等电位设置状态，按“▲”或“▼”键，设置等电位值，然后按“确认”键设置结束，仪器进入测量状态。

注：如果标准溶液和被测溶液的温度相同，则无须进行等电位补偿，等电位置 0.00pX 即可。

③ 仪器的标定：仪器采用二点标定法，为适应各种 pX 值测量的需要，采用一组 pX 值不同的校准溶液，用户可根据 pX 值测量范围自行选择。一般采用第 1 组数据对仪器进行标定。

序号	标定 1 标准溶液 pX 值	标定 2 标准溶液 pX 值
1	4.00pX	2.00pX
2	5.00pX	3.00pX

将校准溶液 A（4.00pX）和校准溶液 B（2.00pX）分别倒入经去离子水清洗干净的塑料烧杯中，杯中放入搅拌子，将塑料烧杯放在电磁搅拌器上，缓慢搅拌。

将电极放入选定的校准溶液 A（如 4.00pX）中，按“温度”键再按“▲”或“▼”键，将温度设置到校准溶液的温度值，然后按“确认”键，此时仪器温度显示值即为设置温度值；按“标定”键，仪器显示“标定 1”，温度显示位置显示校准溶液的 pX 值，此时按“▲”键可选择校准溶液的 pX 值（4.00pX、5.00pX），现选择 4.00pX，待仪器 mV 值显示稳定后，按“确认”键，仪器显示“标定 2”，仪器进入第二点标定；将电极从校准溶液 A 中拿出，用去离子水冲洗干净后（用滤纸吸干电极表面的水分），放入选定的校准溶液 B（2.00pX）中，此时温度显示位置显示第二点校准溶液的 pX 值，按“▲”键可选择第二点校准溶液的 pX 值（2.00pX、3.00pX）现选择 2.00pX，待仪器 mV 值显示稳定后，按“确认”键，仪器显示“测量”表明标定结束进入测量状态。

④ pX 值的测量：经标定过的仪器即可对溶液进行测量。将被测液放入经去离子水清洗干净的塑料烧杯中，杯中放入搅拌子，将电极用去离子水冲洗干净后（用滤纸吸干电极表面的水分）放入被测溶液中，缓慢搅拌溶液。仪器显示的读数即为被测液的 pX 值。

注：离子电极在测量时，试样温度与标准溶液温度应保持在同一温度。

⑤ mV 值测量：在 pX 测量状态下，按“pX/mV”键，仪器便进入 mV 测量状态。

2. 821 型数字式离子计的基本操作

821 型数字式离子计的外形如图 1-8 所示。

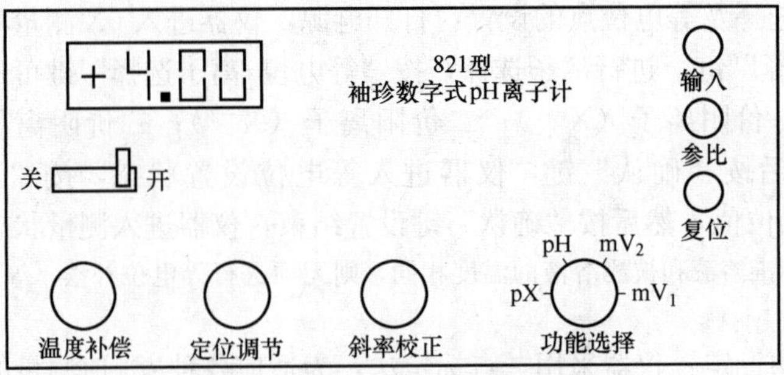

图 1-8　821 型数字式离子计

主要操作如下：

(1) 将离子选择性电极和甘汞电极分别与离子计正确相接，开启仪器开关，预热仪器。

(2) 将仪器选择开关拨至 pX 挡，接上电极，电源开关置“开”位置。调节温度补偿至溶液的温度。

(3) 清洗电极：取去离子水 50～60mL 至 100mL 烧杯中，放入搅拌子，插入氟电极和饱和甘汞电极。开启搅拌器，使之保持较慢而稳定的转速（注意在整个实验过程中保持该转速不变，切记!），此时会观察到离子计示数升高。2～3min 后，若读数大于－300mV，则更换去离子水，继续清洗，直至读数小于－300mV。

(4) 选择两种已知浓度的标准溶液，例如溶液 A 为 pX＝5.00，溶液 B 为 pX＝3.00。选择的依据是被测对象的浓度在两者之间。

(5) 将电极浸入较浓的一种标准溶液 B 中，调节定位旋钮使仪器显示为零。

(6) 将电极用蒸馏水冲洗干净，吸干外壁的水，插入较稀的溶液 A 中，如果电极的斜率符合理论值，则此时显示应为两种标准溶液的浓度值的差（即 ΔpX＝5.00－3.00）。如果仪器显示值不符合 ΔpX 值，可调节斜率旋钮使显示器上指示值为 ΔpX 值。接着进行定位，用定位调节器使显示器指示出溶液 A 的浓度值 5.00，此时斜率补偿及定位完毕。在测量过程中该两旋钮应保持不动。

(7) 定位完毕后，用去离子水洗净电极，吸干外壁水，浸入被测溶液中，即显示出被测溶液的浓度值。

三、测定离子活度（浓度）的方法

离子选择性电极可以直接用来测定离子的活（浓）度，其装置与 pH 计测定溶液 pH 类似。即将离子选择性电极浸入待测溶液与参比电极组成一电池，并测量其电动势。由于工作电池的电动势在一定实验条件下与待测离子的活度的对数值呈直线关系，因此通过测量电动势可测定待测离子的活度。下面介绍几种常用的测定方法。

1. 标准曲线法

用待测离子的纯物质配制一系列不同浓度的标准溶液，将离子选择性电极与参比电极插入一系列已知活（浓）度标准溶液，测出相应的电动势。然后以测得的 E 值对相应的离子活度 $\lg a_i$（离子浓度 $\lg c_i$）值绘制标准曲线（图 1-9）。在同样条件下测出待测溶液的 E 值，即可从标准曲线上查出待测溶液中的离子活（浓）度。

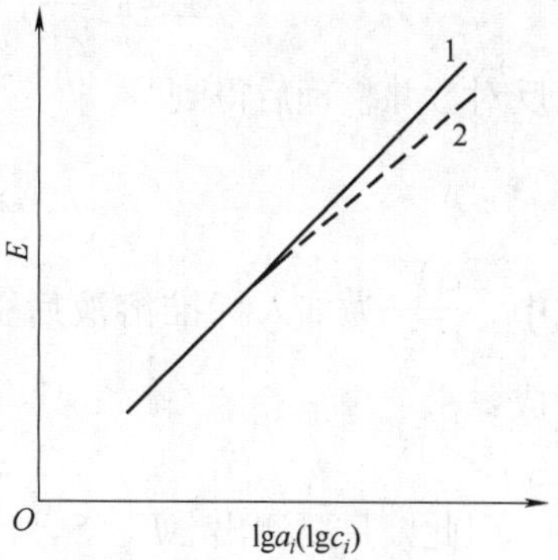

图 1-9　标准曲线

1—$\lg a_i$　2—$\lg c_i$

离子选择性电极响应的是离子的活度，一般要求测定的是浓度，活度与浓度的关系为：

$$a_i=\gamma_i c_i \tag{1-12}$$

式中　γ_i——i 离子的活度系数

c_i——i 离子的浓度

在实际工作中，很少通过计算活度系数来求得浓度，而是在控制溶液的离子强度的条件下，依靠实验通过绘制 E-$\lg c_i$ 曲线来求得浓度。控制溶液离子强度的方法常有“恒定离子背景法”和“加入离子强度调节剂法”。

恒定离子背景法：当试样中某离子含量很高且为非测定离子时，可以试样本身为基础，配制与试样组成相似的标准溶液。

标准曲线法的优点是曲线的浓度范围宽，便于测定浓度变化大的批量样品，适用于比较简单或组成较为恒定的样品的测定。

2. 标准加入法

标准曲线法要求标准溶液与待测溶液具有接近的离子强度和组成，否则将会因 γ_i 值的改变而引起误差。而标准加入法可在一定程度上避免这种误差。

本法是先测定待测溶液的电池电动势 E_1，然后加入适量浓度较大（通常是待测溶液浓度的 100 倍）、体积较小（通常是待测液体积的 1/100）的标准溶液，再测量一次电池的电动势 E_2。根据两次测定结果计算待测离子的浓度。以 F^- 的测定为例，设待测溶液中的 F^- 浓度为 c_x，体积为 V_x，加入标准溶液浓度为 c_s，体积为 V_s，由

$$E=E_{参比}-E_{指示}=E_{参比}-\left(K-\frac{2.303RT}{nF}\lg c_{F^-}\right)=K'+\frac{2.303RT}{nF}\lg c_{F^-}$$

将 E 参比常数与 K 常数合并为 K' 常数，并令 $S=\dfrac{2.303RT}{nF}$，则

$$E_1=K'+S\lg c_x$$

$$E_2 = K' + S\lg \frac{c_x V_x + c_s V_s}{V_x + V_s}$$

因标准溶液加入体积远远小于待测溶液体积，溶液稀释效应很小，溶液的离子强度及 K' 基本一致，将上式相减并近似处理可得

$$\Delta E = E_2 - E_1 = S\lg \frac{c_x V_x + c_s V_s}{c_x V_x} = S\lg\left(1 + \frac{c_s V_s}{c_x V_x}\right)$$

取反对数并整理后得到

$$c_x = \frac{c_s V_s}{V_x}(10^{\Delta E/S} - 1)^{-1}$$

式中，$\frac{c_s V_s}{V_x}$ 为加入标准溶液后引起的溶液浓度变化，可用 Δc 表示，则上式可写成：

$$c_x = \Delta c(10^{\Delta E/S} - 1)^{-1}$$

因此，只要测出 ΔE、S，计算出 Δc，就可求出 c_x。

标准加入法的优点是，仅需要配制一种标准溶液，操作简单快速，数据处理可以程序化、能校止基底干扰，但每次加入标准溶液的精度要求高，有一定操作难度。适用于组成比较复杂，测定份数较少的试样。为保证能获得准确的结果，在加入标准溶液后，试液的离子强度无显著的变化。

四、影响测定的主要因素

任何一种分析方法，其测量结果的准确度往往受多种因素的影响，在直接电位法中影响离子活（浓）度测定的因素主要有以下几种：

（1）稳定性　电极表面的玷污或物理性质的变化，影响电极的稳定性。电极的良好清洗，浸泡处理、固体电极的表面抛光等都能改善这种情况。电极密封不良，粘接剂选择不当，或内部导线接触不良等也导致电位不稳定。

（2）响应速度　电极响应的速度对于连续监测是十分重要的。电极响应速度一般较快，有的电极甚至低于 1min，一般也在数分钟以内；响应速度与测量溶液的浓度，试液中其他电解质的存在情况，测量的顺序（由浓到稀或者相反）以及前后两种溶液之间浓度差等都有关系。测定浓溶液后再测稀溶液，平衡时间较长，可能是膜表面吸附所致，用纯水清洗几次可逐渐恢复。

（3）温度　每类选择性电极均有一定的使用温度范围，温度的变化，不仅影响测定的电位值，而且超过某一温度范围往往电极会失去正常的响应性能。电极允许使用的温度范围与膜的类型有关，一般使用温度下限为－5℃左右，上限为 80～100℃。有些液膜电极只能用到 50℃左右。

（4）溶液酸度　pH 范围与电极类型和所测溶液浓度有关，在测定过程中必须保持恒定的 pH，必要时使用缓冲溶液来维持。如氯离子选择性电极适用的

pH 控制为 2～11，氟离子选择性电极适用的 pH 控制为 5～6。

（5）电极的寿命　电极的使用寿命随电极类型和使用条件的不同而有很大的差异。固体电极寿命较长，若周期性进行表面处理，可以使用较长时期。液膜电极使用寿命较短，一般只有几个月或更短。

（6）电动势的测量

电动势测量误差 ΔE 与分析结果相对误差的关系是：

$$\text{相对误差} = n \cdot \Delta E / 0.2568 \approx 4nE$$

式中　n——被测离子电荷数

ΔE——电动势测量绝对误差，mV

电极电位测量误差 ΔE，对于一价离子来说，每±1mV 将产生±4%的浓度相对误差。对二价离子来说，每±1mV 将产生±8%的浓度相对误差。可见，用直接电位法测定一般误差较大。对高价离子尤为严重。所以，直接电位法适宜测定低价离子，高价离子在测定时可将其转变为低价离子进行测定。

（7）干扰离子　共存离子之所以发生干扰作用有的是由于能直接与电极电膜发生作用。对干扰离子的影响，一般可加入掩蔽剂消除，必要时，预先分离。如用氟离子选择性电极（ISE）测定氟离子时，当试液中存在大量柠檬酸根时，会使溶液中 F^- 增加，导致分析结果偏高；若溶液中存在铁、铝、钨等金属离子时，会与 F^- 离子形成络合物（不能被电极响应），而产生干扰。

（8）迟滞效应　对同一活度的溶液，测出的电动势数值与 ISE 在测量前接触的溶液有关，这种现象称为迟滞效应。它是 ISE 分析法的主要误差来源之一。消除迟滞效应的方法是固定电极测量前的预处理条件。

技能拓展　离子计的保养与维护

1. 对仪器工作环境的要求

离子计应放在无腐蚀气体，无腐蚀药品，干燥通风的场所；离子计应在环境温度为 5～45℃，相对湿度＜85%条件下使用。工作时，应在无交变电磁场干扰的场所。

2. 仪器保养和维护方法

（1）仪器的插座必须保持清洁、干燥，切忌与酸、碱、盐溶液接触，防止受潮，以确保仪器绝缘和高输入阻抗性能。仪器不用时将短路插头插入测量电极的插座内，防止灰尘及水汽侵入。

（2）用标准溶液标定仪器时，要保证标准溶液的可靠性，不能配错标准溶液，否则将导致测量结果产生误差。

（3）当测量离子改变后，仪器须重新标定。

3. 常见故障及分析处理

离子计常见的故障分析和排除方法如表 1-6 所示。

表 1-6　离子计常见的故障分析和排除方法

故障现象	原因	排除方法
电源接通，显示屏数字乱跳	输入端开路	旋上短路插头
测量结果不准确	电极失效	更换新电极
定位或斜率调节不起作用	可能是定位或斜率电位器损坏	更换

任务三　工业废水中氯离子含量的测定

【任务目的】

（1）了解电位滴定的工作原理。

（2）学会正确使用自动电位滴定仪。

（3）熟悉各种滴定终点确定方法。

【工作依据】

电位滴定是根据滴定过程中指示电极电位的突跃来确定滴定终点的一种滴定分析方法。与直接电位法的区别是定量参数不同。与化学滴定法的区别是确定滴定终点的方法不同。本任务指示电极用银电极，其电极电位与银离子的浓度的关系符合能斯特方程。参比电极选择饱和甘汞电极。

【工作准备】

（1）仪器　ZD-1 型滴定装置或 ZD-2 型自动电位滴定仪（或其他型号）。

（2）试剂　0.0500mol/L $AgNO_3$ 标准溶液：准确称取 8.500g 硝酸银（AR），用水溶解后稀释至 1L。此溶液最好用标准氯化钠溶液进行标定。

【工作内容】

1. 手动电位滴定

将银离子选择性电极及饱和甘汞电极固定在滴定台的夹子上。银离子选择性电极接仪器“+”，甘汞电极接仪器“－”，将 ZD-1 型滴定装置的工作开关放在手动挡，将 ZD-2 型的选择开关放在测量挡上，滴液开关放在“－”的位置。

准确吸取 25mL 工业废水于烧杯中，加 25mL 蒸馏水，加入搅拌子，置于电磁搅拌器上。将两电极浸入试液，按下读数开关，读取初始电位，一边搅拌一边按下 ZD-1 型滴定装置的滴定开始按键。

每加入一定体积的硝酸银溶液，记录一次电位值，读数时停止搅拌。开始滴定时，每次可加 1.00mL；当达到化学计量点附近时（化学计量点前后约 0.5mL），每次加 0.1mL；过了化学计量点后，每次仍加 1.00mL，一直滴定到 9.00mL。

2. 自动电位滴定

将 ZD-2 型的选择开关放在“终点”，按下读数开关，调节预定终点调节器，调节指针使其指向终点位置，将工作开关放在“滴定”挡。

取试液 25mL，加水约 25mL，插入电极，按下滴定开始按键，此时终点指示灯亮，滴定指示灯时亮时暗，随着硝酸银标准溶液的加入，电表指针向终点逐渐接近，当电表指示达到终点时，终点指示灯熄灭，滴定结束，记下硝酸银标准溶液的用量。

实验结束，关闭滴定计电源开关。清洗电极、烧杯。清理工作台，填写仪器使用记录。

【数据处理】

根据手动电位滴定的数据，绘制电位（E）对滴定剂体积（V）的滴定曲线，以及 $\Delta E/\Delta V$-V、$\Delta E^2/\Delta V^2$-V 曲线，并用两次微商法确定终点体积。

根据滴定终点所消耗的硝酸银标准溶液的体积，计算水样中氯离子的质量浓度。

【任务提示】

［1］　测量前正确处理好电极。银电极用砂纸将表面擦亮后，用蒸馏水冲洗干净置电极架上；饱和甘汞电极检查电极内液位、晶体和气泡情况。

［2］　每测量完一份试液，电极均要洗干净。银电极上黏附的沉淀物用擦镜纸擦掉后再清洗。

问题探究

Q1：电位滴定法与容量分析中滴定分析法有何不同？试举例说明。

Q2：自动电位滴定仪终点确定方法有哪些？如何判断终点。

知识链接三　电位滴定法的工作原理

电位滴定法是以测量工作电池电动势的变化为基础，根据滴定过程中电位的变化确定滴定终点的滴定分析方法。该法准确度和精密度较高，但分析时间较长，若使用自动电位滴定仪和计算机工作站，则可达到简便、快速的目的。电位滴定法适用于平衡常数小、滴定突跃不明显、试液有色或浑浊的酸碱、沉淀、氧化还原和配位滴定反应等，还能用于混合物溶液的连续滴定及非水介质的滴定。

一、电位滴定法的基本方法和工作装置

电位滴定法所用的基本仪器装置如图 1-10 所示。与直接电位法相似，也是由指示电极和参比电极插入待测溶液组成工作电池，不同之处是还装有滴定管和

电磁搅拌器。滴定过程中，每滴入一定量的滴定剂，就测量一次电动势，直到超过化学计量点为止。这样就可得到一系列滴定剂的体积（V）和相应的电动势（E）数据，根据所得到的数据作 E-V 曲线或 $\Delta E/\Delta V$-V 曲线或 $\Delta E^2/\Delta V^2$-V 曲线，确定滴定终点。在化学计量点附近每加入 0.10～0.20mL 等体积的滴定剂就要测量一次电动势值。

二、自动电位滴定仪的基本操作

自动电位滴定仪是专门为电位滴定设计的成套仪器，它比手动滴定方便，分析速度快，分析结果准确度高。自动电位滴定仪型号甚多，一般分为两大类，一类是利用仪器自动控制滴定终点，如国产 ZD-2 型自动电位滴定仪；另一类是利用仪器自动控制加入滴定剂，并自动记录滴定曲线。以下主要介绍 ZD-2 型自动电位滴定仪（图 1-11）的使用说明。

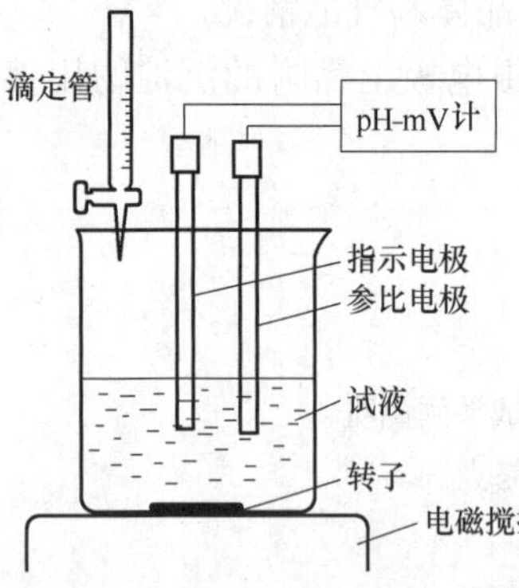

图 1-10　电位滴定装置示意图

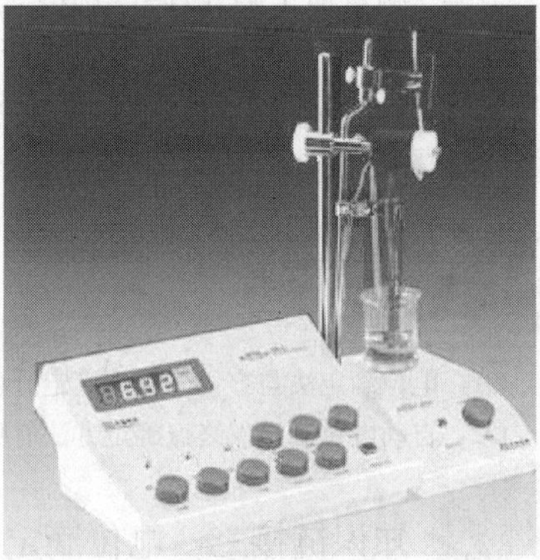

图 1-11　ZD-2 型自动电位滴定仪

ZD-2 型自动电位滴定仪是由 ZD-2 型滴定计和 ZD-1 型滴定装置通过双头链接插塞线组合而成。它是根据“终点电位补偿”的原理设计的。仪器能自动控制滴定速度，终点时会自动停止滴定。

按说明书的要求将 ZD-2 型自动电位滴定仪安装连接好以后，插入电源线，打开电源开关，预热 15min。

（1）电位滴定前的准备工作

① 安装好滴定装置。

② 在滴定管内倒入标准滴定溶液，用滴定管内的标准滴定溶液将电磁阀橡皮管冲洗 3～4 次，再向滴定管内倒入标准滴定溶液，并将滴定管液面调至 0.00 刻度。

③ 取一定量的试液于试杯中，在试杯中放入清洗过的搅拌子，再将试杯放入搅拌器上。

④ 选择并处理、清洗电极，再将电极夹在电极夹上，并将电极头浸入试液中。

（2）终点设定　将“设置”开关置“终点”，“pH/mV”开关置“mV”，“功能”开关置“自动”，调节“终点电位”按钮，使显示屏显示所要设定的终点电位值。终点电位选定后，“终点电位”按钮不可再动。

（3）预控点设定　预控点的作用是当离开终点较远时，滴定速度很快；当到达预控点后，滴定速度很慢。设定预控点就是设定预控点到终点的距离。设置方法：将“设置”开关置“预控点”，调节“预控点”旋钮，使显示屏显示所要设定的预控点数值。

（4）将“设置”开关置“测量”，打开搅拌器电源，调节转速使搅拌从慢逐渐加快至适当转速。按下“滴定开始”按钮，仪器即开始滴定，滴定指示灯闪亮，滴定管中的标准溶液快速滴下，在接近终点时，滴定速度减慢。达到终点后，滴定指示灯不再闪亮，过 10s 左右，终点指示灯亮，滴定结束。记录滴定管内标液的消耗读数。

三、电位滴定仪终点的确定方法

电位滴定法是通过测量滴定过程中指示电极电位的变化来确定终点的容量分析方法。在容量分析中，化学计量点的实质就是溶液中某种离子浓度的突跃变化。如酸碱滴定中，化学计量点是溶液中 H^+ 浓度的突跃变化；络合滴定和沉淀滴定中，化学计量点是溶液中金属离子浓度的突跃变化；氧化还原滴定中，化学计量点是溶液中氧化剂或还原剂浓度的突跃变化。显然，若在溶液中插入一个合适的指示电极，化学计量点时，溶液中某种离子浓度发生突跃变化，必然引起指示电极电位发生突跃变化。因此，可以通过测量指示电极电位的变化来确定终点。

在直接电位法的装置中，加一滴定管，即组成电位滴定的装置。进行电位滴定时，每加一定体积的滴定剂，测一次电动势，直到超过化学计量点为止。这样就可得到一组滴定用量（V）与相应电动势（E）的数据。由这组数据就可以确定滴定终点。在直接电位滴定中，确定终点的方法有以下三种。

1. 绘制 E-V 曲线法

以加入滴定剂的体积 V（mL）为横坐标，相对对应的电动势 E（mV）为纵坐标，绘制 E-V 曲线（图 1-12）。其形状类似于容量分析中的滴定曲线，E-V 曲线的拐点相应的体积即为终点时消耗滴定剂的体积 V_{ep}。

与一般容量分析相同，电位突跃范围和斜率的大小取决于滴定反应的平衡常数和被测物质的浓度。电位突跃范围越大，分析误差越小。

绘制 E-V 曲线法的缺点是准确度不高，特别是当滴定曲线斜率不够大时，较难确定终点。

2. 绘制 $\Delta E/\Delta V$-V 曲线法（一阶微商法）

$\Delta E/\Delta V$ 是 E 的变化值与相对应的加入标准滴定剂体积的增量的比（图 1-13）。曲线最高点由实验点连线外推得到，其对应的体积为滴定终点时标准溶液所消耗的体积 V_{ep}。用此法作图确定终点比较准确，但手续较烦琐。所以也可用二阶微商法通过计算求得终点。

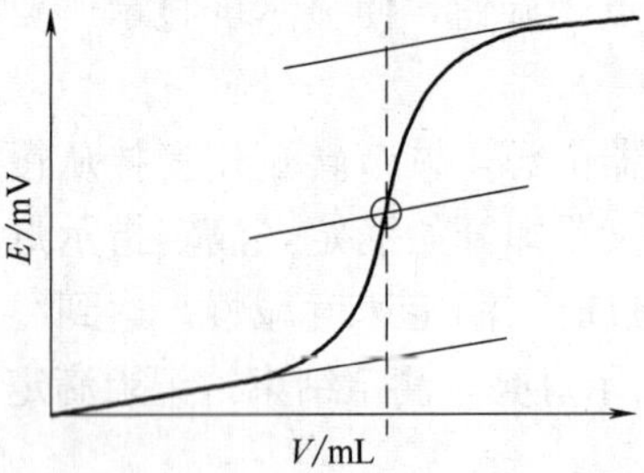

图 1-12　E-V 曲线

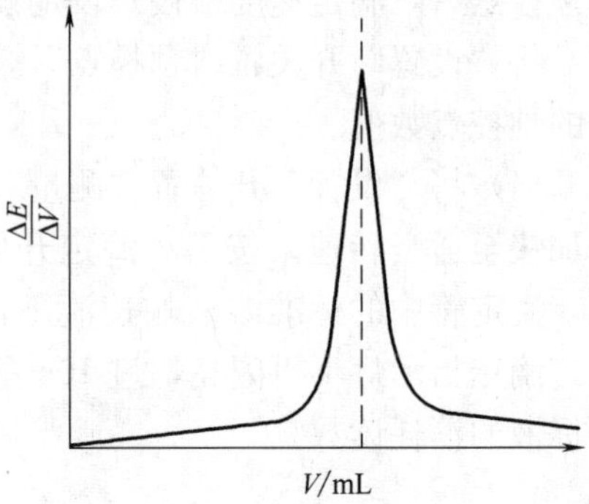

图 1-13　$\Delta E/\Delta V$-V 曲线

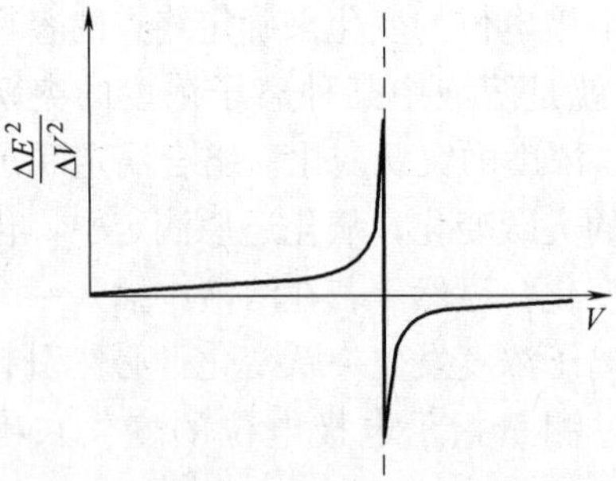

图 1-14　$\Delta E^2/\Delta V^2$-V 曲线

3. 绘制 $\Delta E^2/\Delta V^2$-V 曲线法（二阶微商法）

此法的依据是一阶微商法曲线的极大值对应的是终点体积，则二阶微商 $\Delta E^2/\Delta V^2=0$ 处对应的体积也是终点体积。

$\Delta E^2/\Delta V^2$-V 曲线法是以 $\Delta E^2/\Delta V^2$ 对 V 作图（图 1-14），曲线最高点与最低点连线与横坐标的交点即为滴定终点体积。

技能拓展　电位滴定仪的保养与维护

电位滴定仪应存放于干燥、通风、无腐蚀气体的地方。工作台面上不要堆放重物。如长时期不用电位滴定仪，应将电磁阀中的硅胶取出，并用蒸馏水冲洗干净。

电位滴定仪常见的故障分析和排除方法，如表 1-7 所示。

表 1-7　　电位滴定仪常见的故障分析和排除方法

故障现象	可能原因	排除方法
液路不通	电磁阀螺丝太紧或滴定管堵塞	①检查电磁阀螺丝是否太紧；②滴定管及滴液管是否堵塞
液路部分出现气泡	没有拧紧，三通按头松动或滴定管堵塞不通或三通转不到位	检查仪器的密封性
数字显示乱跳	电源接地不良或周围有强电磁干扰	①检查电源；②消除强电磁干扰
测 pH 数字飘移、难稳定	电极老化	及时更换玻璃电极

阅读材料　自动永停滴定法

永停滴定法又称双安培滴定法，或双电流滴定法（死停终点法），是根据滴定过程中电流的变化确定滴定终点的方法，属于电流滴定法。永停滴定法是氧化还原滴定和电位分析的完美结合，且装置简单、准确度高、确定终点方法简便。根据永停滴定法原理制得的仪器称为永停滴定仪（图 1-15）。

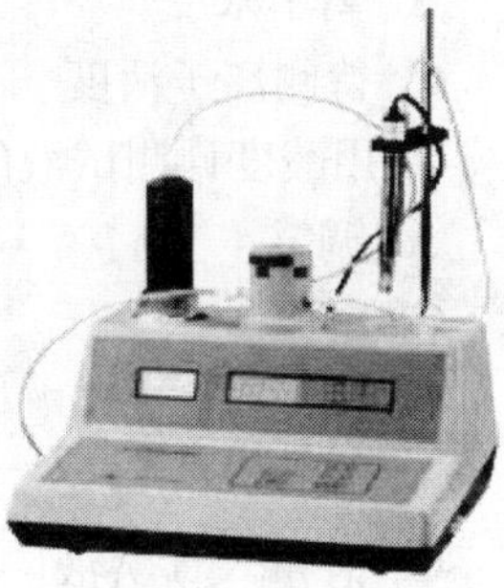

图 1-15　永停滴定仪

永停滴定法的工作原理是若溶液中同时存在某氧化还原对的氧化型及其对应的还原型物质，在此溶液中插入铂电极，根据滴定剂和被滴溶液所采用电对的可逆性，观察滴定过程中电流指针的变化来判断滴定终点（即指针突变点）。必要时也可以记录加入标准溶液的体积（V）和相应的电流（I），绘制 I-V 滴定曲线来确定滴定终点。

永停滴定法简便易行，准确可靠，广泛用于药物分析中。主要用于磺胺类药物的分析。这类药物分析过去采用外指示剂法，误差较大。现多采用永停滴定法，效果较好。

综合实训　氯化钠注射液的含量测定

项目背景：氯化钠注射液是氯化钠的等渗灭菌水溶液，用于调节体内水和电解质的平衡，是临床上最常见的药物之一。《中国药典》（2005 版）采用银量法测定，但终点判断不明显，误差较大。

根据以上信息，学生自主完成以下任务：

任务一：选择检测方法。

任务二：查找资料，设计氯化钠注射液的含量测定方案。

任务三：对方案进行验证实施。

任务四：设计检验报告单，记录实验数据，并对实验结果进行分析与说明。

自主练习

一、选择题

1. 酸度计测定溶液 pH 时，使用（　　）作为指示电极。

A. 铂电极　　B. Ag-AgCl 电极　　C. 玻璃电极　　D. 甘汞电极

2. 从指示电极和参比电极的定义，可知（　　）。

A. 指示电极是玻璃电极

B. 参比电极是用作参比的，其电位值随被测溶液浓度的改变而改变

C. 参比电极是用作参比的，其电位值不随被测溶液浓度的改变而改变

D. 玻璃电极是参比电极

3. 离子选择性电极的选择性主要取决于（　　）。

A. 离子浓度　　B. 电极膜活性材料的性质

C. 待测离子活度　　D. 测定温度

4. 用酸度计测试液的 pH，先用与试液 pH 相近的标准溶液（　　）。

A. 调零　　B. 消除干扰离子

C. 定位　　D. 减免迟滞效应

5. 哪项不是玻璃电极的组成部分？（　　）

A. Ag-AgCl 电极　　B. 一定浓度的 HCl 溶液

C. 饱和 KCl 溶液　　D. 玻璃球泡

6. pH 玻璃电极产生的不对称电位来源于（　　）。

A. 内外玻璃膜表面特性不同　　B. 内外溶液中 H^+ 浓度不同

C. 内外溶液的 H^+ 活度系数不同　　D. 内外参比电极不一样

二、数据分析题

1. 当下述电池中的溶液是 pH 等于 4.00 的缓冲溶液时，在 298K 时用毫伏计测得下列电池的电动势为 0.209V。玻璃电极 | H^+ (a＝x) ‖ 饱和甘汞电极，当缓冲溶液由三种未知溶液代替时，毫伏计读数如下：（a）0.312V；（b）0.088V；（c）－0.017V，试计算每种未知溶液的 pH。

2. 用标准加入法测定离子浓度时，于 100mL 铜盐溶液中加入 1mL 0.1mol/L $Cu(NO_3)_2$ 后，电动势增加 4mV，求铜的原来总浓度。

3. 将 1.00g 牙膏样品用温水溶解后转移至 100mL 容量瓶中，加入 100mL 氟离子强度调节剂，用去离子水稀释至刻度，摇匀。吸取 25mL 注入一烧杯中，插入氟离子选择性电极和饱和甘汞电极，测得电池的电动势为 0.1236V，加入 0.5mg/mL 氟离子标准溶液 0.10mL 后，电池的电动势为 0.1846V。计算牙膏样品中氟离子的质量分数。

模块二　紫外可见分光光度法

学习目标

知识目标： 掌握紫外可见分光光度计的结构及各部件的功能；掌握紫外可见分光光度法的实验技术、定性及定量分析方法，了解紫外可见分光光度计的类型及维护与保养。

技能目标： 能熟练操作紫外可见分光光度计。

紫外可见分光光度法是通过利用物质对 200～780nm 光谱区域内的电磁辐射具有选择性吸收，对物质进行定性和定量分析的方法。按所吸收光的波长区域不同，分为紫外分光光度法和可见分光光度法，合称为紫外可见分光光度法。紫外可见分光光度法具有以下特点：

（1）仪器设备简单，操作简便。

（2）灵敏度高。适用于微量组分的测定，一般可测定 10^{-6}g 级的物质，其摩尔吸光系数可达到 10^{-5}～10^{-4}数量级。

（3）精密度和准确度较高。浓度测量的相对误差一般在 1%～3%。

（4）应用广泛。不仅用于无机化合物的分析，更重要的是用于有机化合物的鉴定及主要官能团的结构分析，也可对同分异构体进行鉴别。此外，还可用于配合物的组成和稳定常数的测定。

任务一　紫外可见分光光度计的认识和调校

【任务目的】

（1）掌握紫外可见分光光度计的波长准确度和吸收池配套性检验方法。

（2）学会正确使用紫外可见分光光度计。

（3）能根据说明书自主操作其他型号的紫外可见分光光度计。

【工作准备】

仪器　754 型紫外可见分光光度计（或其他型号分光光度计）。

【工作内容】

在阅读过仪器说明书后进行以下操作和调校。

1. 开机前检查和开机预热

检查仪器，打开仪器电源开关，开启吸收池样品室盖，取出样品室内遮光物（如干燥剂），预热 20min。

2. 仪器波长准确度检查和校正

紫外可见分光光度计在使用过程中，由于机械振动、温度变化、灯丝变形等原因，经常会引起刻度盘上的读数（波长标示值）与实际通过溶液的波长不符合的现象，从而导致仪器灵敏度降低，影响测定结果的精度，因此需要经常进行检验和校正。

（1）可见光区波长准确度检查和校正　在吸收池位置插入一块白色硬纸片，将波长调节器从 720nm 向 420nm 方向慢慢转动，观察出口狭缝射出的光线颜色是否与波长调节器所指示的波长相符（黄色光波长范围较窄，将波长调节在 580nm 处应出现黄光），若相符，说明该仪器分光系统基本正常。若相差甚远，应调节灯泡位置。

取出白纸片，在吸收池架内垂直放入镨钕滤光片，以空气为参比，盖上样品室盖，将波长调至 500nm，按“100％T”，用吸收池拉杆将镨钕滤光片推入光路，读取吸光度。以后在 500～540nm 波段每隔 2nm 测一次吸光度。记录各吸光度和相应的波长标示值，查出吸光度最大时相应的波长标示值。当波长标示值与 529nm 差值大于 3nm 时，则仪器波长误差大于允许值，用调节仪器波长调节螺杆的方法进行校正。若误差为正值时要逆时针方向调节，为负值时要顺时针方向调节。反复测（529±5）nm 处的吸光度，直至波长标示值为 529nm 处相应的吸光度最大为止，取出滤光片放入盒内。

（2）紫外光区波长准确度检查和校正　在紫外光区检验波长准确度比较实用的方法是用苯蒸气的吸收光谱曲线来检查。具体做法是在吸收池滴一滴液体苯，盖上吸收池盖，待苯挥发充满整个吸收池后，就可以测绘苯蒸气的吸收曲线。若实测结果与苯的标准光谱曲线不一致表示仪器有波长误差，必须加以调整。

3. 吸收池的配套性检查

由于一般商品吸收池的光程精度往往不是很高，常常与其标示值有微小误差，即使是同一个厂出品的同规格的吸收池也不一定完全能够互换使用。所以，仪器出厂前吸收池都要经过检验配套，在使用时不应混淆其配套关系。实际工作中，为了消除误差，在测量前还必须对吸收池进行配套性检验。具体方法如下：

（1）用波长调至 600nm。

（2）检查吸收池透光面是否有划痕的斑点，吸收池各面是否有裂纹。如有，则不应使用。

（3）用蒸馏水冲洗吸收池 2～3 次，必要时可用体积比为 1∶1 的 HCl 溶液浸泡 2～3min，再立即用水冲洗净。

（4）用拇指和食指捏住吸收池两侧毛面，分别在 4 个玻璃吸收池内注入蒸馏水到池高 3/4，用滤纸吸干吸收池外壁的水滴（注意：不能擦!），再用擦镜纸或丝绸巾轻轻擦拭光面至无痕迹。垂直放在吸收池架上，并用吸收池夹固定好。

（5）打开样品室盖，调节透射比为 0，盖上样品室盖，将在参比位置上的玻璃吸收池推入光路，调节透射比为 100%。反复调节几次，直至稳定。

（6）拉动吸收池架拉杆，依次将被测溶液推入光路，读取相应的透射比或吸光度。若所测各吸收池透射比偏差小于 0.5%，则这些吸收池可配套使用。超出上述偏差的吸收池不能配套使用。

4. 结束工作

检查完毕，关闭电源。取出吸收池，清洗后晾干入盒保存。在样品室内放入干燥剂，盖好样品室盖，罩好仪器防尘罩。清理工作台，打扫实验室，填写仪器使用记录。

【任务提示】

[1]　每改变一次入射光的波长，都应调节参比溶液的透射比为 100%。

[2]　镨钕滤光片的吸收峰在 529nm。

[3]　吸收池内溶液不可装得过满，以免溅出，腐蚀吸收架和仪器。装入水后，池内壁不可有气泡。

[4]　吸收池的配套性检查按照 JJG 178—96 规定，不同的入射光波长下吸收池盛装的溶液不同。在 220nm 处石英吸收池盛装蒸馏水；在 440nm 处玻璃吸收池盛装 30μg/mL 重铬酸钾溶液。在 600nm 处玻璃吸收池盛装蒸馏水。

问题探究

Q1：紫外可见分光光度计的主要部件有哪些？

Q2：如何操作紫外可见分光光度计？

知识链接一　紫外可见分光光度计的构造与基本操作

在紫外及可见光区内，用于测定溶液吸光度的分析仪器称为紫外可见分光光度计，简称为分光光度计。分光光度计的工作原理是采用一个可以产生多个波长的装置，通过系列分光装置，得到一束平行的波长范围很窄的单色光，透过一定厚度的试样溶液后，部分光被吸收，剩余的光照射到光电元件上，产生光电流，那么在仪器上即可读取相应的吸光度或透光率，完成测定。

一、紫外可见分光光度计的构造

目前，紫外可见分光光度计种类、型号很多，但基本构造相似，都主要由以下部件组成（图 2-1）：

图 2-1　紫外可见分光光度计的组成部分

图 2-2 是 UV-7504C 型紫外可见分光光度计，采用卤钨灯和氘灯作光源，适用于波长范围为 200～1000nm 的测量。

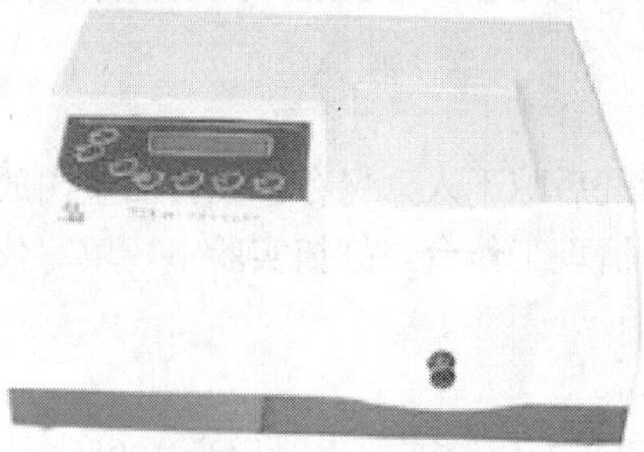

图 2-2　UV-7504C 型紫外可见分光光度计

1. 光源

光源的主要作用是提供符合要求的入射光。分光光度计对光源的要求是，在仪器操作所需的光谱区域内能够发射连续辐射，有足够的辐射强度和良好的稳定性，使用寿命长。实际应用的光源一般分为可见光光源和紫外光光源。

（1）可见光光源　钨丝灯是最常见的可见光光源，它可发射出波长为325～2500nm 范围的连续光谱，其中最适宜的使用范围是 320～1000nm，除用作可见光源外，还可用作近红外光源。为了保证钨丝灯发光强度稳定，需要采用稳定电源供电，也可用 12V 直流电源供电。

目前不少分光光度计已采用卤钨灯代替钨丝灯，如 7230 型、754 型分光光度计等。所谓卤钨灯是在钨丝中加入适量的卤化物或卤素，灯泡用石英制成，具有较长的寿命和高的发光效率。

（2）紫外光光源　多为气体放电光源，其中应用最多的是氢灯和氘灯，其使用波长范围为 185～375nm。为了保证发光强度稳定，也要用稳定电源供电。氘灯的光谱分布与氢灯相同，但光强比同功率的氢灯要大 3～5 倍，使用寿命比氢灯长。

近年来，具有高强度和高单色性的激光已被开发用作紫外光源。已商品化的激光光源有氩离子激光器和可调谐染料激光器。

2. 单色器

单色器是一种将来自光源的复合光分解为单色光并能分离出所需要波长的装置，是分光光度计的心脏部分。它主要由入射狭缝、色散元件、准直镜和出射狭缝等部分组成，其中色散元件是关键部件。

入射狭缝的作用是限制杂散光进入。色散元件的作用是将复合光分解成单色光，常用的色散元件有棱镜和光栅，色散原理是依据不同波长的光通过棱镜时有不同的折射率而将不同波长的光分开。准直镜的作用是将来自狭缝的光束转化为平行光，并将来自色散元件的平行光束聚焦在出射狭缝上。出射狭缝的作用是将额定波长范围的光射出单色器。

3. 吸收池

吸收池又称为比色皿，是用于盛放被测溶液的无色透明器皿。一般有石英和玻璃材料两种。石英吸收池适用于可见及紫外光区，玻璃吸收池只能用于可见光区。

吸收池的规格有 0.5、1.0、2.0、3.0cm 等，其中以 1.0cm 吸收池最为常见，使用时根据具体需要进行选择。同时，在测量前还必须对吸收池进行配套性检验。

在使用时，要注意以下几点：

(1) 洗涤时一般用自来水、蒸馏水洗涤干净。若脏物洗不净，可用体积比为 1∶2 的盐酸-乙醇浸泡（时间不宜过长），然后再用水洗。含腐蚀玻璃的物质（如 F^-、$SnCl_2$、H_3PO_4 等）溶液，不能长时间盛放在吸收池中。

(2) 使用时，将洗净的吸收池用被测溶液润洗，装被测溶液的高度不能超过吸收池高度的 2/3。

(3) 拿取吸收池时，只能用手指接触两侧的毛玻璃，不可接触光学面。

(4) 吸收池的光学面应该保持干燥、洁净，为减少光损失，吸收池的光学面必须完全垂直于光束方向。

(5) 不得在火焰上或电炉上进行加热或烘烤吸收池。

4. 检测系统

检测器的作用是检测透过吸收池的光信号，并将光信号转变为电信号。目前使用较多的检测器是光电管和光电倍增管。其中光电倍增管是检测微弱光时最常用的光电元件，它的灵敏度比一般的光电管要高 200 倍。

5. 信号显示系统

信号显示系统的主要作用是放大信号并以适当的方式指示或记录下来。常用的信号指示装置由直流检流计、电位调节指零装置以及数字显示或自动记录装置等。新型紫外可见分光光度计显示系统大多采用微型计算机，它既可用于仪器自动控制，实现自动分析，又可进行数据处理，记录样品的吸收曲线，大大地提高了仪器的灵敏度和稳定性。

二、紫外可见分光光度计的种类

紫外可见分光光度计的型号很多。按其光学系统可分为单光束分光光度计、双光束分光光度计和双波长分光光度计三种类型。

1. 单光束分光光度计

单光束是指从光源发出的光，经单色器分光后得到一束平行单色光，从进入吸收池到最后照在检测器上，始终为一束光，如图 2-3 所示。常见的 721、722、723、724、

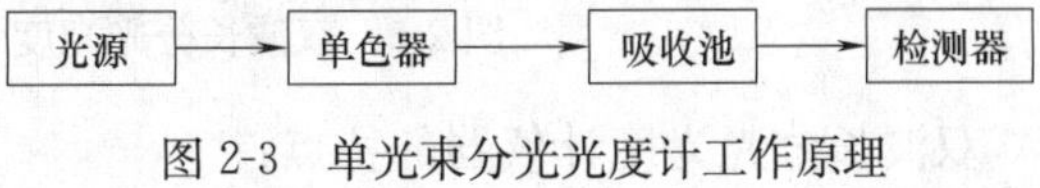

图 2-3　单光束分光光度计工作原理

752、754、T6 等型号分光光度计都属于单光束分光光度计。

单光束分光光度计仪器的特点：

（1）仪器简单、价格较低廉。

（2）操作麻烦，任一波长的光均要用参比调 $T=100\%$后，再测样品。

（3）不能进行吸收光谱的自动扫描。

（4）光源不稳定性影响测量准确度。

2. 双光束分光光度计

从光源中发出的光经单色器分光后被切光器（旋转扇面镜）分成两束强度相等的单色光，一束通过参比溶液，一束通过被测溶液。光度计能自动比较两束光的强度，此比值即为被测液的透射比，经对数交换将它转换为吸光度并作为波长的函数记录下来，如图 2-4 所示。国产 710、730、760MC、760CRT 以及日本岛津 UV-210 型号分光光度计都属于双光束分光光度计。

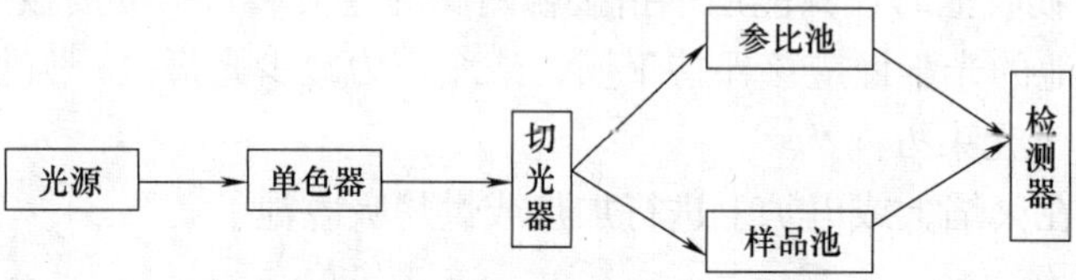

图 2-4 双光束分光光度计工作原理

双光束分光光度计仪器的特点：

（1）测量方便，不需要更换吸收池。

（2）补偿了光源不稳定性的影响。

（3）实现了快速自动吸收光谱扫描。

（4）不能消除试液的背景干扰。

3. 双波长分光光度计

由同一光源发出的光被分成两束，分别经过两个单色器，得到两束不同波长的单色光。利用切光器（斩光器）使两束光以一定的频率交替照射到同一吸收池，然后经过光电倍增管和电子控制系统，最后由显示器显示出两个波长处的吸光度差值（图 2-5）。国产 WFZ800S，日本岛津 UV-300、UV-365 型等分光光度计都属于双波长分光光度计。

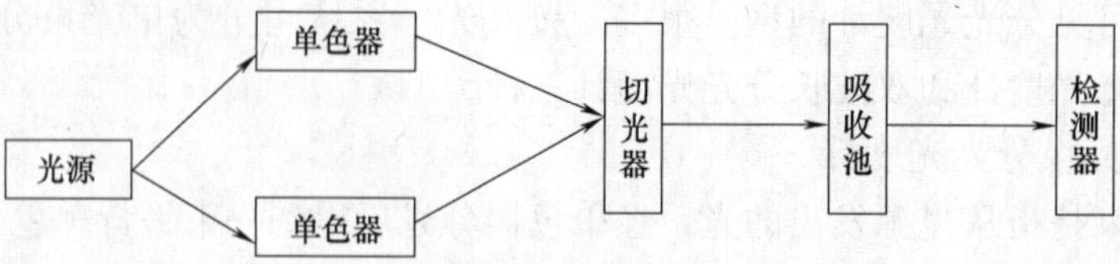

图 2-5 双波长分光光度计工作原理

双波长分光光度计仪器的特点：

（1）不需要参比溶液。

（2）可以消除背景吸收干扰，包括待测溶液与参比溶液组成的不同及吸收液厚度差异的影响，提高了测量的准确度。

（3）适合多组分混合物、浑浊试样的定量分析，可进行导数光谱分析等。

（4）价格昂贵。

三、紫外可见分光光度计的基本操作

目前紫外可见分光光度计型号繁多，虽然不同型号的仪器其操作方法略有不同（在使用前应仔细阅读仪器使用说明书），但仪器上主要旋钮和按键的功能基本类似。下面介绍两种较为常见的紫外可见分光光度计。

1. 722E 型可见分光光度计

722E 型可见分光光度计仪器外形如图 2-6 所示。

（1）仪器面板按钮介绍（图 2-6）

① 波长调节旋钮（λ）：转动波长旋钮，读数盘上指示出所选择的入射单色光波长。

② 波长显示窗。

③ 吸收池架拉杆：拉动拉杆就可以将吸收池依次送入光路。

④ 样品室：内放有吸收池架和吸收池，暗箱盖通过机械装置连动光电管前后的光路闸门。

⑤ 控制面板：控制面板上有仪器各控制键。

（2）控制面板按键介绍（图 2-7）

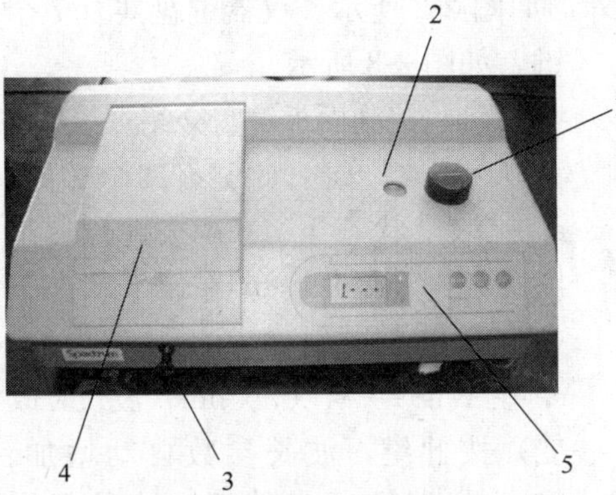

图 2-6　722E 型可见分光光度计外形

1—波长调节旋钮　2—波长显示窗

3—吸收池架拉杆　4—样品室

5—控制面板

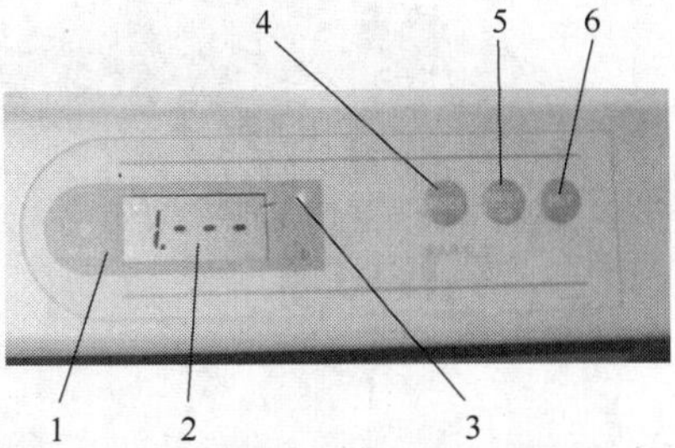

图 2-7　722E 型可见分光光度计控制面板按键

1—电源指示　2—数据显示屏　3—模式显示

4—切换键　5—调“100%T”按钮

6—调“0%T”按钮

① 电源指示，当仪器电源接通时，该指示灯亮。

② 数据显示屏，显示仪器测得的数据值。

③ 模式显示，选择不同的测定模式（吸光度、透射比），仪器测定该选择模式下的数据，通过数据显示屏显示出来。

④ 切换键（模式键），通过该键，调节仪器测定的不同模式（吸光度、透射比）。

⑤ 调“100%T”按钮，按此钮，调节透射比（或吸光度）数据至 $T=100\%$（或 $A=0$）。

⑥ 调“0%T”按钮，按此钮，调节透射比数据至 $T=0$。

（3）基本操作

① 接通电源开关，打开样品室暗箱盖，预热 20min 后，再选择需用的入射单色光波长，按动“切换键”，切换到透射比（T）测定模式，将挡光体放入吸收池架，并拉动吸收池架拉杆使其进入光路，然后按下仪器的“0%T”按钮，完成仪器调零。取出挡光体，盖好样品室暗箱盖，按下仪器的“100%T”按钮。

② 打开样品室盖，将盛有参比溶液和被测溶液的吸收池分别插入吸收池架中，盖上样品室盖。

③ 将参比溶液推入光路中，按下仪器的“100%T”按钮。并按动“切换键”，切换到吸光度（A）测定模式。

④ 将被测溶液推入光路中，显示器上所显示的是被测样品的吸光度。

⑤ 测量完毕，取出吸收池，洗净后倒置于滤纸上晾干，关闭电源，拔下电源插头，盖上仪器防尘罩，填写仪器使用记录。

2. UV-7504C 型紫外可见分光光度计

UV-7504C 型紫外可见分光光度计的外形如图 2-2 所示。仪器键盘共有 7 个键，如图 2-8 所示。

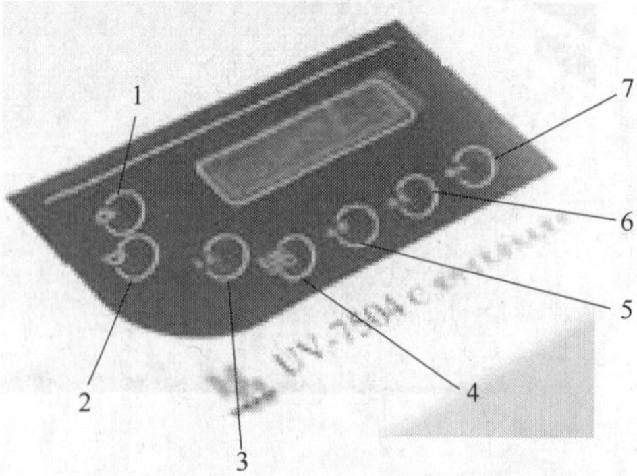

图 2-8　UV-7504C 型紫外可见分光光度计控制面板键盘

1—“▲”键　2—“▼”键　3—“方式”键　4—“OABS/100%T”键　5—“返回”键　6—“设定”键　7—“确认”键

（1）控制面板键盘介绍

①“▲”键，此键有四个功能：a. 在浓度状态下（C）按此键，浓度参数自动增加。b. 在斜率状态下（F）按此键，斜率参数自动增加。c. 在 WL=×××.×nm（波长 λ 改变）按此键，波长参数自动增加。d. 在仪器完成自检后，波长停在 546nm 时，按此键可以快速进入预设波长。

②“▼”键，此键有四个功能：a. 在浓度状态下（C）按此键，浓

度参数自动减少。b. 在斜率状态下（F）按此键，斜率参数自动减少。c. 在“WL＝×××.×nm”（波长λ改变）按此键，波长参数自动减少。d. 在仪器完成自检后，波长停在546nm时，按此键可以快速进入预设波长。

③“方式”键，按此键仪器的测试模式在吸光度（A）、透射比（T）、浓度（C）之间进行切换。

④“0ABS/100%T”键，在吸光度状态下，按此键仪器自动将参比调为“0.000A”；在透射比状态下，按此键仪器自动将参比调为“100%T”。

⑤“返回”键，当仪器设置等方面出现错误时，按此键可以返回到原始状态。

⑥“设定”键，按此键第一次显示自动设置的参数，第二次后参数方式将自动切换。

⑦“确认”键，按此键为确认一切参数设置有效，若不按此键，则设置无效。

（2）基本操作

① 开机：接通电源，开机预热20min，至仪器自动校正后，显示器显示“546.0nm　0.000A”，仪器自检完毕，即可进行测试。

② 用“方式”键设置测试方式，根据需要选择吸光度（A）、透射比（T）、浓度（C）。

③ 选择入射光波长，按设定键屏幕显示“WL＝×××.×nm”字样，按“▲”或“▼”调节所需波长，按确认键确认。稍等，待仪器显示出所需波长，并已经把参比调成A＝0.000时，即可测试。

④ 将参比样品溶液和被测样品溶液放入吸收池架中，盖上样品室盖，将参比溶液推入光路，按“0ABS/100%T”键调节A＝0/T＝100%。

⑤ 当仪器显示“0.000A”或“100%T”后，将待测样品溶液推入光路，依次测试待测样品的数据，记录。

⑥ 测量完毕，取出吸收池，洗净后倒置于滤纸上晾干，关闭电源，拔下电源插头，盖上仪器防尘罩，填写仪器使用记录。

技能拓展　紫外可见分光光度计的保养与维护

紫外可见分光光度计是精密光学仪器。正确安装、使用和保养对保持仪器良好的性能和保证测试的准确度有重要作用。

1. 紫外可见分光光度计的保养

（1）对仪器工作环境的要求　分光光度计应安装在稳固的工作台上（周围不应有强磁场，以防电磁干扰）。室内温度宜保持在15～28℃。室内应干燥，相对湿度宜控制在45%～65%，不应超过70%。室内应无腐蚀性气体（如SO_2、

NO_2及酸雾等)，应与化学分析操作室隔开，室内光线不宜过强。

(2) 仪器保养和维护方法

① 仪器工作电源一般允许220×(1±0.1) V的电压波动。为保持光源灯和检测系统的稳定性。在电源电压波动较大的实验室，最好配备稳压器（有过电压保护）。

② 为了延长光源使用寿命，在不使用时不要开光源灯。如果光源灯亮度明显减弱或不稳定，应及时更换新灯。更换后要调节好灯丝位置，不要用手直接接触窗口或灯泡，避免油污黏附，若不小心接触过，要用无水乙醇擦拭。

③ 单色器是仪器的核心部分，装在密封盒内，不能拆开，为防止色散元件受潮生霉，必须经常更换单色器盒干燥剂。

④ 必须正确使用吸收池，保护吸收池光学面。

⑤ 光电转换元件不能长时间曝光，应避免强光照射或受潮积尘。

2. 紫外可见分光光度计常见故障和排除方法

紫外可见分光光度计常见的故障分析和排除方法，如表2-1所示。

表2-1　紫外可见分光光度计常见的故障分析和排除方法

故障现象	可能原因	排除方法
开启电源开关，仪器无反应	①电源未接通 ②电源保险丝断 ③仪器电源开关接触不良	①检查电源和连接线 ②更换保险丝 ③更换仪器电源开关
光源灯不工作	①电源灯坏 ②电源供电器坏	①更换新灯 ②检查电路，维修或更换电路板
显示不稳定	①仪器预热时间不够 ②电噪声太大 ③环境振动过大，光源附近气流过大 ④电源电压不稳	①延长预热时间 ②检查干燥剂是否受潮后，查线路 ③改善工作环境 ④检查电源电压
T调不到0	①光门漏光 ②放大器坏 ③暗盒受潮	①修理光门 ②修理放大器 ③更换暗盒内干燥剂
T调不到100%	①卤钨灯不亮 ②样品室有挡光现象 ③光路不准 ④放大器坏	①检查灯电源电路 ②检查样品室 ③调整光路 ④修理放大器
测试结果不正常	①样品处理错误 ②吸收池不配对 ③波长不准 ④能量不足	①重新处理样品 ②对吸收池进行配套试验 ③用镨钕滤光片调校波长 ④检查光路或更换电源

任务二　阿司匹林肠溶片中水杨酸的鉴别

【任务目的】

（1）掌握紫外可见分光光度法的定性分析依据及方法。

（2）熟悉吸收曲线的绘制的方法。

（3）能熟练操作紫外可见分光光度计，并能对仪器的一些故障进行分析和排除。

【工作依据】

阿司匹林又称乙酰水杨酸，是一种常见的解热镇痛药物。在使用或贮存不当时，结构中的酯基容易发生水解而生成水杨酸。利用水杨酸与 Fe^{3+} 生成紫色，且络合物在 530nm 附近有最大吸收，从而对水杨酸进行简单定性分析。

【工作准备】

（1）仪器　754 型紫外可见分光光度计（或其他型号分光光度计）。

（2）试剂的配制

① 水杨酸标准溶液（100μg/mL）：准确吸取 10mL 水杨酸标准溶液（1mg/mL），于 100mL 容量瓶中，配制成 100μg/mL 水杨酸标准溶液。

② 新制的稀硫酸铁铵溶液：取 1mol/L 的盐酸 1mL，加硫酸铁铵 2mL 于 100mL 的容量瓶中，用水定容。

【工作内容】

1. 8μg/mL 水杨酸标准溶液的配制

吸取 4mL 水杨酸标准溶液（100μg/mL）于 50mL 容量瓶中，立即加入新配制的稀硫酸铁铵溶液 3mL，加水至刻度摇匀待测。

2. 样品的预处理

将阿司匹林片剂五片研成细粉，混匀放入干燥的小烧杯中，加无水乙醇 30mL。在 60℃水浴锅中加热并充分搅拌 10min 后，倾出溶解液过滤。同法溶解三次合并滤液于 100mL 的容量瓶中，用水定容待用。量取滤液 5mL 置 50mL 容量瓶中，立即加入新配制的稀硫酸铁铵溶液 3mL，加水至刻度摇匀待测。

3. 吸收曲线的绘制

用水杨酸标准溶液和试样溶液，以蒸馏水为参比，于波长 450～700nm 范围内分别测定吸光度，每隔 10nm 测定一个吸光度，在最大吸收峰附近，每隔 1nm 测定一次吸光度。在坐标纸上，以波长为横坐标，以吸光度为纵坐标，绘制并比较标准溶液和试样溶液的吸收曲线。

【任务提示】

［1］　每改变一次入射光的波长，都应调节参比溶液的透射比为 100％。

［2］　水杨酸络合物在 530nm 附近处有最大吸收。

问题探究

Q1：紫外可见分光光度法的定性依据是什么？

Q2：紫外可见分光光度法的定性方法有哪些？

知识链接二　紫外可见分光光度法的定性分析

一、光的认识

1. 光的基本性质

光具有波粒二象性。从光的波动性来说，光是一种电磁波，具有波动性和粒子性。光既是一种波，因而它具有波长（λ）和频率（υ）；光也是一种粒子，它具有能量（E）。它们之间的关系为

$$E = h\upsilon = h \times (C/\lambda)$$

式中　E——能量

h——普朗克常数（6.626×10^{-34}J·s）

υ——频率

C——光速，真空中约为 3×10^{10}cm/s

λ——波长

从表达式中可知，不同波长的光能量不同。波长越长，能量越小，波长越短，能量越大。

将各种电磁波（光）按其波长或频率大小顺序排列画成的图表称为电磁波谱，如表 2-2 所示。

表 2-2　　电磁波谱

波谱区名称	波长范围	波数/cm^{-1}	频率/MHz	光子能量/eV	跃迁能级类型
γ射线	5×10^{-3}～0.14nm	7×10^{7}～2×10^{10}	2×10^{12}～6×10^{14}	8.3×10^{3}～2.5×10^{6}	核能级
X射线	10^{-2}～10nm	10^{6}～10^{10}	3×10^{10}～3×10^{14}	1.2×10^{2}～1.2×10^{6}	内层电子能级
远紫外光	10～200nm	5×10^{4}～10^{6}	1.5×10^{9}～3×10^{10}	6～125	原子及分子的价电子或成键电子能极
近紫外光	200～380nm	2.5×10^{4}～5×10^{4}	7.5×10^{8}～1.5×10^{9}	3.1～6	
可见光	380～782nm	1.3×10^{4}～2.5×10^{4}	4.0×10^{8}～7.5×10^{8}	1.7～3.1	
近红外光	0.75～2.5μm	4×10^{3}～1.3×10^{4}	1.2×10^{8}～4.0×10^{8}	0.5～1.7	分子振动能级
中红外光	2.5～50μm	200～4000	6.0×10^{6}～1.2×10^{8}	0.02～0.5	
远红外光	50～1000μm	10～200	10^{5}～6.0×10^{6}	4×10^{-4}～2×10^{-2}	分子转动能级
微波	0.1～100cm	0.01～10	10^{2}～10^{5}	4×10^{-7}～4×10^{-4}	
射频	1～1000m	10^{-5}～10^{-2}	0.1～10^{2}	4×10^{-10}～4×10^{-7}	核自旋能级

2. 光的种类

（1）单色光和复合光　不能分解的光称为单色光，如红光、紫光等。纯单色光是很难获得的，激光的单色性虽然很好，但也只能说接近于单色光。含有多种波长的光称为复合光，例如日光、白炽灯光等。

（2）可见光和互补光　人的眼睛对不同波长的光的感觉是不一样的。凡是能被肉眼感觉到的光称为可见光，其波长范围为400～780nm。凡波长小于400nm的紫外光或波长大于780nm的红外光均不能被人的眼睛感觉出，所以这些波长范围的光是看不到的。在可见光的范围内，不同波长的光刺激眼睛后会产生不同颜色的感觉，但由于受到人的视觉分辨能力的限制，实际上是一个波段的光给人引起一种颜色的感觉。图2-9列出了各种色光的近似波长范围。

日常见到的日光，白炽灯光等白光就是由这些波长不同的有色光混合而成的。这可以用一束白光通过棱镜后色散为红、橙、黄、绿、青、蓝、紫等七色光来证实。如果把适当颜色的两种光按一定强度比例混合，也可成为白光，这两种颜色的光称为互补光。图2-10为互补光示意图。图中处于直线关系的两种颜色的光即为互补光，如绿色光与紫红色光互补，蓝色光与黄色光互补等，它们按一定强度比混合都可以得到白光，所以白光实际上是由一对对互补光按适当强度比混合而成。

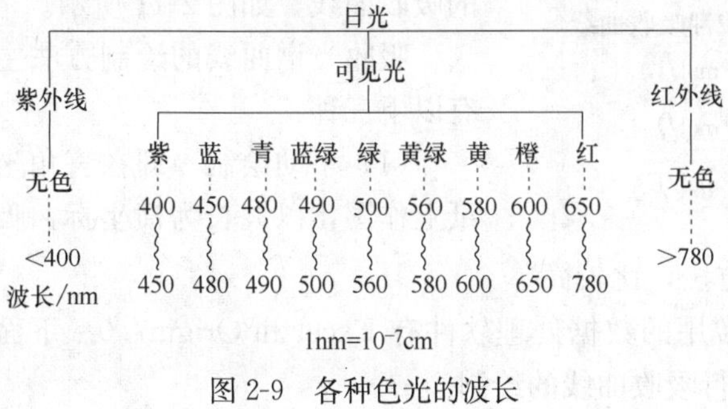

图2-9　各种色光的波长

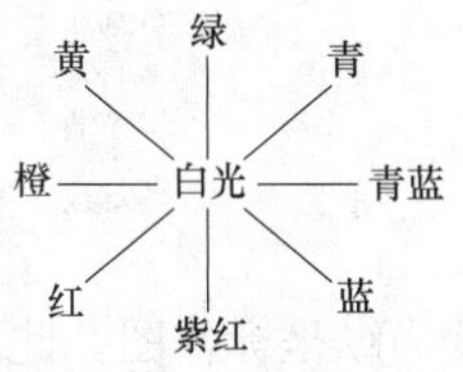

图2-10　互补光示意图

二、吸收光谱曲线

1. 物质对光的选择性吸收

（1）物质对光的吸收本质　当白光照射到物质上时，物质吸收白光中某一波长的光的能量，使得物质的分子从基态跃迁到激发态，且吸收的能量（ΔE）等于激发态的能量（E_2）与基态的能量（E_1）之差时，物质就会吸收光。

$$\Delta E = E_2 - E_1$$

从式中可以得出，物质对光的吸收具有选择性。

（2）物质颜色的产生　当一束白光通过某溶液时，若溶液选择性地吸收了可见光区某波长的光，则溶液呈现出被吸收光的互补光的颜色。例如，当一束白光通过 $KMnO_4$ 溶液时，$KMnO_4$ 溶液选择性地吸收了 500～560nm 的绿光，因此 $KMnO_4$ 溶液呈现出绿光所对应的互补光的颜色即紫红色。

当一束白光照射到物质上时，如果物质对可见光区各波长的光都不吸收，此时物质显白色；如果物质对可见光区各波长的光全都吸收，此时物质显黑色。

总之，各种物质呈现不同的颜色正是因为选择性吸收不同波长光造成的。

2. 吸收光谱曲线

从物质的颜色可以初步判断物质对某种单色光有选择性吸收，但要更准确地描述说明对光的选择性吸收则必须用吸收光谱曲线（简称为吸收曲线）来描述。

吸收光谱曲线的绘制办法是：将不同波长的光依次通过某一固定浓度和厚度的溶液，分别测出它们对各种波长光的吸收程度（用吸光度 A 表示）。以波长为横坐标，以吸光度为纵坐标作图，画出曲线，此曲线即为该物质的吸收光谱曲线。三种不同浓度的 $KMnO_4$ 溶液的吸收曲线，如图 2-11 所示。

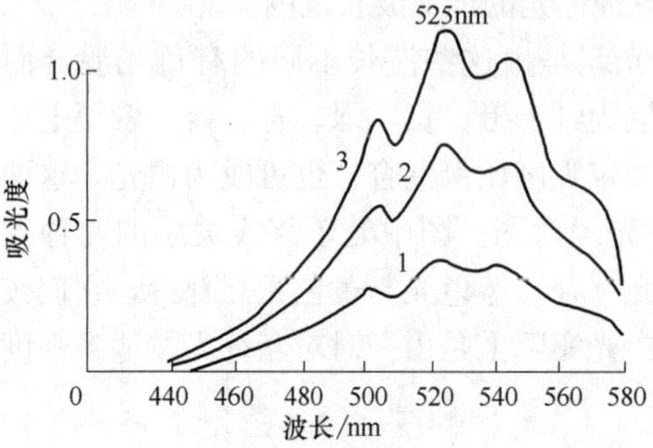

图 2-11　不同浓度的高锰酸钾吸收曲线

1—$c_{KMnO_4}=1.56\times10^{-4}$mol/L

2—$c_{KMnO_4}=3.12\times10^{-4}$mol/L

3—$c_{KMnO_4}=4.68\times10^{-4}$mol/L

吸收光谱曲线的绘制方法主要有以下三种：

（1）手动绘制　即在直角坐标纸上作图，以波长为横坐标，吸光度为纵坐标作图。此为常规方法，比较简单。

（2）用数据处理软件　常用的数据处理软件有 Excel 和 Origin7.0。下面用 Excel 软件对表 2-3 的数据进行吸收曲线的绘制。

表 2-3　　**数据表**

波长/nm	吸光度	波长/nm	吸光度	波长/nm	吸光度
400	0.290	505	0.598	560	0.125
420	0.350	510	0.605	580	0.071
440	0.440	515	0.585	600	0.029
460	0.510	520	0.550	620	0.020
480	0.565	530	0.392	640	0.010
500	0.590	540	0.280	660	0.007

绘制步骤如下：

① 新建并打开一个 Excel，在 Excel 窗口中直接输入上表数据。

② 按住鼠标左键拖动选定这两列数据，单击“插入”中的“图表 ”，就

可以绘制简单的图形，通常图表类型选择绘制散点图。

③ 再对图形进行适当的修改。

a. 修改图表标题、横坐标和纵坐标名称和单位：在弹出的对话框中将图表标题改为吸收曲线、横坐标改为波长/nm，将纵坐标改为吸光度。

b. 修改横坐标的坐标范围、坐标字体大小、坐标刻度线大小：双击坐标的数字，在弹出的对话框中修改。吸收曲线如图 2-12 所示。

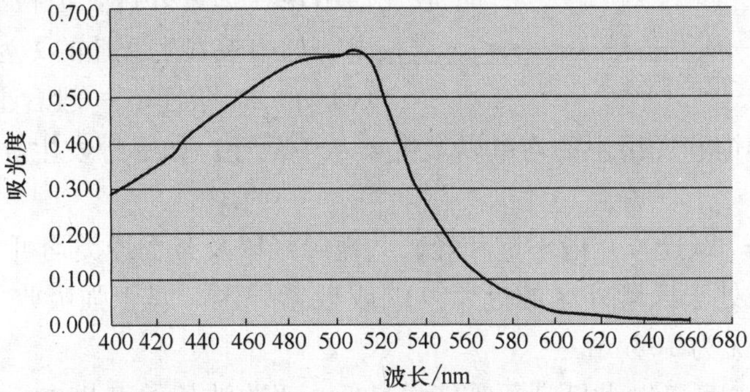

图 2-12　吸收曲线

④ 最后将其复制到 Word 文档中保存。

(3) 用仪器自带软件进行光谱扫描　如北京普析通用仪器 T6 及 TU-1901/1900 系列紫外可见分光光度计均配有相应的软件系统"UVWin"。用仪器自带软件进行光谱扫描，方便快捷。

吸收光谱曲线具有以下几个特点：

① 同一种物质对不同波长光的吸光度不同。吸光度最大处对应的波长称为最大吸收波长，常以 λ_{max}表示。

② 不同浓度的同一种物质，其吸收曲线形状相似，最大吸收波长不变。而对于不同物质，它们的吸收曲线形状和最大吸收波长则不同。因此可利用吸收曲线和最大吸收波长来作为物质定性分析的依据。

③ 不同浓度的同一种物质，在某一定波长下吸光度有所差异，但在 λ_{max}处吸光度随浓度变化的幅度最大，此时的测定灵敏度最高。因此在进行吸光度测定时，通常选取在 λ_{max}处进行测量。

三、有机化合物的紫外可见吸收光谱

1. 有机化合物的电子跃迁

有机化合物的紫外可见吸收光谱，是其分子中外层 3 种价电子（σ 电子、π 电子、n 电子）跃迁的结果。根据分子轨道理论，σ 电子、π 电子所占的轨道称为成键轨道，n 电子所占的轨道为非成键轨道。通常外层电子均处于分子轨道的基态，即成键轨道或非成键轨道上。当化合物吸收光辐射后，这些价电子就会跃迁到较高能量的轨道（激发态），即 σ^*、π^* 反键轨道。电子的跃迁主要有 4 种，如图 2-13 所示。

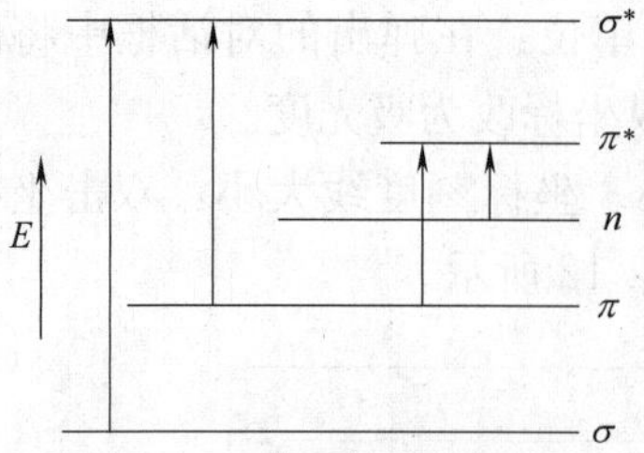

图 2-13　电子能级跃迁图

（1）σ—σ^* 跃迁　此跃迁所需能量最大。σ 电子只有吸收远紫外光（$\lambda<200$nm）的能量才能发生跃迁。一般，饱和烷烃的分子吸收光谱出现在远紫外区，但检测需要采用真空技术。如甲烷发生跃迁的 λ 为 125nm。

（2）n—σ^* 跃迁　一般含 N、O、S、卤素等杂原子的饱和烃衍生物均可以发生 n—σ^* 跃迁。如甲醇发生 n—σ^* 跃迁的 λ 为 183nm。

（3）π—π^* 跃迁　一般不饱和烃、共轭烯烃以及芳香烃类均可发生 π—π^* 跃迁。吸收波长处于远紫外区的近紫外端或近紫外区，属于强吸收。如乙烯发生 π—π^* 跃迁的 λ 为 162nm。

（4）n—π^* 跃迁　此跃迁所需能量最低，吸收波长大于 200nm。分子中孤对电子和 π 键同时存在时可发生 n—π^* 跃迁。如丙酮发生 n—π^* 跃迁的 λ 为 275nm。

2. 紫外吸收光谱常用术语

（1）生色团和助色团　最常用的紫外可见吸收光谱是由 π—π^*、n—π^* 跃迁产生的。这两种跃迁均要求有机物分子中具有不饱和基团。这类含有 π 键的不饱和基团称为生色团。简单的生色团由双键或三键组成，如乙烯基、羰基、亚硝基、乙炔基等。

有一些含有 n 电子的基团（如—OH、—OR、—NH_2、—NHR、—X 等），它们本身没有生色功能（不能吸收波长大于 200nm 的光），但当它们与生色团相连时，就会发生 n—π 的共轭作用，增强生色团的生色能力（吸收波长向长波进行移动，且吸收强度增加），这样的基团称为助色团。

（2）红移和蓝移　有机化合物的吸收光谱常常因为引入取代基或改变溶剂使最大吸收波长和吸收强度发生变化，最大吸收波长 λ_{max} 向长波方向进行移动称为红移，λ_{max} 向短波方向进行移动称为蓝移或紫移。

（3）溶剂效应　由于溶剂的极性不同引起某些化合物的 λ_{max}、强度以及峰形产生变化，这一种现象称为溶剂效应。一般溶剂效应有以下的规则：当溶剂由非极性变为极性时，对于 n—π^* 跃迁的化合物，吸收产生蓝移，且吸收强度增大。对于 π—π^* 跃迁的化合物，吸收产生红移，且吸收强度减弱。

3. 常见有机化合物的紫外可见吸收光谱

有机物的紫外可见吸收光谱的一般规律如下：

（1）若在 270～750nm 波长范围内无吸收峰，则可能是直链烷烃、环烷烃、饱和脂肪族化合物或仅含一个双键的烯烃等。

（2）若在270～350nm波长范围内有低强度的吸收峰，且 $\varepsilon=10\sim100L/(mol\cdot cm)$，则是 $n-\pi^*$ 跃迁，可能含有一个简单非共轭且含有 n 电子的生色团，如羰基。

（3）若在250～300nm波长范围内有中等强度的吸收峰，则可能含有苯环。

（4）若在210～250nm波长范围内有强吸收峰，则可能含有2个共轭双键；若在260～300nm波长范围内有强吸收峰，则说明该有机物含有3个或3个以上的共轭双键。

（5）若该有机物的吸收峰延伸至可见光区，则该有机物可能是长链共轭或稠环化合物。

四、紫外可见分光光度法的定性应用

1. 未知物的定性鉴别

紫外可见分光光度法可用于对不饱和有机化合物，尤其是对具有共轭体系的有机化合物进行定性鉴别和结构分析，推测未知物的骨架结构。定性鉴别方法有两种，一种是比较吸收光谱法，另一种方法是根据经验规则计算最大吸收波长，然后与实测值比较。

（1）比较吸收光谱法　两个样品若是同一化合物，其吸收光谱应完全一致。在鉴定时，为了消除溶剂效应，应将样品和标准品以相同浓度配制在相同溶剂中，在相同条件下分别测定其吸收光谱，比较两光谱图是否一致（包括曲线形状、λ_{max}、吸收峰数目、拐点及 ε_{max}）。为了进一步确证，可再用其他溶剂分别测定，若吸收光谱仍然一致，则进一步肯定两者是同一物质。

如果没有标准物，则可借助各种有机化合物的紫外可见标准谱图及有关电子光谱的文献资料进行比较。最常用的谱图资料是萨特勒标准谱图及手册，由美国费城Sadtler研究实验室编辑出版。萨特勒谱图集收集了46000种化合物的紫外光谱图，并附有5种索引，便于查找。使用与标准谱图比较的方法时，要求仪器准确度、精密度要高，操作时测定条件要完全与文献规定的条件相同，否则可靠性较差。

（2）经验规则计算最大吸收波长法　当采用其他物理或化学方法判断某化合物的几种结构时，可用经验规则计算最大吸收波长，并与实测值进行比较，然后确定物质的结构。常用的经验规则有Woodward-Fieser规则和Scott规则。

紫外吸收光谱只能表现化合物生色团、助色团和分子母核，而不能表达整个分子的特征，因此只靠紫外吸收光谱曲线来对未知物进行定性是不可靠的，还要借助一些其他方法如红外光谱法、核磁共振波谱、质谱，以及化合物某些物理常数等配合来确定。

2. 纯度检查

（1）杂质检查　如果化合物在某波长下有较强的吸收峰，而所含杂质在此波长处无吸收峰或吸收很弱，杂质的存在将使化合物的吸光系数值降低；若杂质在此吸收峰处有比化合物更强的吸收，杂质的存在将使化合物的吸光系数值增大。这些都可作为检查杂质是否存在的方法。但是，被检查的化合物必须已经鉴别确证后，才能认为光谱数据或形状的改变是由杂质存在引起的。如果化合物在紫外可见光区没有明显吸收，而所含杂质有较强的吸收，那么，有少量杂质就可以用紫外可见分光光谱检查出来。例如乙醇和环已烷中若含有少量杂质苯，苯在256nm处有吸收峰，而乙醇和环已烷在此处无吸收，即使乙醇中含苯量低达10mg/mL，也能从光谱中检出。

（2）杂质的限量检查　在食品、药品等行业中，对有些杂质需有限量要求。例如肾上腺素的合成过程中有一种中间体肾上腺酮，在它还原成肾上腺素过程中由于反应不够完全而带入到产品中，成为肾上腺素的杂质而影响肾上腺素的疗效。因此，肾上腺酮的量必须规定在某一限量之下。在0.05mol/L HCl溶液中肾上腺素与肾上腺酮的紫外吸收光谱有显著不同，在310nm处肾上腺酮有吸收峰，而肾上腺素没有吸收。可以利用$\lambda_{max}=310$nm检测肾上腺酮的含量。该法是将肾上腺素的制成品用0.05 mol/L HCl溶液制成2mg/mL的溶液，在1cm吸收池中于310nm处测定吸光度A，规定吸光度不能超过0.05，相当于含肾上腺酮不超过0.06%。

任务三　生血片中铁的含量测定

【任务目的】

（1）掌握紫外可见分光光度法的定量方法。

（2）能对测试的数据进行处理。

（3）进一步熟练操作紫外可见分光光度计。

【工作依据】

通过炽灼法对生血片进行有机破坏，生成无机铁盐，在一定条件下，亚铁离子与联吡啶进行定量络合反应，该络合物在522nm处有最大吸收，按紫外可见分光光度法测定吸光度，计算铁的含量。

【工作准备】

（1）仪器　TU-1901紫外可见分光光度计、分析天平、电热恒温水浴锅、马弗炉。

（2）试剂

① 0.8%硫酸溶液：取浓硫酸8mL，沿杯壁慢慢注入水中，随时加随时搅拌，移至1000mL容量瓶中，加水稀释至刻度线，即得。

② 联吡啶试液：称取 2，2-联吡啶 0.1g，醋酸钠 0.5g，加冰醋酸 2.75mL，用水溶解移于 50mL 容量瓶中，用水稀释至刻度。

③ 亚硫酸钠试液：称取无水亚硫酸钠 10g，加水 50mL，使其溶解，即得。

【工作内容】

1. 样品预处理

取红桃 K 生血片 10 片，除去糖衣，精密称定，计算平均片重 m 后研细，按下式计算取样量 W（g）

$$W=m\times0.6/1.35$$

其中 0.6 为相当于铁 0.6mg；1.35 为含量限度，不小于 1.35mg/片，取样量范围为＋10％。

精密称取上述样品，做两份平行样。分别置于两个 50mL 坩埚中，均匀地平铺在坩埚底部，于垫有石棉网的电炉中缓缓加热，至炭化完全后移入调好温度 450～500℃的马弗炉中炽灼至完全灰化，灰化至土黄色，且坩埚内无任何黑色物质为灰化完全。取出，冷至室温，用 2mL 刻度吸管加盐酸 2mL，用滴管加硝酸 8 滴，混匀，置水浴蒸至近干，取下坩埚，用 10mL 刻度吸管加 0.8％硫酸溶液 10mL，使溶解后移入 25mL 容量瓶中，用 0.8％硫酸溶液洗坩埚 3～5 次，放冷，然后用 0.8％硫酸溶液至刻度，摇匀，过滤，弃去初滤液，取续滤液为供试品溶液。

2. 对照品溶液的制备（1mL 中含 25μg 铁的溶液）

精密称取硫酸亚铁铵 0.17～0.18g，加水使溶解，移至 100mL 容量瓶中，定容作为贮备液。贮备液中亚铁离子浓度 c_1：

$$c_1(\mu g/mL)=W\times0.1424\times10$$

式中　W——硫酸亚铁铵取样量，g

从贮备液中精密量取 5mL，置于 50mL 容量瓶中，加水定容至刻度，即为对照品溶液。对照品溶液中亚铁离子浓度 c_2：

$$c_2(\mu g/mL)=c_1\times100$$

3. 显色溶液的配制

用 2mL 胖肚吸管分别精密量取空白溶液 1 份，对照品溶液 2 份，供试品溶液 2 份，分别置于 25mL 容量瓶中。用 2mL 刻度吸管加 2mL 联吡啶试液，5mL 刻度吸管加 5mL 亚硫酸钠试液于各个容量瓶中，随加随振摇[1]，置 60～70℃水浴中加热 30min，取出放冷至室温，用蒸馏水稀释至刻度，摇匀。

4. 吸光度的测定

在 TU-1901 紫外可见分光光度计 522nm 波长处测定吸光度。

5. 数据处理

$$C_{样}=\frac{(A_{样}-A_{空})\times c_2\times25m}{(A_{对}-A_{空})\times W\times1000}$$

式中　$C_{样}$——供试品每片铁含量，mg

$A_{样}$——供试品溶液的吸光度

$A_{对}$——对照品溶液的吸光度

$A_{空}$——空白试剂的吸光度

c_2——对照品溶液的浓度，μg/mL

m——供试品平均片重，g

W——供试品取样量，g

测出两份平行样的含量 X_1、X_2，计算平均值，计算相对偏差 d。

$$d=\frac{|X_1-X_2|}{X_1+X_2}\times 100\%$$

式中　X_1、X_2——分别为平行两份样品的测定值

【任务提示】

[1]　每添加一种试剂，要随时振摇，使充分混合均匀。

[2]　使用紫外可见分光光度计前要进行校正。

问题探究

Q1：紫外可见分光光度法的定量依据是什么？

Q2：紫外可见分光光度法的定量方法有哪些？

知识链接三　紫外可见分光光度法的定量分析

一、朗伯-比尔定律

朗伯-比尔定律是说明物质对单色光吸收的强弱与吸光物质的浓度和液层厚度间关系的定律，是紫外可见分光光度法定量分析的理论依据。

1. 透光率和吸光度

当一束平行的单射光通过溶液时，一部分光被溶液反射，一部分光被溶液吸收，一部分光透过溶液。如果入射光的入射光强度为 I_0，吸收光强度为 I_a，透射光强度为 I_t，反射光强度为 I_r，则

$$I_0=I_a+I_t+I_r$$

在进行分光光度分析中，被测溶液和参比溶液是分别放在同样材料及厚度的两个吸收池中，让强度同为 I_0 的单色光分别通过两个吸收池，所以反射光的影响可以从参比溶液中消除，则上式可简写为

$$I_0=I_a+I_t$$

透射光强度（I_t）与入射光强度（I_0）之比称为透射比（也称透射率、透光率、透光度），用 T 表示，则有：

$$T=\frac{I_t}{I_0}$$

溶液的 T 越大，表明它对光的吸收越弱；反之，T 越小，表明它对光的吸收越强。一般透光率常用百分率表示。

为了表示物质对光的吸收程度，常用吸光度（A）来表示，其定义为：

$$A=\lg\frac{1}{T}=\lg\frac{I_0}{I_t}$$

A 值越大，表明物质对光吸收越强。

2. 朗伯-比尔定律

当一束平行单色光垂直照射到某一固定浓度的溶液时，溶液对光的吸收程度与溶液的浓度及液层厚度的乘积成正比。

$$A=Kcb$$

上述表达式称为朗伯-比尔定律。其中 K 为比例常数，c 为被测溶液浓度，b 为液层厚度。

朗伯-比尔定律应用的条件：一是入射光必须是单色光；二是吸收发生在稀的均匀的介质中；三是吸收过程中，吸收物质互相不发生作用。

3. 吸光系数

比例常数 K 也称为吸光系数。其物理意义是，单位浓度的溶液液层厚度为 1cm 时，在一定波长下测得的吸光度。K 值的大小取决于吸光物质的性质、入射光波长、溶液温度和溶剂性质等，与溶液浓度、大小和液层厚度无关。且 K 值大小因溶液浓度所采用的单位的不同而异。一般比例常数 K 有两种表示方法，即质量吸光系数 a 和摩尔吸光系数 ε（表 2-4）。

表 2-4　　吸光系数与浓度单位之间的变化关系

c 的单位	K 的单位	名称	符号	朗伯-比尔公式	定量关系
mol/L	L/(mol・cm)	摩尔吸光系数	ε	$A=\varepsilon cb$	$\varepsilon=aM$(M 为物质
g/L	L/(g・cm)	质量吸光系数	A	$A=acb$	的相对分子质量)

吸光系数具有以下特点：

（1）不随浓度和液层厚度的改变而改变。在温度和波长等条件一定时，吸光系数仅与吸收物质本身的性质有关，与被测物浓度无关，因此吸光系数可作为定性鉴别的参数。

（2）同一吸收物质在不同波长下的 ε 值是不同的。在最大吸收波长 λ_{max} 处的摩尔吸光系数，常用 ε_{max} 表示。ε_{max} 表明了该吸收物质最大限度的吸光能力，也反映了光度法测定该物质可能达到的最大灵敏度。

（3）ε_{max} 越大表明该物质的吸光能力越强，用光度法测定该物质的灵敏度也就越高。一般 $\varepsilon_{max}<1\times10^4$ L/(mol・cm) 属于低灵敏度；ε_{max} 在 $1\times10^4\sim6\times10^4$ L/(mol・cm) 属于中等灵敏度；$\varepsilon_{max}>6\times10^4$ L/(mol・cm) 属于高灵敏度。

4. 吸光度的加和性

当溶液中有多种组分对光产生吸收，且各组分之间不存在相互作用时，测该溶液在某一波长下的总吸光度等于各组分的吸光度之和，即吸光度具有加和性。可表示如下：

$$A_{总} = A_1 + A_2 + A_3 + A_n = \sum_{i=1}^{n} A_i$$

式中各吸光度的下标表示组分 1，2，3，…，n。

5. 朗伯-比尔定律的局限性

根据朗伯-比尔定律，当吸收池的厚度一定时，吸光度与试样的浓度成正比，以吸光度对浓度作图应得到一条过原点的直线。但实际测定时，有时会发现这条直线发生弯曲（尤其当溶液浓度较高时），或者直线不过原点。这种现象称为对朗伯-比尔定律的偏离（图 2-14）。引起这种偏离的因素主要有物理性因素和化学性因素两类。

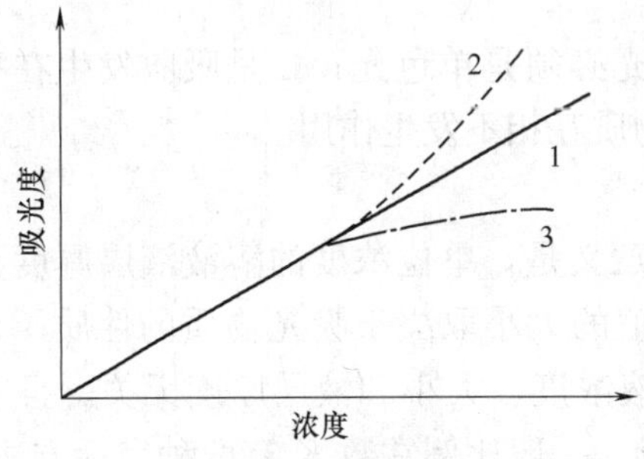

图 2-14　偏离吸收定律

1—无偏离　2—正偏离　3—负偏离

（1）物理性因素　是由仪器的非理想状态引起的。一般的分光光度计只能获得近乎单色的狭窄光带，难以获得真正的纯单色光。非单色光、杂散光、非平行入射光都会引起对朗伯-比尔定律的偏离，最主要的是非单色光作为入射光引起的偏离。

（2）化学性因素　朗伯-比尔定律的应用前提是，所有的吸光质点之间不发生作用。这只有稀溶液（浓度小于 0.01mol/L）时才基本符合。当溶液浓度大于 0.01mol/L 时，吸光质点可能发生缔合等相互作用，直接影响了对光的吸收。所以朗伯-比尔定律只适用于稀溶液。

另外，溶液中存在着离解、聚合、互变异构、配合物的形成等化学平衡时，使吸光质点的浓度发生变化，影响吸光度，从而影响吸光度与浓度之间的线性关系。如重铬酸盐溶液 $Cr_2O_7^{2-}$ 发生水解生成 CrO_4^{2-} 和 H^+。溶液中 CrO_4^{2-} 与 $Cr_2O_7^{2-}$ 的颜色不同，吸光性质也不相同。则在不同浓度或不同酸度下，CrO_4^{2-} 与 $Cr_2O_7^{2-}$ 所占的比例不同，使测得的吸光度与铬离子的总浓度间的线性关系发生了偏离。

由于分光光度法的测定范围受到物理和化学两方面的限制，为了最大限度地提高测定的准确度，首先应选择比较好的单色器，其次还应将入射光波长选定在待测物质的最大吸收波长且吸收曲线较平坦处。另外，测定溶液的浓度应控制在小于 0.01mol/L 的浓度范围。

二、紫外可见分光光度法的定量方法

紫外可见分光光度法最重要的用途是进行定量分析。其定量分析的依据是朗伯-比尔定律，即物质在一定波长处的吸光度与它的浓度呈线性关系。下面分别介绍单组分和多组分以及高含量组分的定量方法。

1. 单组分样品的定量方法

单组分是指样品中只含有一种组分，或者混合物中待测组分的吸收峰与其他共存物质的吸收峰无重叠。在这两种情况下，通常均应选择在待测物质的最大吸收波长处进行定量分析。

(1) 标准对照法　此法是指在相同条件下，测得样品溶液和浓度已知的该物质的标准溶液的吸光度为 A_x 和 A_s，由标准溶液的浓度 c_s 可计算出样品中被测物的浓度 c_x。即

$$A_x = \varepsilon c_x b$$
$$A_s = \varepsilon c_s b$$

则

$$c_x = \frac{c_s A_x}{A_s}$$

该法比较简单，但误差较大。只有在测定的浓度区间内溶液完全遵守朗伯-比尔定律，并且 c_s 和 c_x 很接近时，才能得到较为准确的结果。此方法适用于个别样品的测定。

(2) 标准曲线法　此法又称为工作曲线法，它是实际工作中使用最多的一种定量方法。

工作曲线的绘制方法步骤如下所述。

① 配制标准系列溶液：配制 4 份以上浓度不同的待测组分的标准溶液。

② 测定吸光度：以不含被测组分的空白溶液作为参比，在选定的波长下，分别测定各标准溶液的吸光度。

③ 作图：以标准溶液浓度为横坐标，吸光度为纵坐标，在坐标纸上绘制曲线，所得曲线即为标准曲线（工作曲线），如图 2-15 所示。

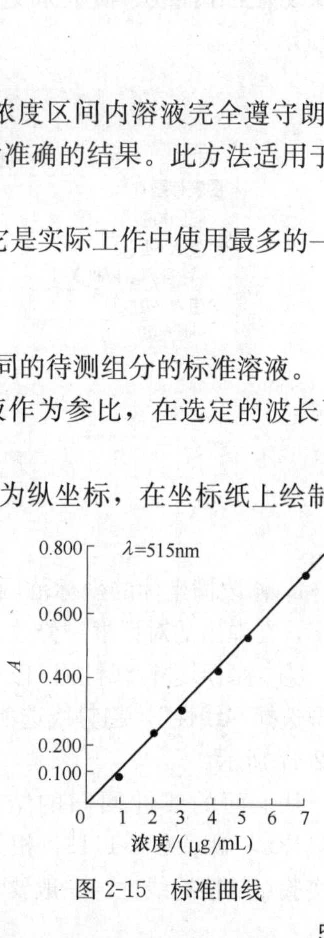

图 2-15　标准曲线

实际工作中，为了避免使用时出差错，在所做的工作曲线上还必须标明标准曲线的名称、所用标准溶液名称和浓度、坐标分度和单位、测量条件（仪器型号、入射光波长、吸收池厚度、参比溶液名称）以及制作日期和制作者姓名。

④ 按与配制标准溶液相同的方法配制待测

溶液，在相同测量条件下测得待测溶液的吸光度，然后在工作曲线上找到吸光度所与之对应的浓度，即为待测溶液的浓度。

标准曲线的绘制方法除了手工绘制外，还可以使用计算机软件来绘制。如用 Excel 软件对表 2-5 的数据进行工作曲线的绘制。

表 2-5　　数据表

浓度/(μg/mL)	0	2	4	6	8	10
吸光度	0	0.221	0.452	0.675	0.891	1.112

具体步骤如下：

① 新建并打开一个 Excel，在 Excel 窗口中直接输入上表数据。

② 按住鼠标左键拖动选定这两列数据，单击“插入”中的“图表”，就可以绘制简单的图形，通常图表类型选择绘制散点图。

③ 再对图形进行适当的修改。

a. 修改图表标题、横坐标和纵坐标名称和单位：在弹出的对话框中将图表标题改为工作曲线、横坐标改为浓度/(μg/mL)，将纵坐标改为吸光度。如图 2-16 所示。

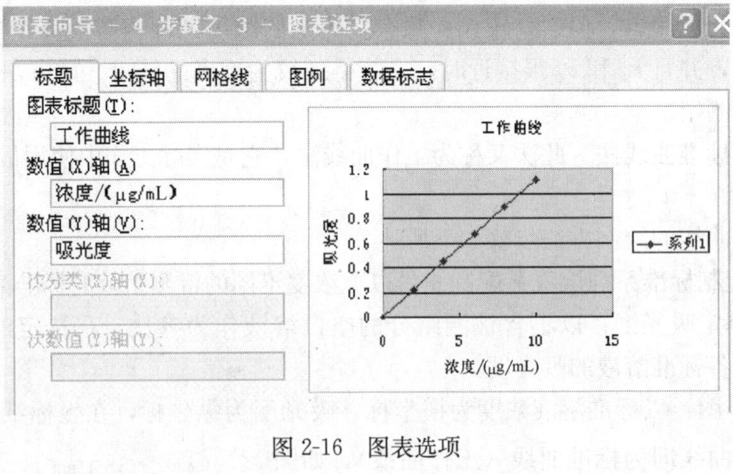

图 2-16　图表选项

b. 修改横坐标的坐标范围、坐标字体大小、坐标刻度线大小：双击坐标的数字，在弹出的对话框中修改。

④ 对图形进行线性回归分析：右击工作曲线，选择“添加趋势线”，趋势线类型选择“线性”，趋势线选项选择“显示公式”和“显示 R 平方值”，结果如图 2-17 所示。

从上面的线性回归的结果可看到，本实验的直线方程为 $y=0.0019+0.1113x$，斜率为 0.1113，相关系数为 0.9999。相关系数的绝对值越接近 1，说明实验点越接近线性。一般要求所作工作曲线的相关系数 R 要大于 0.999。

⑤ 最后将该直线复制到 Word 文档中保存。

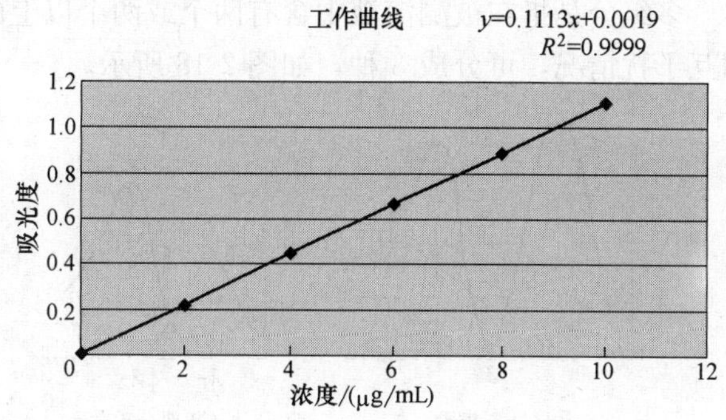

图 2-17　工作曲线

为保证测定准确度，标准曲线法要求标样与试样溶液的组成保持一致。待测溶液的浓度应在工作曲线线性范围内，最好在工作曲线中部。此方法适用于大批量样品的分析。

除了用软件可方便快速地求出直线回归方程外，还可用最小二乘法来确定直线回归方程。最小二乘法的方法原理如下。

设工作曲线的回归方程为：

$$y = a + bx$$

式中　x——标准溶液的浓度

y——相应的吸光度

b——直线斜率

a——直线的截距

由下列公式可求出 b：

$$b = \frac{\sum_{i=1}^{n}(x_i - \overline{x})(y_i - \overline{y})}{\sum_{i=1}^{n}(x_i - \overline{x})(x_i - \overline{x})}$$

式中　$\overline{x}$、$\overline{y}$——分别为 x 和 y 的平均值

x_i——第 i 个点的标准溶液的浓度

y_i——第 i 个点的标准溶液的吸光度

由下列公式可求出 a：

$$a = \frac{\sum_{i=1}^{n} y_i - b\sum_{i=1}^{n} x_i}{n}$$

由下列公式可求出相关系数 R：

$$R = b\sqrt{\frac{\sum_{i=1}^{n}(x_i - \overline{x})(x_i - \overline{x})}{\sum_{i=1}^{n}(y_i - \overline{y})(y_i - \overline{y})}}$$

2. 多组分样品的定量方法

多组分是指在被测溶液中含有两个或两个以上的吸光组分。根据其吸收峰的相互干扰情况，可分成3种，如图2-18所示。

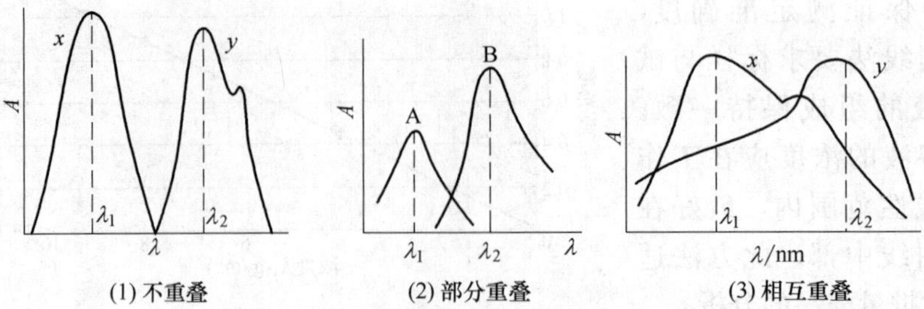

图 2-18　混合物的吸收光谱

若各组分的吸收曲线互不重叠或部分重叠，但在各自最大吸收波长处另一组分没有干扰时［图2-18（1）、图2-18（2）］，可按单一组分的方法测定各组分的含量。

若各组分的吸收曲线相互重叠［图2-18（3）］时，则采用以下方法测定各组分的含量。

选定两个波长 λ_1 和 λ_2 处测定吸光度为 A^{λ_1}、A^{λ_2}，则根据吸光度的加和性来解以下方程组，得出各组分的含量。

$$\begin{cases} A^{\lambda_1}=\varepsilon_A^{\lambda_1}bc_A+\varepsilon_B^{\lambda_1}bc_B \\ A^{\lambda_2}=\varepsilon_A^{\lambda_2}bc_A+\varepsilon_B^{\lambda_2}bc_B \end{cases}$$

式中　c_A、c_B——分别指A组分和B组分的浓度

$\varepsilon_A^{\lambda_1}$、$\varepsilon_B^{\lambda_1}$——分别指A组分和B组分在波长为 λ_1 处的摩尔吸光系数

$\varepsilon_A^{\lambda_2}$、$\varepsilon_B^{\lambda_2}$——分别指A组分和B组分在波长为 λ_2 处的摩尔吸光系数

其中，$\varepsilon_A^{\lambda_1}$、$\varepsilon_B^{\lambda_1}$、$\varepsilon_A^{\lambda_2}$、$\varepsilon_B^{\lambda_2}$ 可以用A、B的标准溶液分别在 λ_1 和 λ_2 处测定吸光度后计算求得，将 $\varepsilon_A^{\lambda_1}$、$\varepsilon_B^{\lambda_1}$、$\varepsilon_A^{\lambda_2}$、$\varepsilon_B^{\lambda_2}$ 代入方程组，可得两组分的浓度。

值得一提的是，如果有 n 个组分相互重叠，就必须在 n 个波长处测定其吸光度的加和值，然后解 n 元一次方程，才能分别求出各组分的含量。但组分数 $n>3$ 时结果误差增大。

3. 高含量组分的测定（示差法）

普通分光光度法一般只适于测定微量组分，当待测组分含量较高时，将产生较大的误差。需采用示差法来对高含量的组分进行计算。

示差法又称示差分光光度法。它与一般分光光度法区别仅仅在于它采用一个已知浓度成分与待测溶液相同的溶液作参比溶液（称为参比标准溶液），而其测定过程与一般分光光度法相同。然而正是由于使用了这种参比标准溶液，才大大地提高了测定的准确度，使其可用于测定过高含量的组分，所以我们将这种以改进吸光度测量方法来扩大测量范围并提高灵敏度和准确度的方法称为示差法。

设待测溶液的浓度为 c_x，标准溶液浓度为 c_s（$c_s<c_x$），则有：

$$\Delta A=A_x-A_s=\varepsilon b(c_x-c_s)=\varepsilon b\Delta c$$

测得的吸光度相当于普通法中待测溶液与标准溶液的吸光度之差。示差法测得的吸光度与 Δc 呈线性关系。由标准曲线上查的相应的 Δc 值，则待测溶液的浓度 c_x：

$$c_x=c_s+\Delta c$$

在普通的分光光度法中，假设以空白溶液作参比，测出浓度为 c_0 的标准溶液的透射比（$T\%$）=10%，浓度为 c_x 的试液的透射比（$T\%$）=4%（图 2-19 上部分）。用示差法，以浓度为 c_0 的标准溶液作参比，调节透射比为 $100\%T$，这就相当于将仪器的透射比读数标尺扩大了 10 倍，此时试液的透射比（$T\%$）=40%，此读数落入适宜的范围内（图 2-19 下部分），从而提高了测量准确度。

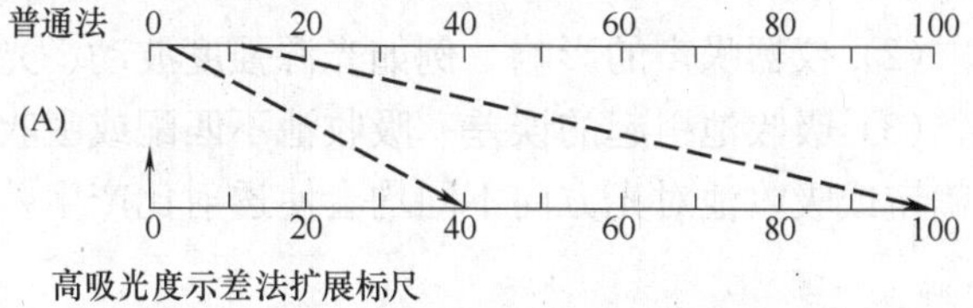

图 2-19　示差法标尺扩展示意

使用这种方法要求仪器光源强度要足够大，仪器检测器要足够灵敏。因为只有这样的仪器才能将标准参比溶液调到 $T\%$为 100%，否则调不到。

三、分 析 误 差

一种分析方法的准确度，往往受多方面的因素影响，对于分光光度法来说也不例外。影响分析结果准确度的因素主要是溶液因素误差和仪器因素误差两方面。

1. 溶液因素误差

溶液因素误差主要是指溶液中有关化学方面的原因，它包含以下两方面：

（1）待测物本身的因素引起误差　待测物本身的因素是指在一定条件下，待测物参与了某化学反应，包括与溶剂或其他离子发生化学反应，以及本身发生离解或聚合等。例如 $Cr_2O_7^{2-}$ 在水中发生水解，生成 CrO_4^{2-} 和 H^+。其中 $Cr_2O_7^{2-}$ 的 λ_{max}=470nm，CrO_4^{2-} 的 λ_{max}=450nm。如果以 470nm 为入射光波长进行测定，则会产生偏离吸收定律的现象。因此，要避免这种误差产生就必须采取适当措施，使溶液中吸光物质的浓度与被测物质的总浓度相等或成正比例地改变。例如 $Cr_2O_7^{2-}$ 在强酸溶液中就可以保证其几乎完全以 $Cr_2O_7^{2-}$ 形式存在，而消除误差。

实际工作中，被测元素所呈现的吸光物质往往随溶液的条件如稀释、pH、温度及有关试剂的浓度等不同而改变，因而导致产生偏离吸收定律，产生溶液因素误差。

（2）溶液中其他因素引起误差　除了待测物本身的原因外，溶液中其他因素，例如溶剂的性质及共存物质的不同，都会引起溶液误差。减除这类误差的方法，一般是选择合适的参比溶液，而最有效的方法是使用双波长分光光度计。

2. 仪器因素误差

仪器因素误差是指由使用分光光度计所引入的误差。它包括如下几方面：

（1）仪器的非理想性引起的误差　例如：非单色光引起对吸收定律的偏离；波长标尺来作校正时引起光谱测量的误差；吸光度受吸光度标尺误差的影响等。

（2）仪器噪声的影响　例如光源强度波动、光电管噪声、电子元件噪声等。

（3）吸收池引起的误差　吸收池不匹配或吸收池透光面不平行，吸收池定位不确定或吸收池对光方向不同均会使透射比产生差异，结果产生误差。

任务四　分光光度法测铁的条件试验

【任务目的】

（1）掌握紫外可见分光光度法的显色条件、测量条件选择方法。

（2）能熟练操作紫外可见分光光度计，并能对仪器的一些故障进行排除和分析。

【工作依据】

分光光度法测定无机离子一般要对离子进行显色。邻菲罗啉是测量微量铁的一种较好的显色剂。邻菲罗啉与 Fe^{2+} 生成稳定的红色络合物，最大吸收波长为 508nm。当铁以三价形式存在于水溶液中时，则应预先加入盐酸羟胺将三价铁还原为二价铁。

Bi^{3+}、Hg^{2+}、Zn^{2+}、Ag^{+} 等离子与邻菲罗啉生成沉淀；Cu^{2+}、Co^{2+} 等离子则形成有色络合物。因此当这些离子共存时，应注意它们的干扰。铝和磷酸盐含量大时，使反应速度减慢，CN^{-} 存在将与二价铁生成络合物，严重干扰测定，需要预先除去。合适的溶液酸度控制在 pH4～6。

【工作准备】

（1）仪器　754 型紫外可见分光光度计（或其他型号分光光度计）。

（2）试剂

① 铁标准溶液（100.00μg/mL）：准确吸取 0.864g $NH_4Fe(SO_4)_2 \cdot 12H_2O$ 置于烧杯中，加入 10mL 3mol/L 硫酸溶液，于 100mL 容量瓶中，用水定容至刻度。

吸取 10mL 铁标准溶液（100.00μg/mL）于 100mL 容量瓶中，加水至刻度摇匀待测。得到 10.00μg/mL 铁标准溶液。

② 1.5 g/L 邻菲罗啉溶液。

③ 100g/L 盐酸羟胺溶液。

④ 1.0 mol/L 醋酸钠溶液。

⑤ 1.0 mol/L 氢氧化钠溶液。

【工作内容】

1. 选择测量波长

取两个 50mL 干净容量瓶；移取 10.00μg/mL 铁标准溶液 5.0mL 于其中一个 50mL 容量瓶中，另一只容量瓶中不加铁标准溶液，然后在两容量瓶中各加入 1mL 盐酸羟胺溶液，摇匀。放置 2min 后，各加入 1.5 g/L 邻菲罗啉溶液 2mL，1.0 mol/L 醋酸钠溶液 5mL，用蒸馏水定容至刻线摇匀。用 2cm 吸收池，以试剂空白溶液为参比，在 450～550nm 间，每隔 20nm 测量一次吸光度。在峰值附近每间隔 5nm 测量一次。以波长为横坐标，吸光度为纵坐标确定最大吸收波长 λ_{max}。

仪器型号__________　　　　比色皿厚度__________

波长/nm	450	470	490	505	510	515	530	550
A								

2. 显色剂用量的选择

取 7 只洁净的 50mL 容量瓶，各加入 10.00μg/mL 铁标准溶液 5.00mL 和 1mL 100g/L 盐酸羟胺溶液，摇匀。分别加入 0、0.5、1.0、1.5、2.0、3.0、4.0mL 的 1.5g/L 邻菲罗啉，5mL 醋酸钠溶液，用蒸馏水定容至标线，摇匀。用 2cm 吸收池，以试剂空白溶液为参比溶液，在选定的波长下测定吸光度。显色剂用量的实验结果见表 2-6。

表 2-6　　显色剂用量的实验结果

容量瓶编号	1	2	3	4	5	6	7
铁标准溶液加入的体积/mL	5.0	5.0	5.0	5.0	5.0	5.0	5.0
盐酸羟胺加入的体积/mL	1	1	1	1	1	1	1
邻菲罗啉加入的体积/mL	0	0.5	1.0	1.5	2.0	3.0	4.0
醋酸钠加入的体积/mL	5	5	5	5	5	5	5
A							

3. 溶液的 pH 的影响

在 6 只洁净的 50mL 容量瓶中各加入 10.00μg/mL 铁标准溶液 5.00mL，1mL 100g/L 盐酸羟胺溶液，摇匀。再分别加入 2mL 的 1.5g/L 邻菲罗啉溶液，摇匀。用吸量管分别加入 1mol/L NaOH 溶液 0.0、0.5、1.0、1.5、2.0、2.5mL，用蒸馏水稀释至标线，摇匀。用精密 pH 试纸（或酸度计）测定各溶液的 pH 后，用 2cm 吸收池，以试剂空白溶液为参比溶液，在选定波长下，测定各溶液吸光度。溶液 pH 影响的实验结果见表 2-7。

表 2-7　　　　溶液 pH 影响的实验结果

容量瓶编号	1	2	3	4	5	6
铁标准溶液加入的体积/mL	5.0	5.0	5.0	5.0	5.0	5.0
盐酸羟胺加入的体积/mL	1	1	1	1	1	1
邻菲罗啉加入的体积/mL	2	2	2	2	2	2
氢氧化钠加入的体积/mL	0.0	0.5	1.0	1.5	2.0	2.5
A						

【任务提示】

[1]　每改变一次入射光的波长，都应调节参比溶液的透射比为100%。

[2]　显色过程中，每加一种试剂均要摇匀。

[3]　在考察同一因素对显色反应的影响时，应保持仪器的测定条件。在测量过程中，应不时重调仪器零点和参比溶液的透射比为100%。

问题探究

Q1：紫外可见分光光度法的试验条件选择的依据是什么？

Q2：紫外可见分光光度法，条件选择包括哪些？

知识链接四　紫外可见分光光度法的条件选择

利用分光光度法进行分析，关键是要准确测量吸光物质的吸光度。测量吸光度的准确度往往受到多方面因素影响。如波长准确度、入射光波长、测量的吸光度范围、参比溶液的选择、显色剂的用量、溶液的 pH 等都会对分析结果的准确度产生影响，因此必须加以控制。

一、测量条件的选择

1. 入射光的选择

当用分光光度计测定被测溶液的吸光度时，首先需要选择合适的入射光波长。选择入射光波长的依据是该被测物质的吸收曲线。在一般情况下，应选用吸光物质的最大吸收波长作为入射光波长。在λ_{max}附近波长的稍许偏移引起的吸光度的变化较小，可得到较好的测量精度，而且以λ_{max}为入射光测定灵敏度高。

但是如果最大吸收峰附近若有干扰存在（如共存离子或所使用试剂有吸收），则在保证有一定灵敏度情况下，可以选择吸收曲线中其他波长进行测定（应选曲线较平坦处对应的波长），以消除干扰。

2. 参比溶液的选择

在测量样品溶液的吸光度时，要根据被测样品溶液的性质，选择适合的参比溶液，调节其透射比为100%，实际上是以通过参比池的光作为入射光来测定试液的吸光度，这样消除样品溶液中其他共存组分、溶剂和吸收池等对光的反射及吸收所带来的误差。这样比较真实地反映了待测物质对光的吸收，因而也就比较真实地反映了待测物质的浓度。通常参比溶液的选择有以下几种方法。

（1）溶剂参比　当试样溶液的组成比较简单，共存的其他组分很少且对测定波长的光几乎没有吸收，仅有待测物质与显色剂的反应产物有吸收时，可采用溶剂作参比溶液，这样可以消除溶剂、吸收池等因素的影响。

（2）试剂参比　如果显色剂或其他试剂在测定波长有吸收，此时应采用试剂参比溶液。即按显色反应相同条件，只不加入试样，同样加入试剂和溶剂作为参比溶液。这种参比溶液可消除试剂中的组分产生的影响。

（3）试液参比　如果试样中其他共存组分有吸收，但不与显色剂反应，则当显色剂在测定波长无吸收时，可用试样溶液作参比溶液，即将试液与显色溶液作相同处理，只是不加显色剂。这种参比溶液可以消除有色离子的影响。

（4）褪色参比　如果显色剂及样品基体有吸收，这时可以在显色液中加入某种褪色剂，选择性地与被测离子配位（或改变其价态），生成稳定无色的配合物，使已显色的产物褪色，用此溶液作参比溶液，称为褪色参比溶液。褪色参比是一种比较理想的参比溶液，但遗憾的是并非任何显色溶液都能找到适当的褪色方法。

3. 吸光度测量范围的选择

由于吸光度标尺为刻度不均匀的对数标尺，在不同的范围读数，产生的误差不同。经过计算，吸光度为0.434时，浓度的相对误差最小，吸光度读数在0.2～0.7范围内，浓度的相对误差较小（小于4%），超出这个范围，误差将迅速增大。因此，在测量时应控制吸光度的读数在0.2～0.7。控制的办法有：

（1）通过控制样品称样量或稀释倍数来调节试液浓度。

（2）选用不同厚度的比色皿。

二、显色反应和显色剂

在进行紫外可见分光光度分析时，有些物质本身对紫外可见光区的光有较强吸收，可以直接测定，但大多数物质本身在紫外可见光区没有吸收或虽有吸收但摩尔吸光系数很小，因此不能直接用分光光度法测定。这时就需要借助适当试剂，使之与待测物质反应而转化为有色物质或摩尔吸光系数较大的物质后再进行测定。这种将待测物质转变成有色化合物的反应称为显色反应；与待测物质形成有色化合物的试剂称为显色剂。

1. 显色反应

显色反应可以是氧化还原反应，也可以是配位反应，或是兼有上述两种反应，其中配位反应应用最普遍。同一种组分可与多种显色剂反应生成不同有色物质。在分析时，究竟选用何种显色反应较适宜，应考虑下面几个因素：

(1) 选择性好。一种显色剂最好只与一种被测组分起显色反应，或显色剂与共存组分生成的化合物的吸收峰与被测组分的吸收峰相距比较远，干扰少。

(2) 灵敏度高。要求反应生成的有色化合物的摩尔吸光系数大 [10^3～10^4 L/(mol · cm)]。

(3) 生成的有色化合物组成恒定，化学性质稳定，测量过程中应保持吸光度基本不变，否则将影响吸光度测定的准确度及再现性。

(4) 如果显色剂有色，则要求有色化合物与显色剂之间的颜色差别要大，以减小试剂空白值，提高测定的准确度。

(5) 显色条件要易于控制，以保证其有较好的再现性。

2. 显色剂

常见的显色剂有无机显色剂和有机显色剂两大类。

(1) 无机显色剂　许多无机试剂能与金属离子发生显色反应，但由于灵敏度和选择性都不高，具有实际应用价值的品种很有限。表 2-8 列出了几种常用的无机显色剂。

表 2-8　　常用的无机显色剂

显色剂	测定元素	反应介质	有色化合物组成	颜色	λ_{max}/nm
硫氰酸盐	铁	0.1～0.8mol/L HNO_3	$Fe(CNS)_5^{2-}$	红	480
	钼	1.5～2mol/L H_2SO_4	$Mo(CNS)_6^-$ 或 $MoO(CNS)_5^{2-}$	橙	460
	钨	1.5～2mol/L H_2SO_4	$W(CNS)_6^-$ 或 $WO(CNS)_5^{2-}$	黄	405
	铌	3～4mol/L HCl	$NbO(CNS)_4^-$	黄	420
	铼	6mol/L HCl	$ReO(CNS)_4^-$	黄	420
钼酸铵	硅	0.15～0.3mol/L H_2SO_4	硅钼蓝	蓝	670～820
	磷	0.15mol/L H_2SO_4	磷钼蓝	蓝	670～820
	钨	4～6mol/L HCl	磷钨蓝	蓝	660
	硅	稀酸性	硅钼杂多酸	黄	420
	磷	稀 HNO_3	磷钼钒杂多酸	黄	430
	矾	酸性	磷钼钒杂多酸	黄	420
氨水	铜	浓氨水	$Cu(NH_3)_4^{2+}$	蓝	620
	钴	浓氨水	$Co(NH_3)_6^{2+}$	红	500
	镍	浓氨水	$Ni(NH_3)_6^{2+}$	紫	580
过氧化氢	钛	1～2mol/L H_2SO_4	$TiO(H_2O_2)^{2+}$	黄	420
	钒	3～6.5mol/L H_2SO_4	$VO(H_2O_2)^{3+}$	红橙	400～450
	铌	18mol/L H_2SO_4	$Nb_2O_3(SO_4)_2(H_2O_2)$	黄	365

(2) 有机显色剂　与金属离子形成的配合物稳定性、灵敏度和选择性都比较高，而且有机显色剂的种类较多，实际应用广。表 2-9 列出了几种常用的有机显色剂。

表 2-9　　常用的有机显色剂

显色剂	测定元素	反应介质	λ_{max}/nm	ε/[L/(mol · cm)]
磺基水杨酸	Fe^{2+}	pH2～3	520	1.6×10^{3}
邻菲罗啉	Fe^{2+} Cu^{+}	pH3～9	510 435	1.1×10^{4} 7×10^{3}
丁二酮肟	Ni(Ⅳ)	氧化剂存在、碱性	470	1.3×10^{4}
1-亚硝基-2苯酚	Co^{2+}		415	2.9×10^{4}
钴试剂	Co^{2+}		570	1.13×10^{5}
双硫腙	Cu^{2+}、Pb^{2+}、Zn^{2+}、Cd^{2+}、Hg^{2+}	不同酸度	490～550 (Pb520)	$4.5\times10^{4}\sim3\times10^{4}$ (Pb6.8×10^{4})
偶氮砷(Ⅲ)	Th(Ⅳ)、Zr(Ⅳ)、La^{3+}、Ce^{4+}、Ca^{2+}、Pb^{2+}等	强酸至弱酸	665～675 (Th665)	$10^{4}\sim1.3\times10^{5}$ (Th1.3×10^{5})
RAR(吡啶偶氮间苯二酚)	Co、Pd、Nb、Ta、Th、In、Mn	不同酸度	(Nb550)	(Nb3.6×10^{4})
二甲酚橙	Zu(Ⅳ)、Hf(Ⅳ)、Nb(Ⅴ)、uo_2^{2+}、Bi^{3+}、Pb^{2+}等	不同酸度	530～580 (Hf530)	$1.6\times10^{4}\sim5.5\times10^{4}$ Hf4.7×10^{4}
铬天菁 S	Al	pH5～5.8	530	$5.9\sim10^{4}$
结晶紫	Ca	7mol/L HCl $CHCl_3$-丙酮萃取		5.4×10^{4}
罗丹明 B	Ca、Tl	6mol/L HCl 苯萃取 1mol/L HBr 异丙醚萃取		6×10^{4} 1×10^{5}
孔雀绿	Ca	6mol/L HCl、C_6H_5Cl-CCl_4 萃取		9.9×10^{4}
亮绿	Tl B	0.01～0.1mol/L HBr 乙酸乙酯萃取 pH3.5 苯萃取		7×10^{4} 5.2×10^{4}

在紫外可见分光光度法实验中，选择合适的显色剂和显色反应，并严格控制显色条件是十分重要的实验技术。

三、显色条件的选择

1. 显色剂用量的选择

设 M 为被测物质，R 为显色剂，MR 为反应生成的有色配合物，则此显色反应可以用下式表示：

$$M+R \longrightarrow MR$$

从反应平衡角度上看，加入过量的显色剂显然有利于 MR 的生成，但过量太多也会带来副作用，例如增加了试剂空白或改变了配合物的组成等。因此显色剂一般应适当过量。在工作中显色剂用量具体是多少，需要经实验来确定，即通过作 A-c_R 曲线，来获得显色剂的适宜用量。其方法是：固定被测组分浓度和其他条件，然后加入不同量的显色剂，分别测定吸光度 A，绘制吸光度（A）与显色剂浓度（c_R）曲线。一般可得如图 2-20 所示的三种曲线。

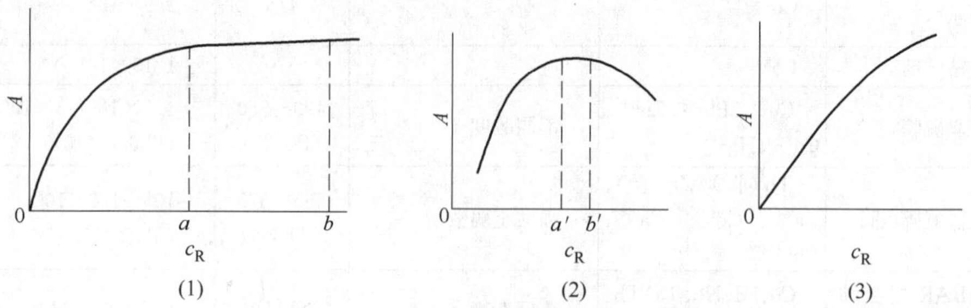

图 2-20　吸光度与显色剂浓度的关系曲线

若得到是图 2-20（1）的曲线，则表明显色剂浓度在 ab 范围内吸光度出现稳定值，因此可以在 ab 间选择合适的显色剂用量。这类显色反应生成的配合物稳定，对显色剂浓度控制不太严格。若出现的是图 2-20（2）的曲线，则表明显色剂浓度在 $a'\sim b'$ 这一段范围内吸光度比较稳定，因此在显色时要严格控制显色剂用量。而图 2-20（3）曲线表明，随着显色剂浓度增大，吸光度不断增大，这种情况下必须十分严格控制显色剂加入量或者另换合适的显色剂。

2. 溶液酸度的选择

酸度是显色反应的重要条件，它对显色反应的影响主要有下面几方面：

（1）当酸度不同时，同种金属离子与同种显色剂反应，可以生成不同配位数的不同颜色的配合物。例如 Fe^{3+} 可与水杨酸在 pH＜4 时，生成紫红色配合物，在 pH＝8～10 时，生成黄色配合物。可见只有控制溶液的 pH 在一定范围内，才能获得组成恒定的有色配合物，得到正确测定结果。

（2）溶液酸度过高会降低配合物的稳定性，特别是对弱酸型有机显色剂和金属离子形成的配合物的影响较大。当溶液酸度增大时显色剂的有效浓度要减少，显色能力被减弱。有色物的稳定性也随之降低。因此显色时，必须将酸度控制在某一适当范围内。

（3）溶液酸度变化，显色剂的颜色可能也发生变化。其原因是：多数有机显色剂往往是一种酸碱指示剂，它本身所呈的颜色是随 pH 变化而变化的。例如吡啶偶氮间苯二酚（PAR）在 pH2.1～4.2 自身显黄色，pH＞10 时显红色。

PAR 可作多种离子的显色剂，生成的配合物的颜色都是红色，因而这种显色剂不能在碱性溶液中使用。否则，因显色剂本身的颜色与有色配合物颜色相同或相近（对比度小），将无法进行分析。

(4) 溶液酸度过低可能引起被测金属离子水解，因而破坏了有色配合物，使溶液颜色发生变化，甚至无法测定。

综上所述，酸度对显色反应的影响是很大的而且是多方面的。显色反应适宜的酸度必须通过实验来确定。其方法是：固定待测组分及显色剂浓度，改变溶液pH，制得数个显色液。在相同测定条件下分别测定其吸光度，作出A-pH关系曲线，选择曲线平坦部分对应的pH作为应该控制的pH范围。

3. 显色温度的选择

不同的显色反应对温度的要求不同。大多数显色反应是在常温下进行的，但有些反应必须在较高温度下才能进行或进行得比较快。例如Fe^{2+}和邻菲罗啉的显色反应常温下就可完成，而硅钼蓝法测微量硅时，应先加热，使之生成硅钼黄，然后将硅钼黄还原为硅钼蓝，再进行光度法测定。也有的有色物质加热时容易分解，例如$Fe(SCN)_3$，加热时褪色很快。因此对不同的反应，应通过实验找出各自适宜的显色温度范围。由于温度对光的吸收及颜色的深浅都有影响，因此在绘制工作曲线和进行样品测定时应该使溶液温度保持一致。

4. 显色时间的选择

在显色反应中应该从两个方面来考虑时间的影响。一是显色反应完成所需要的时间，称为“显色（或发色）时间”；二是显色后有色物质色泽保持稳定的时间，称为“稳定时间”。

确定最佳显色时间的方法是配制一份显色溶液，从加入显色剂开始，每隔一定时间测吸光度一次，绘制吸光度时间关系曲线。曲线平坦部分对应的时间就是测定吸光度的最适宜时间。

5. 溶剂的选择

溶剂选择的原则：不与被测组分发生化学反应；所选溶剂在测定波长范围内无明显吸收；对被测组分有较好的溶解能力等。

有机溶剂常常可以降低有色物质的离解度，从而提高显色反应的灵敏度。此外，有机溶剂还可以提高显色反应的速度，影响有色配合物的溶解度和组成等。因此，选择合适的有机溶剂，可以提高方法灵敏度和选择性。

四、显色反应中的干扰及消除

干扰离子的存在给测量带来误差。如干扰离子自身有颜色、干扰离子与显色剂反应等。为了获得准确的结果，需要采用适当的措施来消除这些影响结果准确度的因素。消除干扰的方法很多，下面仅介绍几种常用方法，以便在实际工作中选择使用。

(1) 控制溶液的酸度　控制酸度可使待测离子显色，而干扰离子则不能生成有色化合物。例如，以磺基水杨酸测定 Fe^{3+} 时，Cu^{2+} 共存，此时 Cu^{2+} 也能与磺基水杨酸形成黄色配合物而干扰测定。这时只要将溶液酸度控制在 pH=2.5，铁能与磺基水杨酸形成配合物，而铜不能，这样就可以消除 Cu^{2+} 的干扰。

(2) 加入掩蔽剂，掩蔽干扰离子　采用掩蔽剂来消除干扰的方法是一种有效而且常用的方法。该方法要求加入的掩蔽剂不与被测离子反应，掩蔽剂和掩蔽产物的颜色必须不干扰测定。表 2-10 列出分光光度法中常用的掩蔽剂。

表 2-10　　分光光度法中常用的掩蔽剂

掩蔽剂	pH	被掩蔽的离子
KCN	pH>8	Cu^{2+}、Co^{2+}、Ni^{2+}、Zn^{2+}、Hg^{2+}、Ca^{2+}、Ag^{+}、Ti^{4+} 及铂族元素
	pH=6	Cu^{2+}、Co^{2+}、Ni^{2+}
NH_4F	pH=4～6	Al^{3+}、Ti^{4+}、Sn^{4+}、Zr^{4+}、Nb^{5+}、Ta^{5+}、W^{6+}、Be^{2+} 等
酒石酸	pH=5.5	Fe^{3+}、Al^{3+}、Sn^{4+}、Sb^{3+}、Ca^{2+}
	pH=5～6	UO_2^{2+}
	pH=6～7.5	Mg^{2+}、Ca^{2+}、Fe^{3+}、Al^{3+}、Mo^{4+}、Nb^{5+}、Sb^{3+}、W^{6+}、UO_2^{2+}
	pH=10	Al^{3+}、Sn^{4+}
草酸	pH=2	Sn^{4+}、Cu^{2+} 及稀土金属
	pH=5.5	Zr^{4+}、Th^{4+}、Fe^{3+}、Fe^{2+}、Al^{3+}
柠檬酸	pH=5～6	UO^{2+}、Th^{4+}、Sr^{2+}、Zr^{4+}、Sb^{3+}、Ti^{4+}
	pH=7	Nb^{5+}、Ta^{5+}、Mo^{4+}、W^{6+}、Ba^{2+}、Fe^{3+}、Cr^{3+}
抗坏血酸	pH=1～2	Fe^{3+}
	pH=2.5	Cu^{2+}、Hg^{2+}、Fe^{3+}
	pH=5～6	Cu^{2+}、Hg^{2+}

(3) 改变干扰离子的价态以消除干扰　利用氧化还原反应改变干扰离子价态，使干扰离子不与显色剂反应，以达到目的。如用铬天青 S 显色 Al^{3+} 时，Fe^{3+} 也会与铬天青 S 显色，而 Fe^{2+} 不与铬天青 S 显色，若加入抗坏血酸或盐酸羟胺便可以使 Fe^{3+} 还原为 Fe^{2+}，从而消除了干扰。

(4) 选择适当的入射光波长消除干扰　例如 4-氨基安替吡啉显色测定废水中酚时，氧化剂铁氰化钾和显色剂都呈黄色，干扰测定，但若选择用 520nm 单色光为入射光，则可以消除干扰，获得满意结果。因为黄色溶液在 420nm 左右有强吸收，但 500nm 后则无吸收。

(5) 选择合适的参比溶液可以消除显色剂和某些有色共存离子干扰。

(6) 分离干扰离子　当没有适当掩蔽剂或无合适方法消除干扰时，应采用适当的分离方法（如电解法、沉淀法、溶剂萃取及离子交换法等），将被测组分与干扰离子分离，然后再进行测定。其中萃取分离法使用较多，可以直接在有机相中显色。

阅读材料　紫外可见分光光度法在药物分析中的应用

紫外可见区分光光度分析法具有设备简单、适用性广、准确度和精密度较好等特点，已在各个领域发挥着重要作用，尤其是随着多元络合物、胶束增敏光度法、有机试剂等的发展，它已经成为应用最广泛的分析手段之一。分光光度法的早期应用是对为数众多的无机离子和化合物进行定性分析或定量测定。随后有机物分光光度分析的研究和应用热点主要集中在生物、临床、药物等方面。据统计，在药物分析中，分光光度法占29.1%，色谱法占25.5%，荧光、化学发光法占2.4%。由此可见，分光光度法是药物分析最常用的方法之一。测定的药物涉及生物碱、苯磺酰胺、芳胺、芳烃、巴比妥、甾体激素、咪唑、噻吩、吡啶、季铵盐、磺酰胺、氯胺酮类、醇、醛、醚、某些杂环化合物、某些糖苷类、抗生素和维生素等几大类。

大部分药物都是有机物，能够在紫外区产生吸收峰，所以紫外分光光度法是有机药物分析测定的首选方案。而且紫外分光光度法一般无需添加特殊的试剂，也不涉及特定的显色、褪色反应，但这种方法只适用于有机组分和少数无机阴离子，而不适用于大多数无机阳离子的光度分析。在中药研究中，无机离子，特别是无机微量金属元素，对中药的气味和药效有很大影响，为此，要经常测定这些微量元素的含量。测定这些元素所需要的试剂通常包括各种显色剂和增敏剂。其中增敏剂中最受人瞩目的是各种表面活性剂、高分子聚合物、环糊精等试剂，在改善光度分析性能，提高灵敏度方面起着重要作用，是研究和应用的重点。

在可见区，多数生物碱、咪唑、噻吩、吡啶、季铵盐、磺酰胺、氯胺酮、维生素等物质在一定条件可以与某些染料形成离子缔合物而显色；而有机芳胺类药物，如磺胺、磺酰胺、生物碱等，可以通过重氮-偶合反应而显色；某些生物碱、咪唑、糖等物质可以和其他试剂生成电荷转移配合物，从而进行光度测定；巴比妥、噻吩嗪、生物碱、维生素等可以和某些金属离子形成配合物，产生灵敏的高选择性显色反应，然后进行光度测定。

综合实训　复方利血平片含量测定

项目背景：利血平是一种抗高血压药物，其结构为仲胺类生物碱。已知大多数生物碱类药物的分子结构中都含有不饱和键，共轭体系或含有芳香环，在紫外光区有特征吸收。

根据以上信息，学生自主完成以下任务：

任务一：根据利血平的结构特点，选择检测方法。

任务二：查找资料，设计复方利血平片含量测定方案。

任务三：对方案进行验证实施。

任务四：设计检验报告单，记录实验数据，并对实验结果进行分析与说明。

自主练习

一、选择题

1. 721型分光光度计使用之前仪器应预热（　　）min。

A. 0　　B. 5　　C. 10　　D. 20

2. 符合朗伯-比耳定律的有色溶液在稀释时，其最大吸收峰的波长（　　）。

A. 向长波方向移动　　B. 向短波方向移动

C. 不移动，但峰高值降低　　D. 不移动，但峰高值增大

3. 人眼能感觉到的光称为可见光，其波长范围是：（　　）。

A. 400～780nm　　B. 200～400nm　　C. 200～1000nm　　D. 400～1000nm

4. 分光光度法中，摩尔吸光系数与（　　）有关。

A. 液层的厚度　　B. 光的强度　　C. 溶液的浓度　　D. 溶质的性质

5. 721型分光光度计适用于（　　）。

A. 可见光区　　B. 紫外光区　　C. 红外光区　　D. 都适用

6. 分光光度法分析中，如果显色剂无色，而被测试液中含有其他有色离子时，宜选择（　　）作参比液可消除影响。

A. 蒸馏水

B. 不加显色剂的待测液

C. 掩蔽掉被测离子并加入显色剂的溶液

D. 掩蔽掉被测离子的待测液

7. 光吸收定律只适用于（　　）和一定范围的低浓度溶液。

A. 有色溶液　　B. 透光物质

C. 单色光　　D. 波长较窄的复合光

8. 分光光度法的吸光度与（　　）无关。

A. 入射光的波长　　B. 液层的高度　　C. 液层的厚度　　D. 溶液的浓度

9. 721型分光光度计的检测器是（　　）。

A. 光电管　　B. 光电倍增管　　C. 硒光电池　　D. 测辐射热器

10. 在紫外和可见光区用分光光度计测量有色溶液的浓度相对标准偏差最小的吸光度为（　　）。

A. 0.434　　B. 0.443　　C. 0.343　　D. 0.334

二、数据分析题

1. 某试液显色后用2.0cm吸收池测量时，透光率＝50.0%。若用1.0cm或5.0cm吸收池测量，透光率及吸光度各为多少？

2. 某一溶液，每升含 47.0mg Fe。吸取此溶液 5.0mL 于 100mL 容量瓶中，以邻菲罗啉光度法测定铁，用 1.0cm 吸收池于 508nm 处测得吸光度为 0.467。计算质量吸光系数 a 和摩尔吸光系数 ε。已知铁的相对分子质量为 55.85。

3. 以分光光度法测定某电镀废水中的铬（Ⅵ）。取 500mL 水样，经浓缩和预处理后转入 100mL 容量瓶中定容。移取 20.00mL 试液，调整酸度，加入二苯碳酰二肼溶液显色，定容为 25mL。以 5.0cm 吸收池于 540nm 波长下测得吸光度为 0.540。求铬（Ⅵ）的质量浓度 ρ（mg/L）。

已知 $\varepsilon_{540}=4.2\times10^4$ L/(mol・cm)，铬的相对分子质量为 51.996。

4. 称取 0.5000g 钢样溶解后将其中 Mn^{2+} 氧化为 MnO_4^-，在 100mL 容量瓶中稀释至标线。将此溶液在 525nm 处用 2cm 吸收池测得其吸光度为 0.620，已知 MnO_4^- 在 525nm 处的 $\varepsilon=2235$L/(mol・cm)，计算钢样中锰的含量。

模块三　原子吸收光谱法

学习目标

知识目标： 掌握原子吸收分光光度计的基本构造及各部件的功能；熟悉原子吸收光谱法的定量方法，并能对原子吸收光谱法的实验条件进行选择；了解原子吸收分光光度计的类型及维护与保养。

技能目标： 能熟练操作原子吸收分光光度计。

原子吸收光谱法又称原子吸收分光光度法，是基于待测元素的基态原子蒸气对特征波长光的吸收，测定试样中待测元素含量的一种分析方法。由于其具有检出限低、准确度高、选择性高、应用广等特点，原子吸收光谱法已成为痕量元素分析的灵敏且有效方法之一，广泛地应用于化工、冶金、农业、医药、食品、材料化学等各个领域。

原子吸收光谱法与紫外吸收光谱法都是基于物质对紫外可见光的吸收而建立起来的分析方法，属于吸收光谱分析，但它们吸光物质的状态不同。原子吸收光谱分析中，吸收物质是基态原子蒸气，而紫外-可见分光光度分析中的吸光物质是溶液中的分子或离子。原子吸收光谱是线状光谱，而紫外-可见吸收光谱是带状光谱。

任务一　原子吸收分光光度计的基本操作训练

【任务目的】

（1）掌握原子吸收分光光度计中空心阴极灯的安装、气路的开关机、仪器的开关机方法。

（2）学会原子吸收分光光度计工作软件的基本操作。

（3）能根据说明书操作其他型号的原子吸收分光光度计。

【工作准备】

仪器：TAS990 型原子吸收分光光度计。

【工作内容】

在阅读过仪器说明书后进行以下操作和调校。

1. 安装空心阴极灯

将镁空心阴极灯小心地从盒中取出，打开灯源室门，取出一号元素灯引脚，将元素灯引脚对准灯电源插座适配插入。并且灯的键体对准电源插座的键槽，轻轻插入。如果感觉插入困难，说明操作有误，拔出重新安装。

2. 条件设置

打开电脑，打开主机电源，进入 AA win2.0 工作软件，仪器初始化，选择待测元素灯为工作灯，对元素灯的特征波长进行寻峰操作，选择最佳测定波长，并设置实验条件，检查排水安全连锁装置。

3. 燃烧器对准光路

完成寻峰，点火之前有时需要调节燃烧器的位置，使空心阴极灯发出的光线在燃烧缝的正上方，与之平行，如不平行可调节燃烧器调节钮使之平行。

4. 打开气源，点火

① 开启排风装置电源开关，排风 10min 后，接通空气压缩机电源，将输出压调至 0.3MPa。

② 开启乙炔钢瓶总阀，调节乙炔钢瓶减压阀输出压为 0.05MPa。

③ 将燃气流量调节到 2000～2400mL/min，点火（若火焰不能点燃，可重新点火，或适当增加乙炔流量后重新点火）。点燃后，应重新调节乙炔流量，选择合适的分析火焰。

注意！点火时，为安全起见，操作者应尽量远离燃烧器，以防万一发生爆炸时受伤。事实证明，重大事故往往是忘记通风而贸然点火造成的。因此仪器启动前一定要通风。

5. 样品测定

在工作软件中设置测定条件，测定待测溶液的吸光度，并保存所得数据。

6. 实验结束工作

① 实验结束，吸喷去离子水 5min 后，关闭乙炔钢瓶总阀，熄灭火焰，待压力表指针回零后旋松减压阀，关闭空气压缩机。

② 退出工作软件，关闭电脑，关闭仪器电源总开关。

③ 清洗所用仪器，清理实验台面，填写仪器使用记录，打扫仪器实验室，关闭电源总闸。

【任务提示】

[1] 点火时先开空气，后开乙炔，关机时先关乙炔后关空气。

[2] 完成寻峰，点火前有时需要调节燃烧器的位置，使空心阴极灯发出的光线在燃烧缝的正上方，与之平行。

[3] 与氮气、空气、氧气钢瓶不同，乙炔钢瓶内充有活性炭与丙酮，乙炔溶解在丙酮中，使用时不可完全用完，必须留出 0.5MPa，否则丙酮挥发进入火焰使背景增大，燃烧不稳定。

［4］ 仪器在接入电源时应有良好的接触。

［5］ 原子吸收分析中经常接触电器设备、高压钢瓶，使用明火，因此应时刻注意安全，掌握必要的电器常识，急救知识，灭火器的使用方法。

［6］ 安装好空心阴极灯后应将灯室门关闭，灯在转动时不得将手放入灯室内。

［7］ 按下点火按钮时应确保其他人员的手、脸不在燃烧室上方，最好关闭燃烧室防护罩。

［8］ 不得在火焰上放置任何东西，或将火焰挪作他用。

［9］ 在燃烧过程中不可用手接触燃烧器。测定过程中最好将燃烧室防护罩关闭，高温火焰可能产生紫外线，灼伤人的眼睛。

［10］ 火焰熄灭后燃烧器仍有高温，20min 内不可触摸。

问题探究

Q1：原子吸收分光光度计的主要构造是什么？

Q2：如何规范操作原子吸收分光光度计？

知识链接一　原子吸收分光光度计的认识和基本操作

原子吸收光谱分析用的仪器称为原子吸收分光光度计或原子吸收光谱仪。原子吸收分光光度计的工作原理是将试液喷射成细雾与燃气混合后进入燃烧的火焰中，被测元素在火焰中转化为原子蒸气。气态的基态原子吸收从光源发射出的与被测元素吸收波长相同的特征谱线，使该谱线的强度减弱，再经分光系统分光后，由检测器接收，产生的电信号，经放大器放大，由显示系统显示吸光度或光谱图。

一、原子吸收分光光度计的组成

目前，原子吸收分光光度计种类、型号很多，但基本构造都相似，主要由光源、原子化系统、单色器、检测系统四个部分组成（图 3-1）。

1．光源

光源的作用是发射待测元素的特征光谱，保证峰值吸收的测量。原子吸收分光光度计要求光源必须能发射出比吸收线宽度更窄，并且强度大而稳定、背景低、噪声小，使用寿命长的线光谱。实际应用最广泛的是空心阴极灯和无极放电灯。

(1) 空心阴极灯　又称元素灯，简称 HCL，其结构如图 3-2 所示。由待测

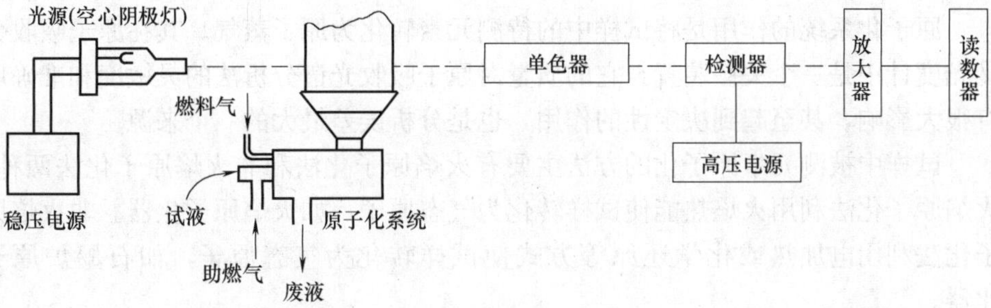

图 3-1　原子吸收分光光度计的组成部分

元素材料制成圆筒形空心阴极，由钨材料制成棒形阳极，阴电极密封在充有惰性气体、前端带有石英窗的玻璃灯管中。

在工作时，灯通电施加适当电压，阴极发出的电子在电场的作用下射向阳极，并在运动的过程中与充入的惰性气体碰撞而使之电离，产生正离子，正离子在电场的作用下，向阴极加速运动，使阴极表面的金属原子溅射出来，溅射出来的金属原子再与电子、惰性气体原子及离子发生撞碰而被激发。处于激发态的离子不稳定，瞬间要从高能态返回到原来的基态，并以光的形式释放出多余的热量，产生待测元素的特征光谱线。

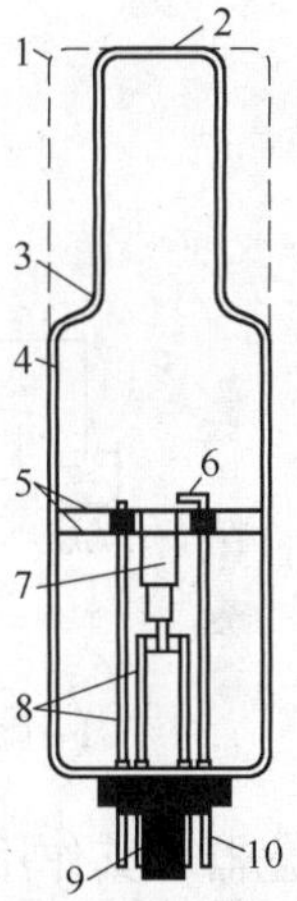

图 3-2　空心阴极灯结构示意图
1—紫外玻璃窗口　2—石英窗口　3—密封
4—玻璃套　5—云母屏蔽　6—阳极
7—阴极　8—支架　9—套管
10—连接套管

单元素的空心阴极灯是用不同待测元素作阴极材料，可制成相应的空心阴极灯，通常这类灯发射线干扰少，测定稳定性强，谱线窄，辐射光强度大，但只能用于一种元素的测定，每测一种元素需要更换相应的灯。若阴极材料使用多种元素的合金，可制得多元素灯。虽然可连续测定几种元素，减少了换灯的麻烦，但光强度较弱，容易产生干扰。

（2）无极放电灯　又称微波激发无极放电灯，简称 EDL。它是在石英管内放入少量金属或较易蒸发的金属卤化物，抽真空后充入几百帕压力的氩气，再密封。将它置于微波电场中，微波将灯的内充气体原子激发，被激发的气体原子又使解离的气化金属或金属卤化物激发而发射出待测金属元素的特征谱线。无极放电灯适用于较难激发的 As、Se、Sn 等元素的测定。目前已制成 Al、P、K、Rb、Zn、Cd、Hg、Sn、Pb、As 等 18 种元素的商品无极放电灯。

2. 原子化系统

原子化系统的作用是将试样中的待测元素转化为原子蒸气。其在原子吸收分光光度计中是一个关键装置，它的质量对原子吸收光谱分析法的灵敏度和准确度有很大影响，甚至起到决定性的作用，也是分析误差最大的一个来源。

试样中被测元素原子化的方法主要有火焰原子化法和非火焰原子化法两种。火焰原子化法利用火焰热能使试样转化为气态原子，如火焰原子化器。非火焰原子化法利用电加热或化学还原等方式使试样转化为气态原子，如石墨炉原子化器。

（1）火焰原子化器　火焰原子化法中，常用的是预混合型火焰原子化器，它是由雾化器、雾室（也称预混合室）和燃烧器、火焰等部分组成，其结构如图3-3所示。

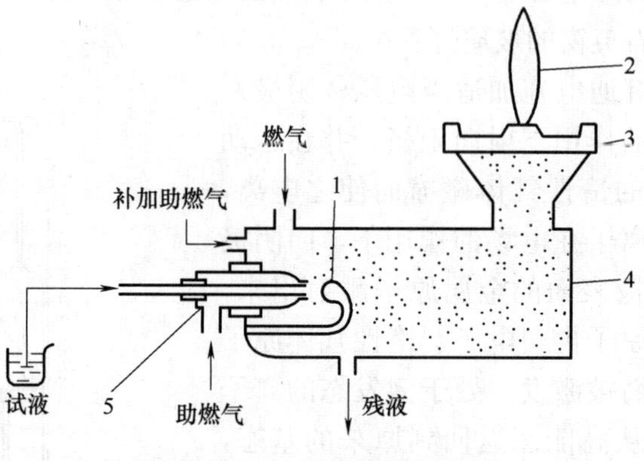

图 3-3　火焰原子化器示意图

1—碰撞球　2—火焰　3—燃烧器　4—雾室　5—雾化器

① 雾化器：其作用是将试液雾化成微小的雾滴。雾滴越细、越多，在火焰上生成的基态自由原子就越多。目前应用最广的是气动型雾化器。当具有一定压力的压缩空气作为助燃气高速通过毛细管外壁与喷嘴口构成环形间隙时，在毛细管出口的尖端处形成一个负压区，于是试液沿毛细管吸入并被快速通入的助燃气分散成小雾滴。喷出的雾滴撞击在距毛细管喷口前端几毫米处的撞击球上，进一步分散成更为细小的细雾。

② 雾室：其作用是进一步细化雾滴，并使之与燃气均匀混合后进入火焰。部分未细化的雾滴在雾室凝结下来成为残液。残液由雾室排出口排除，以减少前试样被测组分对后试样被测组分记忆效应的影响。为了避免回火爆炸的危险，雾室的残液排出管必须采用导管弯曲或将导管插入水中等水封方式。

③ 燃烧器：其作用是使燃气在助燃气的作用下形成火焰，使进入火焰的试样微粒原子化。燃烧器应能使火焰燃烧稳定，原子化程度高，并能耐高温耐腐蚀。预混合型原子化器通常采用不锈钢制成长缝型燃烧器，对于空气-乙炔等燃

烧速度较低的火焰一般使用缝长100～120mm，缝宽0.5～0.7mm的燃烧器，而对氧化亚氮-乙炔等燃烧速度较高的火焰，一般用缝长50mm，缝宽0.5mm的燃烧器。

④ 火焰：原子吸收光谱分析测定的是基态原子，而火焰原子化法是使试样雾滴在火焰中经蒸发、干燥、熔化、解离、激发和化合等过程产生大量基态原子的一种理想方法。一般原子吸收所使用的火焰，只要其温度能使待测元素解离成游离基态原子就可以了。如果超过所需温度，则激发态原子增加，电离度增大，基态原子减少，这对原子吸收是很不利的。因此，在确保待测元素充分解离为基态原子的前提下，低温火焰比高温火焰具有较高的灵敏度。

火焰的组成关系到测定的灵敏度、稳定性和干扰等，因此对不同的元素应选用不同的适当火焰。常用的火焰有空气-乙炔火焰、氧化亚氮-乙炔、空气-氢气等多种。其中空气-乙炔火焰是原子吸收测定中最常用的火焰，该火焰燃烧稳定，重现性好，噪声低，温度高（最高温度约2300℃），能用以测定35种以上的元素，但测定易形成难解离氧化物的元素（如Al、Ta、Ti、Zr等）时灵敏度很低。氧化亚氮-乙炔火焰适用于耐高温、难解离和激发电位较高的元素的原子化，但其使用比普通空气-乙炔火焰严格，稍微偏离最佳条件，也会使灵敏度明显降低。

对于同一种类型的火焰，随着燃气和助燃气流量的不同，火焰的燃烧状态也不相同。在实际测定中，常通过调节助燃比来选择理想的火焰。一般火焰的状态分为三类：化学计量火焰、富燃性火焰和贫燃性火焰。化学计量火焰是指燃气与助燃气之比与化学反应计量关系相近，又称为中性火焰，此火焰温度高、稳定、干扰小、背景低，适用于多种元素的测定。富燃性火焰是指燃气大于化学计量的火焰，又称还原性火焰，火焰呈黄色，层次模糊，温度稍低，火焰的还原性较强，适合于易形成难解离氧化物元素的测定。贫燃性火焰又称氧化性火焰，即助燃比大于化学计量的火焰，氧化性较强，火焰呈蓝色，温度较低，适于易解离、易电离元素的原子化，如碱金属等。

火焰原子化法的操作简便，重现性好，有效光程大，对大多数元素有较高灵敏度，因此应用广泛。但火焰原子化法原子化效率低，灵敏度不够高，而且一般不能直接分析固体样品。火焰原子化法这些不足之处，促使了非火焰原子化法的发展。

（2）非火焰原子化法　非火焰原子化器是利用电能、阴极溅射、高频感应或激光等方法使试样中的待测元素原子化。应用最广的是石墨炉原子化器，其结构如图3-4所示。

石墨炉原子化器通常是用一个长30～60mm，外径6mm，内径4mm的石墨管制成。管上有小孔用于注入试液和惰性气体。管两端有可使光束通过的石英窗和连接石墨管的金属电极。通电后，石墨管迅速发热，使注入的试样蒸发和原子

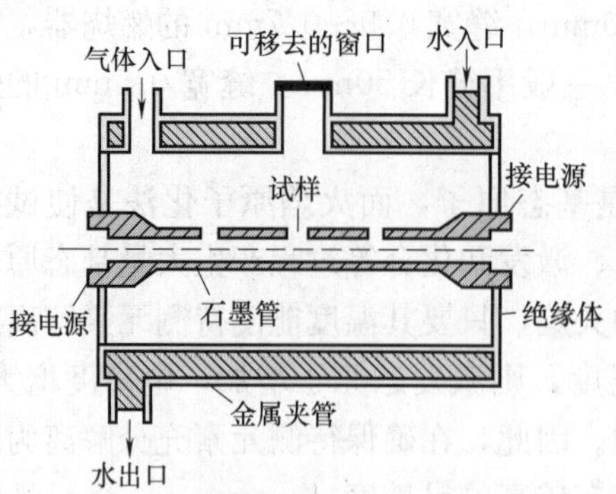

图 3-4　石墨炉原子化器示意图

化。为了保护管体，管外设有冷水金属夹套，一般冷水的温度达到 20℃。管上小孔通入的惰性气体如氮气、氦气等可使已形成的基态原子和石墨管不被氧化。

石墨炉原子化过程包括干燥、灰化、原子化、净化四个阶段。测定时，试样用微量进样器注射进入石墨管，先通入小电流，在 110℃左右干燥试样，除去溶剂；再升温到 130～1530℃灰化试样，除去基体；然后升温到 2030～3030℃，在短时间内将待测元素高温原子化，并记录吸光度；最后升温到 3030℃以上，使管内残留的待测元素挥发掉，消除其对下一试样产生的记忆效应，即净化。

与火焰原子化器相比，石墨炉原子化器的优点是原子化效率高，在可调的高温下试样利用率达 100%，灵敏度高，试样用量少，适用于难熔元素的测定。不足之处是试样组成不均匀性的影响较大，测定精密度较低；共存化合物的干扰比火焰原子化法大，背景干扰比较严重，一般都需要校正背景；设备复杂、费用较高。

3. 单色器

单色器是一种将来自光源的复合光分解为单色光并能分离出所需要波长的装置，是分光光度计的心脏部分。它主要由入射狭缝、色散元件、准直镜和出射狭缝等部分组成，常用的色散元件有棱镜和光栅。

从光源辐射的光由入射狭缝射入，被凹面镜反射出平行光束射到光栅上，经光栅衍射分光后，再被凹面镜反射聚焦在出射狭缝处，经出射狭缝得到平行光束的光谱。光栅可以转动，通过转动光栅，可以使各种波长的光按顺序从出射狭缝中射出。光栅与波长刻度盘相连接，转动光栅时即可从刻度盘上读出出射光的波长。

4. 检测系统

原子吸收分光光度计的检测系统是由光电转化器、放大器和显示器组成。它的作用是把单色器分出的光信号转化为电信号，经放大器放大后以透射比或吸光度的形式显示出来。原子吸收中常用的光电转化器是光电倍增管，它具有放大倍数高、信噪比高及线性关系好等特点。

二、原子吸收分光光度计的种类

原子吸收分光光度计按光束形式可分为单光束和双光束两类，按波道数目又有单道、双道和多道之分。目前使用比较广泛的是单道单光束和单道双光束原子吸收分光光度计。

1. 单道单光束型

“单道”是指仪器只有一个光源，一个单色器，一个显示系统，每次只能测一种元素。“单光束”是指从光源中发出的光仅以单一光束的形式通过原子化器、单色器和检测系统，单道单光束原子吸收分光光度计光学系统，如图 3-5 所示。

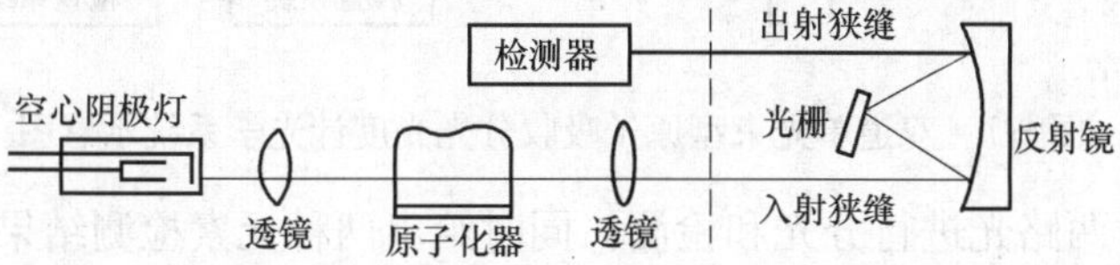

图 3-5　单道单光束原子吸收分光光度计光学系统示意图

这类仪器简单，操作方便，体积小，价格低，能满足一般原子吸收分析的要求。其缺点是不能消除光源波动造成的影响，基线漂移。国产 WYX-1A、WYX-1B、WYX-1C、WYX-1D 等 WYX 系列和 360、360M、360CRT 系列等均属于单道单光束仪器。

2. 单道双光束型

双光束型是指从光源发出的光被切光器分成两束强度相等的光，一束为样品光束通过原子化器被基态原子部分吸收；另一束只作为参比光束不通过原子化器，其光强度不被减弱。两束光被原子化器后面的反射镜反射后，交替地进入同一单色器和检测器。检测器将接受到的脉冲信号进行光电转换，并由放大器放大，最后由读出装置显示。如图 3-6 所示。

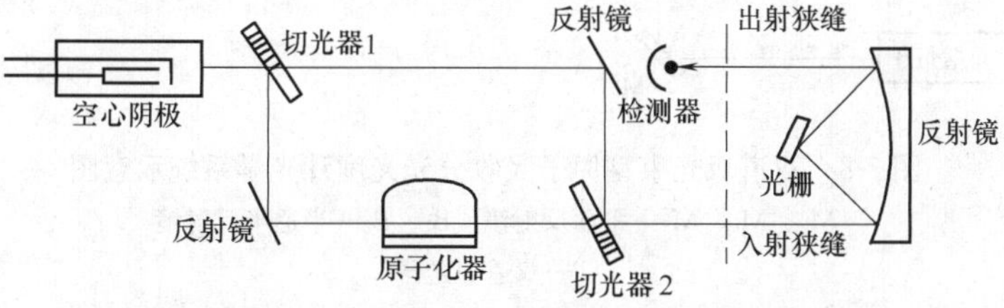

图 3-6　单道双光束原子吸收分光光度计光学系统示意图

由于两光束来源于同一个光源，光源的漂移通过参比光束的作用而得到补偿，所以能获得一个稳定的输出信号。不过由于参比光束不通过火焰，火焰扰动和背景吸收影响无法消除。国产 310 型、320 型、GFU-201 型、WFX-Ⅱ型均属此类仪器。

3. 双道单光束型

“双道单光束”是指仪器有两个不同光源，两个单色器，两个检测显示系统，而光束只有一路。如图 3-7 所示。

两种不同元素的空心阴极灯发射出不同波长的共振发射线，两条谱线同时通过原子化器，被两种不同元素的基态原子蒸气吸收，利用两套各自独立的单色器

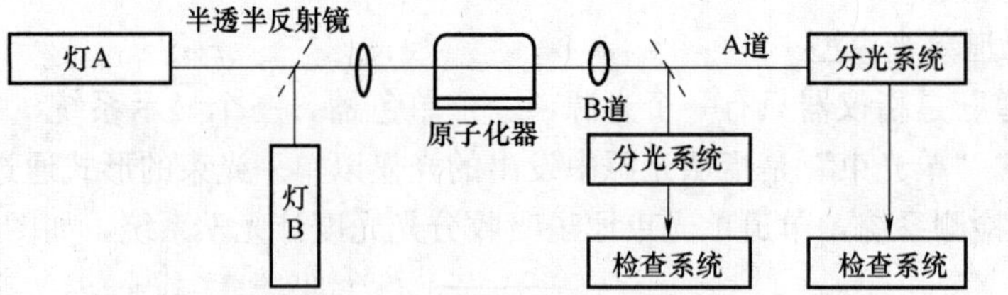

图 3-7　双道单光束型原子吸收分光光度计光学系统示意图

和检测器，对两路光进行分光和检测，同时给出两种元素检测结果。这类仪器一次可测两种元素，并可进行背景吸收扣除。这类仪器型号有日本岛津 AA-8200 和 AA-8500 型。

4. 双道双光束型

这类仪器有两个光源，两套独立的单色器和检测显示系统。但每一光源发出的光都分为两个光束，一束为样品光束，通过原子化器；一束为参比光束，不通过原子化器。如图 3-8 所示。

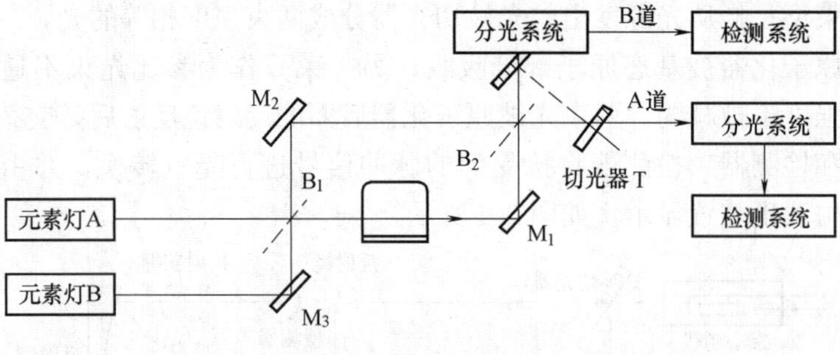

图 3-8　双道双光束型原子吸收分光光度计光学系统示意图

M_1、M_2、M_3—平面反射镜　B_1、B_2—半透半反射镜

T—双道切光器

这类仪器可以同时测定两种元素，能消除光源强度波动的影响及原子化系统的干扰，准确度高，稳定性好，但仪器结构复杂。多道原子吸收分光光度计可用来作多元素的同时测定。

目前美国 PE 公司推出的 SIM6000 多元素同时分析原子吸收光谱仪，以新型四面体中阶梯光栅取代普通光栅单色器，获取二维光谱。以光谱响应的固体检测器替代光电倍增管取得了同时检测多种元素的理想效果。

三、原子吸收分光光度计的基本操作

原子吸收分光光度计型号繁多，不同型号仪器性能和应用范围不同。下面以

AA320 型原子吸收分光光度计（图 3-9）为例，介绍原子吸收分光光度计的面板和基本操作。

1. AA320 型原子吸收分光光度计各控制钮的功能

AA320 型原子吸收分光光度计采用模拟电路进行信号处理，具有自动调零、定时积分、信号扩展和背景校正等功能，记录仪可以记录实时图谱，并配有 RS-232C 接口，可升级为 AA320CRT。

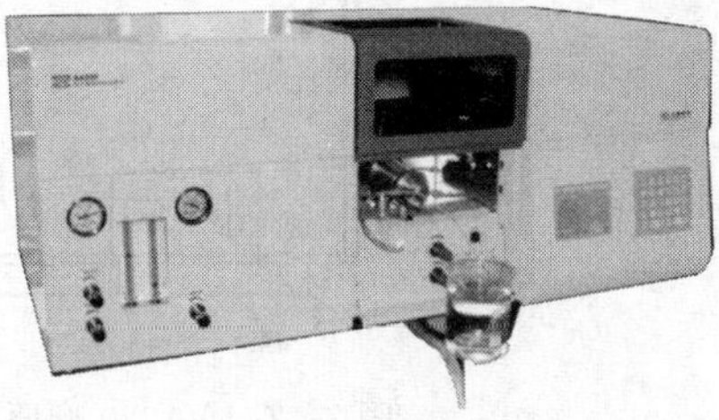

图 3-9　AA320 型原子吸收分光光度计

（1）主要技术参数

波长范围：190.0～900.0nm；光栅刻线：1200 条/mm；闪跃波长：250nm；线色散率倒数：2.38nm/mm。

（2）仪器面板上控制器和指示器功能　AA320 仪器指示控制面板如图 3-10、图 3-11、图 3-12 所示。

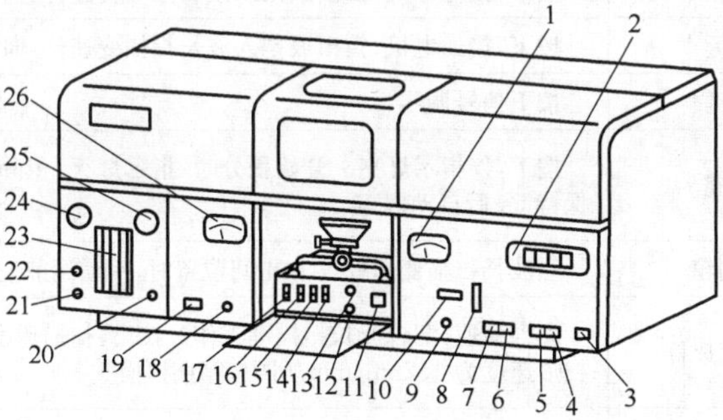

图 3-10　AA320 型原子吸收分光光度计面板控制示意图

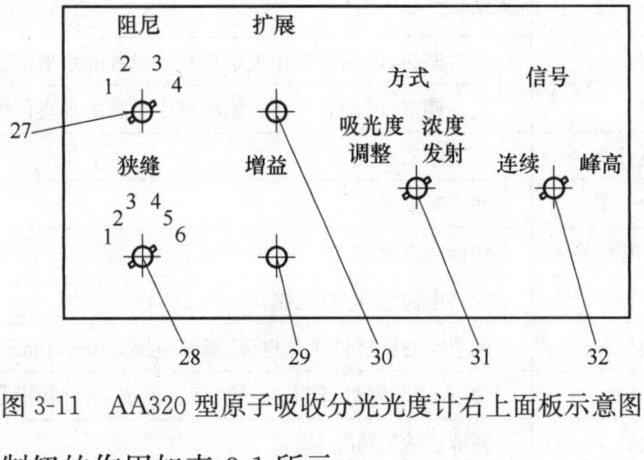

图 3-11　AA320 型原子吸收分光光度计右上面板示意图

面板上各控制钮的作用如表 3-1 所示。

2. 火焰原子吸收分光光度计使用方法（以 AA320 型为例）

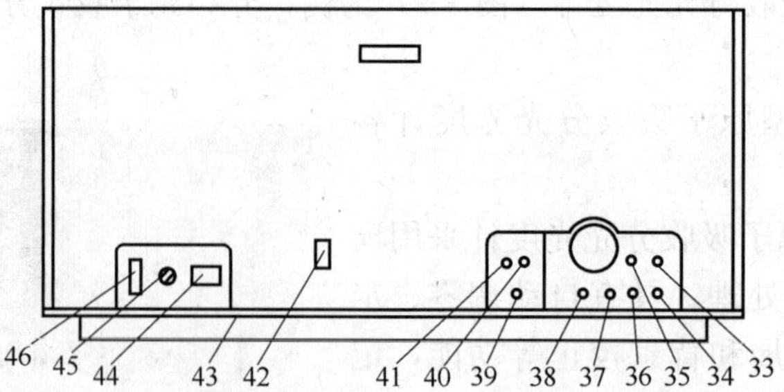

图 3-12　AA320 型原子吸收分光光度计后面板示意图

表 3-1　AA320 型原子吸收分光光度计面板控制按钮名称和作用一览表

标号	名 称	用　途
1	能量表	指示工作光束、参比光束或氘灯的能量
2	数字显示器	四位数字显示，能显示吸光度、浓度、发射强度和负高压
3	电源按钮	控制主机电源通断
4	波长扫描键↓	按下，接通电机；拉出或推入波长扫描变速杆，向长波方向扫描
5	波长扫描键↑	按下，接通电机；拉出或推入波长扫描变速杆，向短波方向扫描
6	调零按键	按下信号调零
7	读数按键	按下，伴指示灯亮。开始积分时，指示灯灭，积分结束，显示积分结果，保持 5s 后自动回零
8	波长手调轮	当波长扫描变速杆 9 在中间位置时，手动调节波长
9	波长扫描变速杆	离合变速，配合波长扫描键工作。拉出，扫描速度为 300nm/min，推入扫描速度为 1.2nm/min；居中，停止扫描
10	波长计数器	指示当前波长值(nm)
11	点火钮	按住，接通点火乙炔气和点火器，点火器吐出火舌点燃燃烧头工作火焰
12	燃烧器	前后调钮，以调节工作火焰相对于光源的水平位置
13	燃烧器	上下调节，以调节工作火焰相对于光源的垂直位置
14	乙炔气电开关	通或断乙炔气
15	助燃气电开关	通或断助燃气
16	空气/笑气电开关	切换空气笑气
17	气路电开关	气路电源总开关，控制 11、14、15、16
18	灯电流钮	调节空心阴极灯工作电流，调节范围为 0～40mA
19	氘灯电开关	按下，点亮氘灯，伴有指示灯亮。再按，氘灯和指示灯关灭
20	乙炔气钮	调节乙炔气体流量
21	助燃气稳压阀钮	调节助燃气体稳定压力大小
22	助燃气钮	调节助燃气体流量

续表

标号	名称	用　　途
23	流量计	指示燃气和助燃气流量大小
24	压力表	指示助燃气(空气或笑气)的工作压力
25	乙炔压力表	指示乙炔气的工作压力
26	电流表	指示空心阴极灯的工作电流
27	阻尼选择开关	阻尼有四挡，递增用来选择读数响应时间，阻尼越大，响应时间越慢，信号越平滑，但是越呆滞，一般操作选择第一挡；遇到噪声大或标尺扩展倍数较大时，适当选择较大的阻尼以求信号噪声平滑
28	狭缝选择开关	选择单色光谱带宽，从左至右分别为 0.2、0.4、0.7、1.4、2.4、5.0nm
29	增益钮	调节光电倍增管的负高压
30	扩展钮	方式为“浓度”时标尺可在 0.1～10 范围内连续扩展
31	方式选择开关	“调整”位：能量表指示参比光束能量或氘灯的能量(背景校正)；数字显示实际负高压值 “吸光度”位：能量表指示工作光束能量，数显器显示吸光度 “浓度”位与“扩展”配合，可进行浓度直读分析，能量表指示工作光束能量 “发射”位：可进行火焰发射分析或对空心灯谱线进行扫描测量，此时显示器显示百分值能量
32	信号选择开关	选择信号模式 “连续”位 测量瞬时信号； “峰高”位 测量峰值信号，适用无火焰分析
33	燃气出口	与 41 相连接
34	笑气入口	与笑气气源连接
35	雾化气出口	与 40 相连接
36	空气入口	与空气气源连接
37	乙炔气入口	与乙炔气气源连接
38	点火乙炔气出口	与 39 相连接
39	点火乙炔气入口	与 38 相连接
40	雾化气入口	与 35 相连接
41	燃气入口	与 33 相连接
42	信号插座	向计算机送出三路模拟信号
43	把手	用手打开后盖板
44	电源插座	输入 220V，50/60Hz 交流电源
45	熔断丝	1A/20mm
46	信号输出插座	输出记录仪信号(0～5mA)

(1) 按仪器说明书检查仪器各部件，各气路接口是否安装正确，气密性是否良好。

(2) 安装空心阴极灯，选择灯电流、波长、光谱带宽。将“方式”开关置于“调整”，信号开关置于“连续”进行光源燃烧器对光。然后将“方式”开关置于“吸光度”。

(3) 开气瓶点燃火焰

① 空气-乙炔火焰

a. 检查 100mm 燃烧器和废液排放管是否安装妥当，然后将“空气/笑气”切换开关推至空气位置。

b. 开启排风装置电源开关。排风 10min 后，接通空气压缩机电源，将输出压调至 0.3MPa。接通仪器上气路电源总开关和“助燃气”开关，调节助燃气稳压阀，使压力表指示为 0.2MPa。顺时针旋转助燃气钮，关闭助燃气。此时空气流量约为 5.5L/min。

c. 开启乙炔钢瓶总阀，调节乙炔钢瓶减压阀输出压为 0.05MPa。打开仪器上乙炔开关，调乙炔气钮使乙炔流量为 1.5L/min。

d. 按下点火钮（约 4s），使点火喷口喷出火焰将燃烧器点燃（若 4s 后火焰还不能点燃，应松开点火开关，适当增加乙炔流量后重新点火）。点燃后，应重新调节乙炔流量，选择合适的分析火焰。

② 氧化亚氮-乙炔火焰

a. 检查燃烧头（50mm）废液排放管是否安装，然后将“空气/笑气”切换开关推至“空气”位置。

b. 调节乙炔钢瓶的减压阀至输出压力约为 0.07MPa。将氧化亚氮钢瓶的输出压力调至 0.3MPa。接通空气压缩机电源，输出压力调至 0.3MPa。接通气路电源总开关和“助燃气”开关，调节助燃气稳压阀使压力表指示为 0.2MPa。

c. 顺时针旋转助燃气钮，关闭助燃气。此时流量计指示仅为雾化气流量，约 5.5L/min。如有必要可启动助燃气，但增大助燃气会降低灵敏度。

d. 调节乙炔钢瓶减压阀使乙炔表指示为 0.05MPa，打开乙炔气开关，调节乙炔气流量至 1.5L/min 左右。立即按下点火钮，使点火喷口喷出火焰将燃烧头点燃（如果 4s 后火焰还不能点燃，应松开点火钮片刻，以免白金丝烧断，适当加大乙炔气流量或加入少量助燃气后重新点火）。等待至少 15s，待火焰燃烧均匀后，调节乙炔流量至 3L/min 左右，并把“空气/笑气”切换开关打到“笑气”位置。

e. 调节乙炔流量直至火焰的反应区（玫瑰红内焰）有 1～2cm 高，外焰高 30～35cm。吸喷被测元素的标准溶液，调节乙炔气流量，根据吸光度的变化选择合适的分析火焰。

(4) 点火 5min 后，吸喷去离子水（或空白液），按“调零”钮调零。

(5) 将“信号”开关置于“积分”位置，吸去离子水（或空白液），再次按

“调零”钮调零。吸喷标准溶液（或试液），待能量表指针稳定后按“读数”键，3s 后显示器显示吸光度积分值，并保持 5s，为保证读数可靠，重复以上操作三次，取平均值，记录仪同时记录积分波形。

（6）测量完毕吸喷去离子水 10min。

（7）熄灭火焰和关机

① 空气-乙炔火焰的熄灭和关机　关闭乙炔钢瓶总阀使火焰熄灭，待压力表指针回到零时再旋松减压阀。关闭空气压缩机，待压力表和流量计回零时，关仪器气路电源总开关，关闭空气/笑气电开关，关闭助燃气电开关，关闭乙炔气电开关，关闭仪器总电源开关，最后关闭排风机开关。

② 氧化亚氮-乙炔火焰的熄灭和关机　将“空气/笑气”切换到“空气”位置，把笑气-乙炔火焰转换为空气-乙炔火焰（注意！不可直接在笑气-乙炔火焰时熄灭）。关闭乙炔钢瓶总阀使火焰熄灭，待压力表指针回零时再旋松减压阀；关闭空气压缩机并释放剩余气体，关闭气路电源总开关，关闭各气体电源开关；关闭仪器电源开关，最后关闭排风机开关。

技能拓展　原子吸收分光光度计的保养与维护

1. 仪器工作环境要求

在仪器的维护保养中，实验室要求也是非常重要的一个环节，对于原子吸收实验室的环境要求见表 3-2。

表 3-2　原子吸收实验室环境要求一览表

项目	要　求
温度	温度控制在 10～30℃
湿度	＜70％
供水	多个水龙头，有化验盆（含水封）、有地漏、石墨炉原子吸收应有专用上下水装置
废液排放	实验室备有专用废液收集桶，原子吸收仪器废液排放在与仪器配套的废液筒中
供电	原子吸收仪要求电压在 220×(1±0.1)V，如达不到要求需配备稳压电源；石墨炉电源要求 220V/40A 电源，专用插座
供气	空气由空气压缩机提供，乙炔、氩气由高压钢瓶提供，纯度为 99.99％
工作台防震	坚固、防震
防火防爆	配备二氧化碳灭火器
避雷防护	属于第三类防雷建筑物
防静电	设置良好接地
电磁屏蔽	有精密电子仪器设备，需进行有效电磁屏蔽
光照	配有窗帘，避免阳光直射
通风设备	配有排风管，仪器工作时产生的废气及时排出室外

2. 仪器日常维护与保养

对任何一类仪器只有正确使用和维护保养才能保证其运行正常，测量结果准确。原子吸收分光光度计的日常维护工作应由以下方面做起：

(1) 开机前，检查各电源插头是否接触良好，仪器各部分是否归于零位。

(2) 对新购置的空心阴极灯的发射线波长和强度以及背景发射的情况，应首先进行扫描测试和登记，以方便后期使用。仪器使用完毕后，要使灯充分冷却，然后从灯架上取下存放。长期不用的灯，应定期在工作电流下点燃，以延长灯的寿命。

(3) 使用时，注意下列情况：如废液管道的水封被破坏、漏气；燃烧器缝明显变宽；助燃气与燃气流量比过大；使用笑气-乙炔火焰时，乙炔流量小于2L/min等，这些情况都容易发生回火。要定期检查气路接头和封口是否存在漏气现象，以便及时解决。

(4) 仪器的不锈钢喷雾器为铂铱合金毛细管，不宜测定高氟浓度样品，使用后应立即用水冲洗，防止腐蚀；吸液用的聚乙烯管应保持清洁，无油污，防止弯折；发现堵塞，可用软钢丝清除。

(5) 雾室要定期清洗积垢，喷过浓酸、碱液后，要仔细清洗；日常工作后应用蒸馏水吸喷 5～10min 进行清洗。

(6) 燃烧器上如有盐类结晶，火焰呈齿形，可用滤纸轻轻刮去，必要时应卸下燃烧器，用 1∶1 乙醇-丙酮清洗，如有熔珠可用金相砂纸打磨，严禁用酸浸泡。

(7) 单色器中的光学元件，严禁用手触摸和擅自调节。备用光电倍增管应轻拿轻放，严禁震动。仪器中的光电倍增管严禁强光照射，检修时要关掉负高压。

(8) 仪器点火时，先开助燃气，然后开燃气；关闭时先关燃气，然后关助燃气。

(9) 乙炔钢瓶工作时应直立，严禁剧烈震动和撞击。工作时乙炔钢瓶应放置室外，温度不宜超过 30℃，防止日晒雨淋。开启钢瓶时，阀门旋开不超过 1.5 转，防止丙酮逸出。

3. 仪器常见故障及排除

原子吸收分光光度计常见故障、产生原因及排除方法见表 3-3。

表 3-3　原子吸收分光光度计常见故障及排除方法

故障现象	故障原因	排除方法
仪器总电源指示灯不亮	①仪器电源线断路或接触不良 ②仪器熔断丝熔断 ③保险管接触不良 ④电源输入线路中有断路处 ⑤仪器中的电路系统有短路处因而将熔断丝熔断，或某点电压突然增高 ⑥指示灯泡坏 ⑦灯座接触不良	①将电源线接好，压紧插头插座，如仍接触不良则应更换新电源线 ②更换新熔断丝 ③卡紧保险管使接触良好 ④用万用表检查，并用观察法寻找断路处，将其焊接好 ⑤检查是否元件损坏，更换损坏元件，或找到电压突然增高的原因进行排除 ⑥更换指示灯泡 ⑦改善灯座接触状态

续表

故障现象	故障原因	排除方法
初始化中波长电机出现"×"	①检查空心阴极灯是否安装并点亮 ②光路中有物体挡光 ③主机与计算机通信系统联系中断	①重新安装灯 ②取出光路中的挡光物 ③重新启动仪器
元素灯不亮	①检查灯电源连线是否脱焊 ②灯电源插座松动 ③空心阴极灯损坏	①重新安装空心阴极灯 ②更换灯位重新安装 ③更换空心阴极灯
寻峰时能量过低，能量超上限	①元素灯不亮 ②元素灯位置不对 ③分析线选择错误 ④光路中有挡光物 ⑤灯老化，发射强度低	①重新安装空心阴极灯 ②重新设置灯位 ③选择最灵敏线 ④移开挡光物 ⑤更换新灯
点击"点火"按钮，点火器无高压放电打火	①空气无压力或压力不足 ②乙炔未开启或压力过小 ③废液液位过低 ④紧急灭火开关点亮； ⑤乙炔泄漏，报警 ⑥有强光照射在火焰探头上	①检查空气压缩机出口压力 ②检查乙炔出口压力 ③向废液排放安全连锁装置中倒入蒸馏水 ④按紧急灭火开关使其熄灭 ⑤关闭乙炔，检查管路，打开门窗 ⑥移开挡光物
点击"点火"按钮，点火器有高压放电打火，但燃烧器火焰不能点燃	①乙炔未开启或压力过小 ②管路过长，乙炔未进入仪器 ③有强光照射在火焰探头上 ④燃气流量不合适	①②检查并调节乙炔压力至正常值；重复多次点火 ③挡住照射在火焰探头上的强光 ④调整燃气流量
测试基线不稳定、噪声大	①仪器能量低，光电倍增管负高压过高 ②波长不准确 ③元素灯发射不稳定 ④外电压不稳定、工作台震动	①检查灯电流是否合适，如不正常重新设置 ②寻峰是否正常，如不正常重新寻峰 ③更换已知灯 ④检查稳压电源保证其正常工作，移开震源
测试时吸光度很低或无吸光度	①燃烧缝没有对准光路 ②燃烧器高度不合适 ③乙炔流量不合适 ④分析波长不正确 ⑤能量值很低或已经饱和 ⑥吸液毛细管堵塞，雾化器不喷雾 ⑦样品含量过低	①调整燃烧器 ②升高燃烧器高度 ③调整乙炔流量 ④检查调整分析波长 ⑤进行能量平衡 ⑥拆下并清洗毛细管 ⑦重新处理样品
测试时火焰不稳定	①空气压缩机出口压力不稳 ②乙炔压力很低、流量不稳 ③燃烧缝有盐类结晶，火焰呈锯齿状 ④仪器周围有风	①检查空气压缩机压力表 ②更换乙炔钢瓶 ③清洗燃烧器 ④打开排风，关闭门窗
点击计算机功能键，仪器不执行命令	①计算机与主机处于脱机工作状态 ②主机在执行其他命令还没有结束 ③通信电缆松动 ④计算机死机，病毒侵害	①重新开机 ②关闭其他命令或等待 ③重新连接通信电缆 ④重启计算机

任务二 原子吸收法测定葡萄糖酸锌口服液中锌含量

【任务目的】

(1) 熟悉使用原子吸收分光光度计。

(2) 掌握原子吸收分光光度法的定量方法。

【工作依据】

葡萄糖酸锌口服液是一种常用的小儿补锌制剂。处方中含有葡萄糖酸锌、蔗糖、蜂蜜、枸橼酸等多种组分。每100mL中含锌30～40mg。原子吸收分析通常是溶液进样，所以将样品经高温灰化，用盐酸或硝酸溶解提取，将其中微量锌以金属离子状态转入到溶液中。

在一定条件下，基态原子蒸气对锐线光源发出的共振线的吸收符合朗伯-比尔定律，其吸光度与待测元素在试样中的浓度成正比，即

$$A=K'c$$

根据这一关系对组成简单的试样可用工作曲线法进行定量分析。

【工作准备】

(1) 仪器　原子吸收分光光度计（TAS990型）。

(2) 试剂

① HNO_3（分析纯）。

② 1.000mg/mL的Zn标准贮备液：称取1g金属锌（称准至0.0002g）置于200mL烧杯中，加20～40mL体积比为1∶1的HCl溶液，使其溶解，待溶解完全后，加热煮沸几分钟，冷却。定量转移至1000mL容量瓶中，用蒸馏水稀至标线，摇匀。

③ 配制100μg/mL的Zn标准贮备液：称取10mL质量浓度为1.000mg/mL的贮备液于100mL容量瓶中用蒸馏水稀至标线，摇匀。

④ 配制10.0μg/mL的Zn标准贮备液：称取10mL质量浓度为100μg/mL的Zn标准贮备液于100mL容量瓶中用蒸馏水稀至标线，摇匀。

【工作内容】

1. 样品的预处理和试液制备

准确称取一定量样品（根据试剂锌含量确定样品量），放在石英坩埚或铂坩埚中，于80～150℃低温加热，赶去大量有机物，然后放于高温炉中，加热至450～550℃进行灰化处理。冷却后再将灰分用HNO_3、HCl或其他溶剂进行溶解，如有必要则加热溶液以使残渣溶解完全，最后转移到25mL容量瓶中，稀释至标线。

2. 配制系列标准溶液

分别吸取质量浓度10.0μg/mL的锌标准贮备液0.00、2.50、5.00、7.50、

10.00、12.50mL 于 6 个 25mL 的容量瓶中，用体积分数为 1%的 $HClO_4$ 溶液稀至标线，摇匀即得。

3. 打开仪器

调试至最佳工作状态。

4. 测定系列标准溶液和试样吸光度

由稀至浓逐个测量系列标准溶液的吸光度，然后测量试液和试样空白溶液的吸光度并记录。

注意：每测完一个溶液都要用去离子水吸喷调零后，再测下一个溶液。

5. 数据处理

在坐标纸上绘制 Zn 的 A-c 工作曲线，用样品吸光度减去空白溶液吸光度所得值从工作曲线中找出相应浓度，然后按样品质量算出 Zn 的含量。

6. 结束工作

实验结束，吸喷去离子水 3～5min 后，按操作要求关气，关电源；将各开关、旋钮置初始位置。清理实验台面和试剂，填写仪器使用记录。

【任务提示】

[1]　试样的吸光度应在工作曲线中部，否则应改变系列标准溶液浓度。

[2]　经常检查管道气密性，防止气体泄漏，严格遵守有关操作规定。

问题探究

Q1：原子吸收分光光度法的定量依据是什么？

Q2：除了工作曲线法外，原子吸收分光光度法常见的定量方法有哪些？

知识链接二　原子吸收法的定量分析

一、定量分析的依据

当锐线光源强度及其他实验条件一定时，基态原子蒸气的吸光度 A 与试液中待测元素的浓度 c 及光程长度 b（火焰法中，燃烧器的缝长）的乘积成正比。即

$$A=Kcb \tag{3-1}$$

在火焰原子法中，光程长度 b 为燃烧器的缝长，一般是不变的，因此上式可简化为

$$A=K'c \tag{3-2}$$

式（3-1），式（3-2）即为原子吸收光谱法定量依据。K 和 K' 为与实验条件

有关的常数。

二、定量方法

1. 工作曲线法

工作曲线法也称标准曲线法，它与紫外-可见分光光度法的工作曲线法相似，关键都是绘制一条工作曲线。其方法是先配制一组浓度合适的标准溶液，在最佳测定条件下，由低浓度到高浓度依次测定它们的吸光度，然后以吸光度 A 为纵坐标，标准溶液浓度 c 为横坐标，绘制吸光度（A）-浓度（c）的工作曲线（图 3-13）。

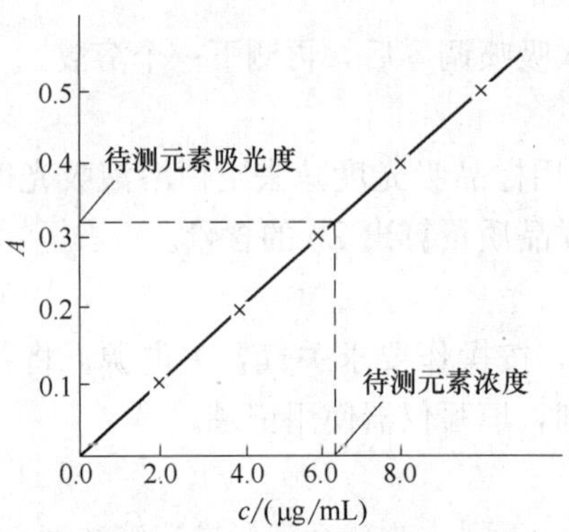

图 3-13　工作曲线

用与绘制工作曲线相同的条件测定样品的吸光度，利用工作曲线以内插法求出被测元素的浓度。为了保证测定的准确度，测定时应注意以下几点：

（1）标准溶液与试液的基体（指溶液中除待测组分外的其他成分的总体）要相似，以消除基体效应（试样中与待测元素共存的一种或多种组分所引起的种种干扰）。标准溶液浓度范围应将试液中待测元素的浓度包括在内。浓度范围大小应以获得合适的吸光度读数为准。

（2）在测量过程中要吸喷去离子水或空白溶液来校正零点漂移。

（3）由于燃气和助燃气流量变化会引起工作曲线斜率变化，因此每次分析都应重新绘制工作曲线。

工作曲线法简便、快速，适用于组成较简单的大批样品分析。

2. 标准加入法

当试样中共存物不明或基体复杂而又无法配制与试样组成相匹配的标准溶液时，使用标准加入法进行分析是合适的。

标准加入法具体操作方法：吸取试液四份以上，第一份不加待测元素标准溶液，第二份开始，依次按比例加入不同量待测组分标准溶液，用溶剂稀释至相同的体积，以空白为参比，在相同测量条件下，分别测量各份试液的吸光度，绘出工作曲线，并将它外推至浓度轴，则在浓度轴上的截距，即为未知浓度 c_x，如图 3-14 所示。

使用标准加入法时应注意下面几个问题：

（1）第二份中加入的标准溶液的浓度与试样的浓度应当接近（可通过试喷样

品和标准溶液比较两者的吸光度来判断），以免曲线的斜率过大或过小，给测定结果引入较大的误差。

（2）为了保证能得到较为准确的外推结果，至少要采用四个点来制作外推曲线。

标准加入法可以消除基体效应带来的影响，并在一定程度上消除了化学干扰和电离干扰，但不能消除背景干扰。因此只有在扣除背景之后，才能得到待测元素的真实含量，否则将使测量结果偏高。

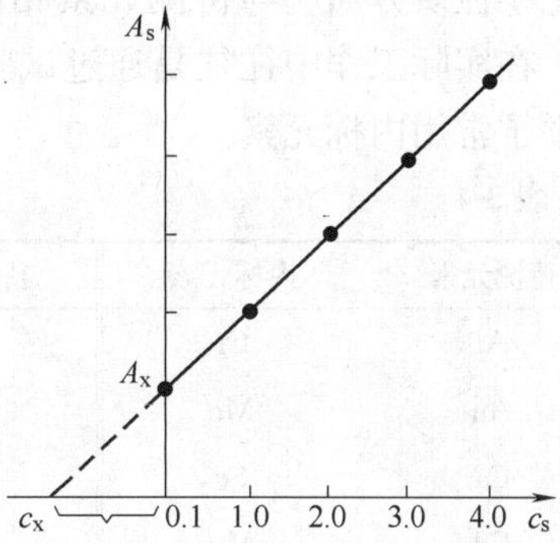

图 3-14　标准加入曲线

3. 稀释法

稀释法实质是标准加入法的一种形式。设体积为 V_s 的待测元素标准溶液的浓度为 c_s，测得吸光度为 A_s，然后往该溶液中加入浓度为 c_x 的样品溶液 V_x，测得混合液的吸光度为 $A_{(s+x)}$ 则 c_x 为

$$c_x=\frac{[A_{(s+x)}(V_s+V_x)-A_sV_s]c_s}{A_sV_x}$$

如果两次测量都很准确，则这一方法是快速易行的。因为无需单独测定样品溶液，此方法需用样品溶液的体积可比标准加入法少。对于高含量样品溶液，亦无需稀释，直接加入即可进行测定，简化了操作手续。

4. 内标法

内标法是指将一定量试液中不存在的元素 N 的标准物质加到一定试液中进行测定的方法，所加入的这种标准物质称为内标物质或内标元素。内标法与标准加入法的区别就在于前者所加入标准物质是试液中不存在的；而后者所加入的标准物质是待测组分的标准溶液，是试液中存在的。

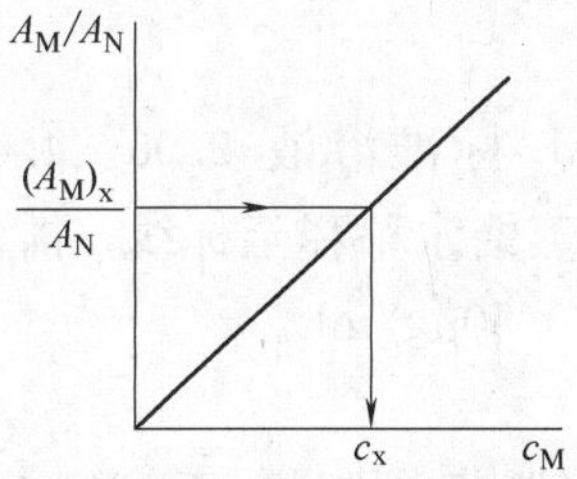

图 3-15　内标工作曲线

内标法具体操作：在一系列不同浓度的待测元素标准溶液及试液中依次加入相同量的内标元素 N，稀释至同一体积。在同一实验条件下，分别在内标元素及待测元素的共振吸收线处，依次测量每种溶液中待测元素 M 和内标元素 N 的吸光度 A_M 和 A_N，并求出它们的比值 A_M/A_N，再绘制 A_M/A_N-c_M 的内标工作曲线（图 3-15）。

由待测试液测出 A_M/A_N 的比值，在内标工作曲线上用内插法查出试液中待测元素的浓度并计算试样中待测元素的含量。

在使用内标法时要注意选择好内标元素。该方法要求所选用内标元素在物理及化学性质方面应与待测元素相同或相近；内标元素加入量应接近待测元素的量。在实际工作中往往是通过试验来选择合适的内标元素和内标元素量。表 3-4 列举了常用内标元素。

表 3-4　　常用内标元素

待测元素	内标元素	待测元素	内标元素	待测元素	内标元素
Al	Cr	Cu	Cd,Mn	Na	Li
Au	Mn	Fe	Au,Mn	Ni	Cd
Ca	Sr	K	Li	Pb	Zn
Cd	Mn	Mg	Cd	Si	Cr,V
Co	Cd	Mn	Cd	V	Cr
Cr	Mn	Mo	Sr	Zn	Mn,Cd

内标法的优点是能消除物理干扰，也能消除实验条件波动而引起的误差。但内标法仅适用于双道或多道仪器，单道仪器上不能用。

任务三　原子吸收法测自来水中镁的条件试验

【任务目的】

(1) 掌握原子吸收法中实验条件的选择方法。

(2) 能熟练操作原子吸收分光光度计，并能对仪器的一些故障进行分析和排除。

【工作准备】

(1) 仪器　AA320 型原子吸收分光光度计（或其他型号分光光度计）。

(2) 试剂　$\rho_{Mg}=0.00500$mg/mL 镁标准溶液（移取 5mL$\rho_{Mg}=0.1000$mg/mL 的标准溶液于 100mL 容量瓶中，稀释至标线，摇匀）。

【工作内容】

1. 配制镁系列标准溶液

用 10mL 吸量管分别吸取 $\rho_{Mg}=0.00500$mg/mL 标准溶液 2.00、4.00、6.00、8.00、10.00mL 于 5 个 100mL 容量瓶中，用蒸馏水稀释至标线，摇匀。该系列标准溶液含 Mg 为 0.10、0.20、0.30、0.40、0.50μg/mL。

2. 制备水样

用 10mL 移液管移取水样 10mL（可根据水质适当调节水样量）于 100mL 容量瓶中，用蒸馏水稀释至标线，摇匀。

3. 开机

① 检查仪器各部件及气路连接正确性和气密性。

② 安装镁空心阴极灯，接通电源，开启仪器预热 20min，进行光源对光和

燃烧器对光。

③ 按本书 84 页中“（3）开气瓶点燃火焰”的操作方法，点火。

4. 调试仪器

选择最佳实验条件将仪器调试到最佳工作状态。初步固定镁的工作条件为：

吸收线波长 λ/nm	285.2
空心阴极灯灯电流 I/mA	8
狭缝宽度	“2”挡
乙炔流量/(L/min)	0.8

（1）选择分析线　根据对试样分析灵敏度的要求和干扰情况，选择合适的分析线。试液浓度低时，选最灵敏线；试液浓度高时选次灵敏线，并要选择没有干扰的谱线。

（2）选择空心阴极灯工作电流　吸喷 0.300μg/mL 镁标准溶液，固定其他实验条件，改变灯电流（从 5mA 开始，每次增加 0.5mA），以不同灯电流测定镁标准溶液的吸光度并记录相应的灯电流和吸光度。

注意！每次测定后都应该用去离子水为空白液喷雾，重新调节吸光度零点。

灯电流/mA						
A						

（3）选择燃助比　固定其他实验条件和助燃气流量，改变乙炔流量，喷入镁标准溶液，记录相应的乙炔流量和吸光度。

注意！改变流量后，都要用去离子水调节吸光度零点。

空气流量/(L/min)				
乙炔流量/(L/min)				
燃助比				
A				

（4）选择燃烧器高度　吸喷镁标准溶液，改变燃烧器高度，逐一记录相应的燃烧器高度和吸光度。

燃烧器高度/mm						
A						

（5）狭缝宽度选择　在以上最佳燃助比及燃烧器高度条件下，使用不同狭缝宽度测定镁标准溶液的吸光度并记录。

狭缝宽度/mm						
吸光度 A						

5. 测定系列标准溶液和水样的吸光度

由稀至浓逐个测量系列标准溶液的吸光度，最后测量水样的吸光度，并列表记录。

注意！每次测完一个溶液，都要用去离子水喷雾调零后，再测下一个溶液。

6. 数据处理

在坐标纸上绘制镁的 A-c 工作曲线。根据试液吸光度从工作曲线中找出相应浓度，然后按取样体积求出水样中镁的质量浓度。

7. 实验结束

（1）实验结束，吸喷去离子水 3～5min 后，关闭乙炔钢瓶总阀，熄灭火焰，待压力表指针回零后旋松减压阀，关闭空气压缩机。待仪器压力表和流量计回零时，关闭仪器气路电源总开关，关闭“空气/笑气”电开关，关闭助燃气电开关，关闭乙炔气电开关。

（2）关闭灯电流开关、总电源开关，将仪器上各旋钮转至零位，使仪器复原。

（3）清理实验台面，填写仪器使用登记卡。

【任务提示】

［1］ 仪器工作环境要求：室温 5～35℃，相对湿度≤85％，室内保持清洁，以防止光学零件污染。

［2］ 为了确保安全，使用燃气、助燃气应严格按操作规程进行。如果在实验过程中突然停电，应立即关闭燃气，然后将空气压缩机及主机上所有开关和旋钮都恢复至操作前状态。操作过程中，若嗅到乙炔气味，则可能气路管道或接头漏气，应立即仔细检查。

［3］ 每次分析工作后，都应该让火焰继续点燃并吸喷去离子水 3～5min 清洗原子化器。定期检查废液收集容器的液面，及时倒出过多的废液，但又要保证足够的水封。

［4］ 为了保证分析结果有良好的重现性，应该注意燃烧器缝隙的清洁、光滑。发现火焰不整齐，中间出现锯齿状分裂时，说明缝隙内已有杂质堵塞，此时应该仔细进行清理。清理方法是待仪器关机，燃烧器冷却以后，取下燃烧器，用洗衣粉溶液刷洗缝隙，然后用水冲，清除沉积物。

［5］ 试样的吸光度应在工作曲线的中部，否则应改变取样体积。

［6］ 经常检查管道气密性，防止气体泄漏，严格遵守有关操作规定，注意安全。

问题探究

Q1：如何选择最佳实验条件？实验时，若条件发生变化，对结果有何影响？

Q2：如果试样成分较复杂，应怎样进行测定？

知识链接三　原子吸收法分析实验技术

一、试样的预处理

原子吸收光谱分析通常是溶液进样，被测样品需要事先转化为溶液样品。其处理方法与通常的化学分析相同，要求试样分解完全，在分解过程中不引入杂质和造成待测组分的损失，所用试剂及反应产物对后续测定无干扰。

1. 样品溶解

对无机试样，首先考虑能否溶于水，若能溶于水，应首选去离子水为溶剂来溶解样品，并配成合适的浓度范围。若样品不能溶于水则考虑用稀酸、浓酸或混合酸处理后配成合适浓度的溶液。常用的酸是 HCl、H_2SO_4、H_3PO_4、HNO_3、$HClO_4$，H_3PO_4常与 H_2SO_4混合用于某些合金试样溶解，氢氟酸常与另一种酸生成氟化物而促进溶解。用酸不能溶解或溶解不完全的样品采用熔融法。熔剂的选择原则是，酸性试样用碱性熔剂，碱性试样用酸性熔剂。常用的酸性熔剂有 $NaHSO_4$、$KHSO_4$、$K_2S_2O_7$、酸性氟化物等。常用的碱性熔剂有 Na_2CO_3、K_2CO_3、NaOH、Na_2O_2、$LiBO_2$（偏硼酸锂）、$Li_2B_4O_7$（四硼酸锂），其中偏硼酸锂和四硼酸锂应用广泛。

2. 样品的灰化

灰化又称消化，灰化处理可除去有机物基体。灰化处理分为干法灰化和湿法消化两种。

（1）干法灰化　此法是在较高温度下，用氧来氧化样品。具体做法是准确称取一定量样品，放在石英坩埚或铂坩埚中，于 80～150℃低温加热，赶去大量有机物，然后放于高温炉中，加热至 450～550℃进行灰化处理。冷却后再将灰分用 HNO_3、HCl 或其他溶剂进行溶解。如有必要则加热溶液以使残渣溶解完全，最后转移到容量瓶中，稀释至标线。干法灰化技术简单，可处理大量样品，一般不受污染，广泛用于无机分析前破坏样品中有机物。这种方法不适于易挥发元素，如 Hg、As、Pb、Sn、Sb 等的测定，因为这些元素在灰化过程中损失严重。对于 Bi、Cr、Fe、Ni、V 和 Zn 来说，在一定条件下可能以金属、氯化物或有机金属化合物形式而损失掉。

干法灰化有时可加入氧化剂帮助灰化。在灼烧前加少量盐溶液润湿样品，或加几滴酸，或加入纯 $Mg(NO_3)_2$，醋酸盐作灰化基体，可加速灰化过程和减少某些元素的挥发损失。已有一种低温干法灰化技术，它是在高频磁场中通入氧，氧被活化，然后将这种活化氧通过被灰化的有机物上方，可以使其在低于 100℃

的温度下氧化。这种技术优点是能保留样品的形态，并减少由于样品的挥发造成的损失，从容器或大气中引入的污染也较少。

(2) 湿法消化　此法是在样品升温下用合适的酸加以氧化。最常用的氧化剂是 HNO_3、H_2SO_4和 $HClO_4$。它们可以单独使用也可以混合使用，如 HNO_3+HCl、HNO_3+HClO_4和 $HNO_3+H_2SO_4$等，其中最常用的混合酸是 $HNO_3+H_2SO_4+HClO_4$（体积比为 3：1：1）。湿法消化样品损失少，不过 Hg、Se、As 等易挥发元素不能完全避免。湿法消化时由于加入试剂，故污染可能性比干法灰化大，而且需要小心操作。

目前，采用微波消解样品法已被广泛采用。无论是地质样品，还是有机样品，微波消解均可获得满意结果。采用微波消解法，可将样品放在聚四氟乙烯闷罐中，于专用微波炉中加热，这种方法样品消解快、分解完全、损失少、适合大批量样品的处理工作，对微量、痕量元素的测定结果好。

塑料类和纺织类样品的溶解，应根据样品性质，合理选择方法。如聚苯乙烯，乙醇纤维、乙醇丁基纤维，可溶丁甲基异丁基酮，聚丙烯酯可溶于二甲基甲酰胺，聚碳酸酯、聚氯乙烯可溶于环已酮，聚酰胺（尼龙）可溶于甲醇，聚酯也可溶于甲醇，羊毛可溶于质量浓度为 50g/L 的 NaOH 中，棉花和纤维可溶于质量分数为 12%的 H_2SO_4中。

二、标准样品溶液的配制

标准样品的组成要尽可能接近未知试样的组成。配制标准溶液通常使用各元素合适的盐类来配制，当没有合适的盐类可供使用时，也可直接溶解相应的高纯(99.99%）金属丝、棒、片于合适的溶剂中，然后稀释成所需浓度范围的标准溶液，但不能使用海绵状金属或金属粉末来配制。金属在溶解之前，要磨光，利用稀酸清洗，以除去表面氧化层。

非水标准溶液可将金属有机物溶于适宜的有机溶剂中配制（或将金属离子转变成可萃取化合物），用合适的溶剂萃取，通过测定水相中的金属离子含量间接加以标定。所需标准溶液的浓度在低于 0.1mg/mL 时，应先配成比使用浓度高1～3个数量级的浓溶液（大于 1mg/mL）作为贮备液，然后经稀释配成。贮备液配制时一般要维持一定酸度，以免器皿表面吸附。配好的贮备液应贮于聚四氟乙烯、聚乙烯或硬质玻璃容器中。浓度很小（小于 1μg/mL）的标准溶液不稳定，使用时间不应超过 1～2d。表 3-5 列出了常用贮备标准溶液的配制方法。

标准溶液的浓度下限取决于检出限，从测定精度的观点出发，合适的浓度范围应该是在能产生 0.2～0.8 单位吸光度或 15%～65%透射比之间的浓度。

表 3-5　常用贮备标准液的配制

金属	基准物	配制方法(浓度 1mg/mL)
Ag	金属银(99.99%)	溶解 1.000g 银于 20mL 体积比为 1∶1 的硝酸中,用水稀释至 1L
	$AgNO_3$	溶解 1.575g 硝酸银于 50mL 水中,加 10mL 浓硝酸,用水稀释至 1L
Au	金属金	将 0.1000g 金溶解于数毫升王水中,在水浴上蒸干,用盐酸和水溶解,稀释至 100mL,盐酸浓度约 1mol/L
Ca	$CaCO_3$	将 2.4972g 在 110℃烘干过的碳酸钙溶于 1∶4 硝酸中,用水稀释至 1L
Cd	金属镉	溶解 1.000g 金属镉于体积比为 1∶1 的硝酸中,用水稀释至 1L
Co	金属钴	溶解 1.000g 金属钴于体积比为 1∶1 的盐酸中,用水稀释至 1L
Cr	$K_2Cr_2O_7$	溶解 2.829g 重铬酸钾于水中,加 20mL 硝酸,用水稀释至 1L
	金属铬	溶解 1.000g 金属铬于体积比为 1∶1 的盐酸中,加热使之溶解完全,冷却,用水稀释至 1L

三、测定条件的选择

在进行原子吸收光谱分析时，为了获得灵敏、重现性好和准确的结果，应对测定条件进行优选。

1. 吸收线的选择

每种元素的基态原子都有若干条吸收线，为了提高测定的灵敏度，一般情况下应选用其中最灵敏线作分析线。但如果测定元素的浓度很高，或为了消除邻近光谱线的干扰等，也可以选用次灵敏线。例如试液中铷的测定，其最灵敏的吸收线是 780.0nm，但为了避免钠、钾的干扰，可选用 794.0nm 次灵敏线作吸收线。若从稳定性考虑，由于空气-乙炔火焰在短波区域对光的透过性较差，噪声大，若灵敏线处于短波方向，则可以考虑选择波长较长的灵敏线。表 3-6 列出了常用的各元素分析线，可供使用时参考。

表 3-6　原子吸收分光光度法中常用的元素分析线　　单位：nm

元素	分析线	元素	分析线	元素	分析线
Ag	328.1,338.3	Ge	265.2,275.5	Re	346.1,346.5
Al	309.3,308.2	Hf	307.3,288.6	Sb	217.6,206.8
As	193.6,197.2	Hg	253.7	Sc	391.2,402.0
Au	242.3,267.6	In	303.9,325.6	Se	196.1,204.0
B	249.7,249.8	K	766.5,769.9	Si	251.6,250.7
Ba	553.6,455.4	La	550.1,413.7	Sn	224.6,286.3
Be	234.9	Li	670.8,323.3	Sr	460.7,407.8
Bi	223.1,222.8	Mg	285.2,279.6	Ta	271.5,277.6
Ca	422.7,239.9	Mn	279.5,403.7	Te	214.3,225.9
Cd	228.8,326.1	Mo	313.3,317.0	Ti	364.3,337.2
Ce	520.0,369.7	Na	589.0,330.3	U	351.5,358.5
Co	240.7,242.5	Nb	334.4,358.0	V	318.4,385.6
Cr	357.9,359.4	Ni	232.0,341.5	W	255.1,294.7
Cu	324.8,327.4	Os	290.9,305.9	Y	410.2,412.8
Fe	248.3,352.3	Pb	216.7,283.3	Zn	213.9,307.6
Ga	287.4,294.4	Pt	266.0,306.5	Zr	360.1,301.2

2. 空心阴极灯工作电流的选择

灯电流选择原则是在保证放电稳定和有适当光强输出情况下，尽量选用低的工作电流。空心阴极灯上都标明了最大工作电流，对大多数元素，日常分析的工作电流建议采用额定电流的 40%～60%，因为这样的工作电流范围可以保证输出稳定且强度合适的锐线光。对高熔点的镍、钴、钛等空心阴极灯，工作电流可以调大些；对低熔点易溅射的铋、钾、钠、铯等空心阴极灯，使用时工作电流小些为宜。具体采用多大电流，一般要通过实验方法绘出吸光度-灯电流关系曲线，然后选择有最大吸光度读数时的最小灯电流。

3. 原子化条件的选择

(1) 火焰原子化条件的选择

① 火焰的选择：火焰的温度是影响原子化效率的基本因素。首先有足够的温度才能使试样充分分解为原子蒸气状态。但温度过高会增加原子的电离或激发，而使基态原子数减少，这对原子吸收是不利的。因此在确保待测元素能充分解离为基态原子的前提下，低温火焰比高温火焰具有较高的灵敏度。但对于某些元素，如果温度太低则试样不能解离，反而灵敏度降低，并且还会发生分子吸收，干扰可能更大。因此必须根据试样具体情况，合理选择火焰温度。火焰温度由火焰种类确定，因此应根据测定需要选择合适种类的火焰。当火焰种类选定后，要选用合适的燃气和助燃气比例。燃助比（燃气与助燃气流量比）为 1∶(4～6) 的火焰（称贫燃性火焰），为清晰不发亮蓝焰，燃烧高度较低，温度高，还原性气氛差，仅适于不易生成氧化物的元素的测定，如 Ag、Cu、Fe、Co、Ni、Mg、Pb、Zn、Cd、Mn 等元素。燃助比为 (1.2～1.5)∶4 的火焰（称富燃性火焰）发亮，燃烧高度较高，温度较低，噪声较大，且由于燃烧不完全呈强还原性气氛，因此适于易生成氧化物的元素的测定如 Ca、Sr、Ba、Cr、Mo 等元素。多数元素测定使用空气-乙炔火焰的流量比在 (3～4)∶1 。最佳的流量比应通过绘制吸光度-燃气、助燃气流量曲线来确定。

② 燃烧器高度选择：不同元素在火焰中形成的基态原子的最佳浓度区域高度不同，因而灵敏度也不同。因此，应选择合适的燃烧器高度使光束从原子浓度最大的区域通过。一般在燃烧器狭缝口上方 2～5mm 附近火焰具有最大的基态原子密度，灵敏度最高。但对于不同测定元素和不同性质的火焰有所不同。最佳的燃烧器高度应通过试验选择。其方法是，先固定燃气和助燃气流量，取一固定样品，逐步改变燃烧器高度，调节零点，测定吸光度，绘制吸光度-燃烧器高度曲线图，选择最佳位置。

③ 进样量的选择：试样的进样量一般在 3～6mL/min 较为适宜。进样量过大，对火焰产生冷却效应。同时，较大雾滴进入火焰，难以完全蒸发，原子化效率下降，灵敏度低。进样量过小，由于进入火焰的溶液太少，吸收信号弱，灵敏

度低，不便测量。

（2）电热原子化条件的选择

① 载气的选择：可使用惰性气体氩或氮作载气，通常使用的是氩气。采用氮气作载气时要考虑高温原子化时产生 CN 带来的干扰。载气流量会影响灵敏度和石墨管寿命。目前大多采用内外单独供气方式，外部供气是不间断的，流量在 1～5L/min；内部气体流量在 60～70mL/min。在原子化期间，内气流的大小与测定元素有关，可通过试验确定。

② 冷却水：为使石墨管迅速降至室温，通常使用水温为 20℃，流量为 1～2 L/min 的冷却水（可在 20～30s 冷却）。水温不宜过低，流速也不可过大，以免在石墨锥体或石英窗上产生冷凝水。

③ 原子化温度的选择：原子化过程中，干燥阶段的干燥条件直接影响分析结果的重现性。为了防止样品飞溅，又能保持较快的蒸干速度，干燥应在稍低于溶剂沸点的温度下进行。条件选择是否得当可用蒸馏水或空白溶液进行检查。干燥时间可以调节，并和干燥温度相配合，一般取样 10～100μL 时，干燥时间为 15～60s，具体时间应通过实验确定。

灰化温度和时间的选择原则是，在保证待测元素不挥发损失的条件下，尽量提高灰化温度，以去掉比待测元素化合物容易挥发的样品基体，减少背景吸收。灰化温度和灰化时间由实验确定，即在固定干燥条件，原子化程序不变情况下，通过绘制吸光度-灰化温度或吸光度-灰化时间的灰化曲线找到最佳灰化温度和灰化时间。

不同原子有不同的原子化温度，原子化温度的选择原则是，选用达到最大吸收信号的最低温度作为原子化温度，这样可以延长石墨管的使用寿命。但是原子化温度过低，除了造成峰值灵敏度降低外，重现性也会受到影响。

原子化时间与原子化温度是相配合的。一般情况是在保证完全原子化前提下，原子化时间尽可能短一些。对易形成碳化物的元素，原子化时间可以长些。

现在的石墨炉带有斜坡升温设施，它是一种连续升温设施，可用于干燥、灰化及原子化各阶段。近年来生产的石墨炉还配有最大功率附件，最大功率加热方式是以最快的速率[$(1.5\sim2.0)\times10^3$℃/s]加热石墨管至预先确定的原子化温度。用最大功率方式加热可提高灵敏度，并在较宽的温度范围内有原子化平台区。因此可以在较低的原子化温度下，达到最佳原子化条件，延长了石墨管寿命。

④ 石墨管的清洗：为了消除记忆效应，在原子化完成后，一般在 3000℃左右，采用空烧的方法来清洗石墨管，以除去残余的基体和待测元素，但时间宜短，否则使石墨管寿命大为缩短。

四、干扰及其消除技术

原子吸收分析相对化学分析及发射光谱分析手段来说，是一种干扰较少的检测技术。原子吸收检测中的干扰可分为四种类型，分别是物理干扰、化学干扰、电离干扰和光谱干扰。明确了干扰的性质，便可以采取适当措施，消除和校正所存在的干扰。

1. 物理干扰及其消除

物理干扰是指试样在转移、蒸发和原子化过程中物理性质（如黏度、表面张力、密度和蒸气压等）的变化而引起原子吸收强度下降的效应。物理干扰是非选择性干扰，对试样各元素的影响基本相同。物理干扰主要发生在试液抽吸过程、雾化过程和蒸发过程中。

消除物理干扰的主要方法是配制与被测试样组成相似的标准溶液。在试样组成未知时，可以采用标准加入法或选用适当溶剂稀释试液来减少和消除物理干扰。此外，调整撞击球位置以产生更多细雾；确定合适的抽吸量等，都能改善物理干扰对结果产生的负效应。

2. 化学干扰及其消除

化学干扰是原子吸收光谱分析中的主要干扰。它是由于在样品处理及原子化过程中，待测元素的原子与干扰物质组分发生化学反应，形成更稳定的化合物，从而影响待测元素化合物的解离及其原子化，致使火焰中基态原子数目减少，而产生的干扰。例如，盐酸介质中测定 Ca、Mg 时，若存在 PO_4^{3-} 则会对测定产生干扰，这是由于 PO_4^{3-} 在高温时与 Ca、Mg 生成高熔点、难挥发、难解离的磷酸盐或焦磷酸盐，使参与吸收的 Ca、Mg 的基态原子数减少而造成的。

化学干扰是一种选择性干扰。消除化学干扰的方法有：

（1）使用高温火焰，使在较低温度火焰中稳定的化合物在较高温度下解离。如在空气-乙炔火焰中 PO_4^{3-} 对 Ca 测定干扰，Al 对 Mg 的测定有干扰，如果使用氧化亚氮-乙炔火焰，可以提高火焰温度，这样干扰就被消除了。

（2）加入释放剂，使其与干扰元素形成更稳定更难解离的化合物，而将待测元素从原来难解离化合物中释放出来，使之有利于原子化，从而消除干扰。例如上述 PO_4^{3-} 干扰 Ca 的测定，当加入 $LaCl_3$ 后，干扰就被消除。因为 PO_4^{3-} 与 La^{3+} 生成更稳定的 $LaPO_4$，而将钙从 $Ca_3(PO_4)_2$ 中释放出来。

（3）加入保护剂使其与待测元素或干扰元素反应生成稳定配合物，因而保护了待测元素，避免了干扰。例如加入 EDTA 可以消除 PO_4^{3-} 对 Ca^{2+} 的干扰，这是由于 Ca^{2+} 与 EDTA 配位后不再与 PO_4^{3-} 反应的结果。

（4）在石墨炉原子化中加入基体改进剂，以提高被测物质的稳定性或降低其原子化温度以消除干扰。例如汞极易挥发，加入硫化物生成稳定性较高的硫化汞，灰化温度可提高到 300℃。

（5）化学分离干扰物质。若以上方法都不能有效地消除化学干扰时，可采用离子交换、沉淀分离、有机溶剂萃取等方法，将待测元素与干扰元素分离开来，然后进行测定。

3. 电离干扰及其消除

在高温下，原子电离成离子，而使基态原子数目减少，导致测定结果偏低，此种干扰称为电离干扰。电离干扰主要发生在电离势较低的碱金属和部分碱土金属中。消除电离干扰最有效的方法是在试液中加入过量比待测元素电离电位低的其他元素（通常为碱金属元素）。由于加入的元素在火焰中强烈电离，产生大量电子，而抑制了待测元素基态原子的电离。例如测定 Ba 时，适量加入钾盐可以消除 Ba 的电离干扰。一般说，加入元素的电离电位越低，所加入的量可以越少。适宜的加入量由实验确定。加入量太大会影响吸收信号和产生杂散光。

4. 光谱干扰及其消除

光谱干扰是由于分析元素吸收线与其他吸收线或辐射不能完全分开而产生的干扰。光谱干扰包括谱线干扰和背景干扰两种，主要来源于光源和原子化器，也与共存元素有关。

（1）谱线干扰　主要有以下三种：

① 吸收线重叠：当共存元素吸收线与待测元素吸收波长很接近时，两谱线重叠，使测定结果偏高。这时应另选其他无干扰的分析线进行测定或预先分离干扰元素。

② 光谱通带内存在非吸收线：这些非吸收线可能出自待测元素的其他共振线与非共振线，也可能是光源中所含杂质的发射线。消除这种干扰的方法是减小狭缝，使光谱通带小到可以分开这种干扰。另外也可适当减小灯电流，以降低灯内干扰元素发光强度。

③ 原子化器内直流发射干扰：为了消除原子化器内的直流发射干扰，可以对光源进行机械调制，或者是对空心阴极灯采用脉冲供电。

（2）背景干扰　是指在原子化过程中，由于分子吸收和光散射作用而产生的干扰。背景干扰使吸光度增加，因而导致测定结果偏高。石墨炉原子化法的背景干扰比火焰原子化法严重，有时不扣除背景就无法进行测量。

五、灵敏度、检出限和回收率

原子吸收光谱分析中，常用灵敏度、检出限和回收率对定量分析方法及测定结果进行评价。

1. 灵敏度

根据 1975 年国际纯粹与应用化学联合会（IUPAC）规定，将原子吸收分析

法的灵敏度定义为 A-c 工作曲线的斜率（用 S 表示），即当待测元素的浓度或质量改变一个单位时，吸光度的变化量，其数学表达式为：

$$S=\frac{dA}{dc} \tag{3-3}$$

或

$$S=\frac{dA}{dm} \tag{3-4}$$

式中 A——吸光度

c——待测元素浓度

m——待测元素质量

在火焰原子吸收分析中，通常习惯于用能产生 1% 吸收（即吸光度为 0.0044）时所对应的待测溶液浓度（μg/mL）来表示分析的灵敏度，称为特征浓度（c_c）或特征（相对）灵敏度。特征浓度的测定方法是配制一待测元素的标准溶液（其浓度应在线性范围），调节仪器最佳条件，测定标准溶液的吸光度。然后按下式计算

$$c_c=\frac{c\times 0.004}{A} \tag{3-5}$$

式中 c_c——特征浓度，（μg/mL）/1%

c——被测溶液浓度，μg/mL

A——测得的溶液吸光度

在电热原子化测定中，常用特征质量来表示测定灵敏度，即能产生 1%吸收（0.0044A）信号所对应的待测元素量（μg），又称绝对量。对分析工作来说，显然是特征浓度或特征质量越小越好。

2. 检出限

由于灵敏度没有考虑仪器噪声的影响，故不能作为衡量仪器最小检出量的指标。检出限可用于表示能被仪器检出的元素的最小浓度或最小质量。

根据 IUPAC 规定，将检出限定义为，能够给出 3 倍于标准偏差的吸光度时，所对应的待测元素的浓度或质量。可用下式进行计算

$$D_c=\frac{c\times 3\sigma}{A} \tag{3-6}$$

$$D_m=\frac{cV\times 3\sigma}{A} \tag{3-7}$$

式中 D_c——相对检出限，μg/mL

D_m——绝对检出限，g

c——待测溶液浓度，g/mL

V——溶液体积，mL

A——测得溶液吸光度

σ——空白溶液测量标准偏差，是对空白溶液或接近空白的待测组分标准溶液的吸光度进行不少于 10 次的连续测定后，由式（3-8）计算求得的

$$\sigma=\sqrt{\frac{\sum(A_i-\overline{A})^2}{n-1}} \tag{3-8}$$

式中 A_i——空白溶液单次测量的吸光度

$\overline{A}$——空白溶液多次平行测定的平均吸光度

n——测定次数（$n\geqslant10$）

检出限取决于仪器稳定性，并随样品基体的类型和溶剂的种类不同而变化。信号的波动来源于光源、火焰及检测器噪声，因而不同类型仪器的检测器可能相差很大。两种不同元素可能有相同的灵敏度，但由于每种元素光源噪声、火焰噪声及检测器等噪声不同，检出限就可能不一样。因此，检出限是仪器性能的一个重要指标。待测元素的存在量只有高出检出限，才可能可靠地将有效分析信号与噪声信号分开。“未检出”就是待测元素的量低于检出限。

3. 回收率

进行原子吸收分析实验时，通常需要测出所用方法的待测元素的回收率，以此评价方法的准确度和可靠性。回收率的测定可采用下面两种方法。

（1）利用标准物质进行测定 将已知含量的待测元素标准物质，在与试样相同条件下进行预处理，在相同仪器及相同操作条件下，以相同定量方法进行测量，求出标样中待测组分的含量，则回收率为测定值与真实值之比，即

$$回收率=\frac{含量测定值}{含量真实值} \tag{3-9}$$

此法简便易行，但多数情况下，含量已知的待测元素标样不易得到。

（2）利用标准加入法测定 在给定的实验条件下，先测定未知试样中待测元素的含量，然后在一定量的该试样中，准确加入一定量待测元素，以同样方法进行样品处理，在同样条件下，测定其中待测元素的含量，则回收率等于加标样测定值与未加标样测定值之差与标样加入量之比，即

$$回收率=\frac{加标样测定值-未加标样测定值}{标准加入量} \tag{3-10}$$

显然回收率越接近 1，则方法的可靠性就越高。

阅读材料 色谱-原子吸收联用技术

将原子吸收分析法直接用于某项具体分析工作，有时灵敏度不够该怎么办?选择另一种更灵敏的方法当然是解决问题的优选途径，但有时难于实现，因为较之原子吸收法更灵敏的方法不多。因此保留原子吸收方法，设法预分离富集样品，使待测元素含量达到方法可测量的范围，仍不失为有效途径。近年来仪器联用技术发展很快，比如气相色谱法（GC）与原子吸收法（AAS）联用或液相色谱法与原子吸收法联用就可达到这目的。

虽然早在20世纪70年代原子吸收方法发展的初期就有人将其作为气相色谱的检测器，测定了汽油中的烷基铅，但这种GC-AAS联用的思路直到20世纪80年代才引起重视。现在这种联用技术已用于环境、生物、医学、食品、地质等领域，分析元素也由原来的铅、砷、锡、硒等扩展到20多种。色谱-原子吸收联用的方法已不仅用于测定有机金属化合物的含量，而且可进行相应元素的形态分析。

虽然目前色谱-原子吸收联用尚无定型的商品仪器，但原子吸收分光光度计与色谱仪的连接较简单，某些情况下，一支保温金属管自色谱仪出口引入原子吸收仪器即可实现联用目的。

色谱-原子吸收联用方法综合了色谱和原子吸收两种方法各自的特点，是金属有机化合物和化学形态分析强有力的方法之一。它在生命科学中揭示微量元素的毒理和营养作用及在环境科学中正确评价环境质量等方面将会得到更为广阔的发展。

综合实训　龙牡壮骨颗粒中钙含量测定

项目背景：龙牡壮骨颗粒用于治疗和预防小儿佝偻病，软骨病；对小儿多汗、夜惊、食欲不振、消化不良、发育迟缓等症也有治疗作用。为黄色或黄棕色的颗粒。其处方为党参、黄芪、麦冬、龟甲（自制）、白术（炒）、山药、龙骨、五味子（醋制）、牡蛎（煅）、茯苓、大枣、甘草、乳酸钙、鸡内金（炒）、维生素D_2、葡萄糖酸钙。辅料为蔗糖。

根据以上信息，学生自主完成以下任务：

任务一：选择检测方法。

任务二：查找资料，设计龙牡壮骨颗粒中钙含量测定方案。

任务三：对方案进行验证实施。

任务四：设计检验报告单，记录实验数据，并对实验结果进行分析与说明。

自主练习

一、选择题

1. 原子吸收分光光度法中的标准加入法可以消除的干扰是________。

A. 高浓度盐类对雾化效率的影响　　B. 背景吸收

C. 电离效应　　D. 高浓度盐类产生的化学反应

2. 在原子吸收分光光度计中，通常所用的检测器是________。

A. 硒光电池　　B. 光敏电阻　　C. 光电倍增管　　D. 光电管

3. 用原子吸收分光光度分析测定某矿石中铝含量，宜采用的原子化方式是________。

A. 贫燃性火焰　　B. 化学计量火焰

C. 冷原子吸收法　　D. 石墨炉原子化法

4. 原子吸收分析中光源的作用是________。

A. 提供试样蒸发和激发所需的能量　　B. 产生紫外光

C. 发射待测元素的特征谱线　　D. 产生有足够强度的散射光

5. 火焰原子吸收分析法测定 Al、Si、Ti、Zr 等元素所采用的火焰是________。

A. 乙炔-氧气　　B. 乙炔-氧化亚氮

C. 丙烷-空气　　D. 氢气-氧气

二、数据分析题

1. 吸取 0.00、1.00、2.00、3.00、4.00mL，浓度为 10μg/mL 的镍标准溶液，分别置入 25mL 容量瓶中，稀释至标线，在火焰原子吸收光谱仪上测得吸光度分别为 0.00、0.06、0.12、0.18、0.23。另称取镍合金试样 0.3125g，经溶解后移入 100mL 容量瓶中，稀释至标线。准确吸取此溶液 2.00mL，放入另一 25mL 容量瓶中，稀释至标线，在与标准曲线相同的测定条件下，测得溶液的吸光度为 0.15。求试样中镍的含量。

2. 测定硅酸盐试样中的 Ti，称取 1.000g 试样，经溶解处理后，转移至 100mL 容量瓶中，稀释至刻度，吸取 10.0mL 该试液于 50mL 容量瓶中，用去离子水稀释到刻度，测得吸光度为 0.238。取一系列不同体积的钛标准溶液（质量浓度为 10.0μg/mL）于 50mL 容量瓶中，同样用去离子水稀释至刻度。测量各溶液的吸光度如下，计算硅酸盐试样中钛的含量。

V_{Ti}/mL	1.00	2.00	3.00	4.00	5.00
A	0.112	0.224	0.338	0.450	0.561

3. 称取含镉试样 2.5115g，经溶解后移入 25mL 容量瓶中稀释至标线。依次分别移取此样品溶液 5.00mL，置于 4 个 25mL 容量瓶中，再向此 4 个容量瓶中依次加入浓度为 0.5μg/mL 的镉标准溶液 0.00、5.00、10.00、15.00mL，并稀释至标线，在火焰原子吸收光谱仪上测得吸光度分别为 0.06、0.18、0.30、0.41。求样品中镉的含量。

4. 某原子吸收分光光度计，对浓度均为 0.20μg/mL 的 Ca^{2+} 溶液和 Mg^{2+} 溶液进行测定，吸光度分别为 0.054 和 0.072。试问这两元素哪个灵敏度高？

5. 以 0.05μg/mL 的 Co 标准溶液，在石墨炉原子化器的原子吸收分光光度计上，每次以 5mL 与去离子水交替连续测定，共测 10 次，测得吸光度如下表。计算该原子吸收分光光度计对 Co 的检出限。

测定次数 n	1	2	3	4	5	6	7	8	9	10
吸光度 A	0.165	0.170	0.168	0.165	0.168	0.167	0.168	0.166	0.170	0.167

模块四　气相色谱法

学习目标

知识目标：掌握气相色谱仪的结构及各部件的功能；掌握色谱法的分离原理；熟悉气相色谱法定性及定量分析方法，并能对气相色谱法的实验条件进行选择；了解气相色谱仪的维护与保养。

技能目标：能熟练操作气相色谱仪。

色谱分析法始创于20世纪初，是一门迅速发展起来的现代分离技术。它是利用混合物中各组分在两相间的分配不同而获得分离的方法。其中固定不动的相称为固定相；携带试样流过固定相的流体（气体或液体），称为流动相。

色谱分析法根据流动相状态的不同可分为气相色谱法和液相色谱法。以气体为流动相的色谱分析法称为气相色谱法；以液体为流动相的色谱分析法称为液相色谱法。气相色谱法根据所用的固定相不同可分为气固色谱和气液色谱；按色谱分离的原理可分为吸附色谱和分配色谱；根据所用的色谱柱内径不同又可分为填充柱色谱和毛细管柱色谱。

气相色谱法不仅能对混合物进行分离，同时还能对混合物中各组分进行定性和定量分析，因此应用于食品、药品、环境等各个领域。其特点有：

（1）高效能、高选择性　可分离分析性质相似的多组分混合物，如同系物、同分异构体等；可分离制备高纯物质，纯度可达99.99%。

（2）灵敏度高　可检出10^{-13}～10^{-11}g的物质。

（3）分析速度快　一般分析时间为几分钟到几十分钟。

（4）应用范围广　在仪器允许的气化条件下，凡是能够气化且稳定、不具腐蚀性的液体或气体，都可用气相色谱法分析。有的化合物沸点过高难以气化或热不稳定而分解，则可通过化学衍生化的方法，使其转变成易气化或热稳定的物质后再进行分析。但不适于高沸点、难挥发、热稳定性差的高分子化合物和生物大分子化合物分析。

任务一　气相色谱仪的气路连接、安装和检漏

【任务目的】

（1）学会连接安装气相色谱气路中各部件。

（2）学习气路的检漏和排漏方法。

【工作准备】

（1）仪器　HP6890型气相色谱仪、气体钢瓶、减压阀、净化器、色谱柱、聚四氟乙烯管、垫圈。

（2）试剂　肥皂水（或十二烷基磺酸钠水溶液）。

【工作内容】

1. 气路的连接与安装

（1）准备工作

① 根据所用气体选择减压阀：使用氮气、空气钢瓶需选择氧气减压阀（氧气减压阀与钢瓶连接的螺母为右螺纹）；使用氢气钢瓶需选择氢气减压阀（氢气减压阀与钢瓶连接的螺母为左螺纹）。

② 准备净化器：清洗气体净化管并烘干。分别装入分子筛、硅胶。在气体出口处，塞一段脱脂棉（防止将净化器的粉尘吹入色谱仪中）。

③ 准备气体管路：根据需要，准备若干条不同长度的气体管路，可用尼龙管、聚四氟乙烯管或聚乙烯管（注：不能用橡皮管，橡皮管仅可用于排废气管路）。在聚乙烯管的两端套上螺母，塞入不锈钢管，套入O形橡胶密封圈。

（2）连接气路

① 连接钢瓶与减压阀接口

将减压阀对准载气钢瓶出口，用手旋紧螺母，再用扳手旋紧。同样方法，连接氢气钢瓶减压阀输出口和空气钢瓶减压阀输出口。

② 用准备好的软管连接减压阀与净化器进口。

③ 用准备好的软管连接净化器出口与仪器主机背面气体输入接口。

（3）色谱柱的连接

① 色谱柱进口、出口分别放入螺母和石墨垫圈。

② 连接气化室与色谱柱进口端，用手旋紧螺母，再用扳手旋紧。

③ 连接色谱柱出口端与检测器进气口，用手旋紧螺母，再用扳手旋紧。

2. 气路的检漏

气密性检查是一项十分重要的工作，若气路有漏，不仅直接导致仪器工作不稳定或灵敏度下降，而且还有发生爆炸的危险，故在操作使用前必须进行检漏（气密检查一般是检查载气流路，氢气和空气流路若未拆动过，可不检查）。

（1）钢瓶与减压阀间的检漏

① 关闭钢瓶减压阀。

② 打开钢瓶总阀。

③ 稍等，关闭钢瓶总阀。若压力保持不变或下降很慢，表示不漏气。

④ 或者用肥皂水（洗涤剂饱和溶液）涂在各接头处（钢瓶总阀门开关、减压阀接头、减压阀本身），如有气泡不断涌出，则说明这些接口处有漏气现象。

（2）气源与气化室出口间的检漏

① 用垫有橡胶垫的螺帽封死气化室出口。

② 打开钢瓶总阀，调节减压阀调节螺杆，使输出表压为0.4MPa。

③ 打开仪器的载气稳流阀，将柱前压力上调至0.3MPa左右。

④ 待数分钟，关闭钢瓶总阀，柱前压力应保持不变。若压力逐渐下降，表示有漏气点。用十二烷基磺酸钠水溶液探漏气路各个接口，观察是否有漏气现象。若有漏气，需重新仔细连接和检漏，确定仪器各输气系统不漏气。

（3）气化室至检测器出口的检漏

① 重新连接色谱柱和气化室。

② 用十二烷基磺酸钠水溶液探漏，观察是否有漏气现象。若有漏气，需重新仔细连接和检漏。

（4）氢气和空气气路密封性的检查

打开钢瓶总阀，调节减压阀调节螺杆，打开稳流阀，用十二烷基磺酸钠水溶液探漏气路各个接口，观察是否有漏气现象。若有漏气，需重新仔细连接和检漏。

3. 结束工作

（1）关闭气源。

（2）关闭钢瓶总阀，待压力表指针回零后，再将减压阀关闭。

（3）关闭主机上载气稳压阀（顺时针旋松）。

【任务提示】

［1］　仪器与气源相连接时，最好采用紫铜管或不锈钢管。其他的管路如尼龙管也可以使用，但这类的管路不容易清洗干净，易产生挥发物质，影响仪器的稳定性能。而且易老化容易出现漏气现象，当使用氢气时，发生漏气现象是十分危险的，所以这一类的管路在使用中要注意经常性地检查、维护，以防止泄漏事故的发生。

［2］　若仪器出厂前，所有的气路均进行了严格的气密性能试验，仪器系统内部一般不会产生漏气现象，漏气一般常发生在色谱柱的接口或注样垫，因为进样次数多了以后针孔扩大降低了密封性能，应及时更换。

问题探究

Q1：气相色谱仪的主要部件有哪些？

Q2：如何操作气相色谱仪？

知识链接一　气相色谱仪的基本构造与操作

气相色谱法是由惰性气体将气化后的试样带入加热的色谱柱，并携带各组分分子与固定相发生作用，并最终将组分从固定相带走，达到样品中各组分的分离。气相色谱仪的基本结构如图 4-1 所示。即由高压钢瓶供给的流动相（简称载气），经减压阀、净化器、稳压阀、流量计后，以稳定的压力和流速连续经过气化室，并携带气体样品进入色谱柱中进行分离，分离后的试样随载气依次进入检测器，检测器将组分的浓度（或质量）变化转变为电信号。电信号经放大器放大后，由记录器记录下来，得到色谱图。

一、气相色谱仪的构造

气相色谱仪的型号种类繁多，但它们的基本构造是一致的。它们都是由气路系统、进样系统、分离系统、检测系统、温度控制系统和数据处理系统六大部分组成。

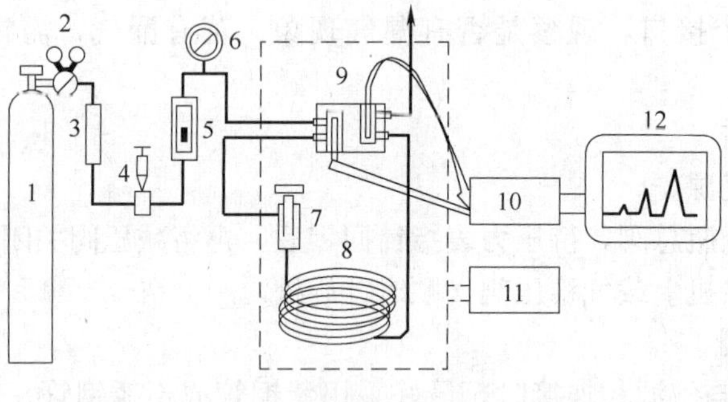

图 4-1　气相色谱仪的基本结构

1—载气　2—减压阀　3—干燥器　4—针形阀　5—转子流量计　6—压力表　7—进样器　8—色谱柱　9—热导池检测器　10—皂膜流量计　11—恒温箱　12—记录器

1. 气路系统

气相色谱仪中的气路是一个载气连续运行的密闭管路系统。整个气路系统要求载气纯净、密闭性好、流速稳定及流速测量准确。气相色谱中的载气是载送样品进行分离的气体，是气相色谱的流动相。常用的载气有氮气和氢气，也有用氦气、氩气和空气。

气路系统的主要部件包括气源、减压阀、净化管、稳压阀、针形阀、稳流阀等。

① 气源：是气相色谱仪载气和助燃气的来源，可以是高压气体钢瓶、氢气发生器以及空气压缩机。空气可以用空气压缩机或钢瓶，作载气的氢气可以用氢气发生器，也可以用氢气钢瓶。

② 减压阀：用来控制来自气源的气体的压力，用于氢气的减压阀称为氢气减压阀（或氢气表），用于氮气、氧气的称为氧气减压阀（或氧气表）。通过一个

减压阀把 10MPa 以上的压力减到 0.5MPa 以下。将调节手柄以顺时针方向拧紧，压力就提高；以逆时针方向旋松，出口压力就减小。

③ 净化管：是气体钢瓶供给的气体经减压阀后，必须经净化管净化处理，以除去水分和杂质。净化管通常为内径 50mm，长 200～250mm 的金属管。净化管内装有催化剂或分子筛、活性炭等，以吸附气源中的微量水和低相对分子质量的有机杂质，有时还可以在净化管中装入一些活性炭，以吸附气源中相对分子质量较大的有机杂质。具体装填什么物质取决于载气纯度的要求。

④ 稳压阀：是气体流程中的重要控制部位，其作用是稳定流程中的气体压力。

⑤ 针形阀：可以用来调节载气流量，也可以用来控制作为燃气的氢气和作为助燃气的空气的流量。

⑥ 稳流阀：仪器若是进行程序升温操作，由于柱的阻力随着温度上升而增大，故柱后流量也将变化，使仪器的基线发生漂移。为了使仪器在程序升温的过程中，柱后的流量保持不变，所以安装稳流阀用以克服基线的漂移。

2. 进样系统

要想获得良好的气相色谱分析结果，首先要将样品定量引入色谱系统，并使样品有效地气化，然后用载气将样品快速带入色谱柱。气相色谱仪的进样系统包括进样器和气化室。进样系统的作用是将液体或固体试样，在进入色谱柱之前瞬间气化，然后快速定量地转入到色谱柱中。进样的多少，进样时间的长短，试样的气化速度等都会影响色谱的分离效果和分析结果的准确性和重现性。

(1) 气化室　其作用是将液体样品瞬间气化为蒸气。它实际上是个加热器，通常采用金属块作加热体。气相色谱分析要求气化室热容量要大，温度要足够高，气化室体积尽量小，无死角，以防止样品扩散，减小死体积，提高柱效。气化室的可控温度为 50～400℃或更高，可根据样品的气化温度分几挡控制，要求比色谱柱温度高 10～50℃，样品在气化室中应能瞬间气化，很快被载气带入色谱柱。载气在进入气化室前最好经过预热。

(2) 进样器　色谱分析要求在最短的时间内，以“塞子”形式快速打进一定量的试样。

① 液体样品和固体样品进样器：液体样品可以采用微量注射器进样。常用的微量注射器有 1、5、10、50、100μL 等规格。实际工作中可根据需要选择合适的微量注射器，将注射器的针头通过自封硅橡胶垫插入气化室中。对于固体样品，通常用溶剂溶解后，用微量注射器进样，方法同液体进样。

② 气体样品进样器：气体样品可用普通注射器进样，也可用六通阀进样(图 4-2)。气体样品采用阀进样不仅定量重复性好，而且可以与环境空气隔离，避免空气对样品的污染。而采用注射器的手动进样很难做到上面这两点。气体进样阀的样品定量管(样品环)体积一般在 0.25mL 以上。

六通阀进样器是气相色谱仪及高效液相色谱仪中最理想的进样器，它是由圆

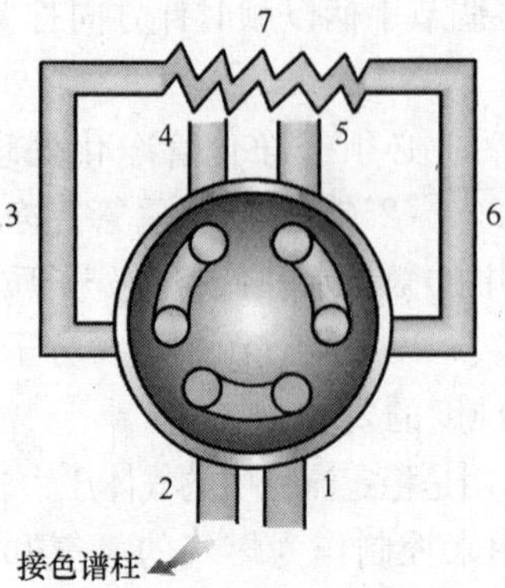

图 4-2　六通阀进样示意图

形密封垫（转子）和固定底座（定子）组成。其工作原理是：当六通阀处于取样位置时，流动相由 1，2 两通道直接进入色谱柱，而样品从通道 5 进入定量管 7，充满定量管后由通道 4 排出。因此在该状态，液体样品不能进入色谱柱，而只是充满了定量管。当六通阀旋转 60°后就可以进入进样位置，这是流动相经过通道 1，6 进入定量管，将定量管中的液体样品经过通道 2，3 带入到色谱柱，实现可定体积进样。

③ 自动进样器：除上述几种常见的进样器外，现在许多高档的气相色谱仪还配备了自动进样器，清洗、润冲、取样、进样、换样等过程自动完成，一次可放置数十个试样。

3. 分离系统

分离系统主要由柱箱和色谱柱组成，其中色谱柱是分离系统的核心，其功能是将多组分样品分离为单个组分。色谱柱一般可分为填充柱和毛细管柱。

(1) 填充柱　填充柱是指在柱内均匀、紧密填充固定相颗粒的色谱柱。柱长一般在 1～5m，内径一般为 2～4mm。填充柱的柱材料多为不锈钢和玻璃，其形状有 U 形和螺旋形。

(2) 毛细管柱　毛细管柱又称空心柱，其分离效率比填充柱高，可解决复杂的、填充柱难以解决的分析问题。常用的毛细管柱为涂壁空心柱，其内壁直接涂渍固定相，柱材料大多用熔融石英。柱长一般为 30～50m，内径一般为 0.1～0.5mm。

4. 检测系统

混合组分经色谱柱分离以后，按次序先后进入检测器。检测器的作用是将各组分在载气中的浓度变化转化为电信号，然后对被分离物质的组成和含量进行鉴定和测量。目前检测器的种类繁多，最常用的检测器为热导池检测器（TCD）和氢火焰离子化检测器（FID）。普及型的仪器大都配有这两种检测器。此外，电子捕获检测器（ECD）、氮磷检测器（NPD）及火焰光度检测器（EPD）等也用得比较多。

(1) 热导池检测器（TCD）　热导池检测器是根据不同的物质具有不同的热导率这一原理制成的。热导池是由池体和热敏元件组成，池体材料通常为不锈钢或铜，热敏元件常用钨丝，其电阻随温度的变化而变化。目前使用最多的是四臂热导池，其中两臂为参比臂（如 R_1、R_4），另两臂为测量臂（如 R_2、R_3）。将参比臂和测量臂接入惠斯通电桥，组成热导池测量线路，如图 4-3 所示。

当载气流经参比池和测量池时，因为导热系数相同，电桥处于平衡状态，不会产生电位差，记录系统记录的是一条直线；当有试样进入检测器时，纯载气流

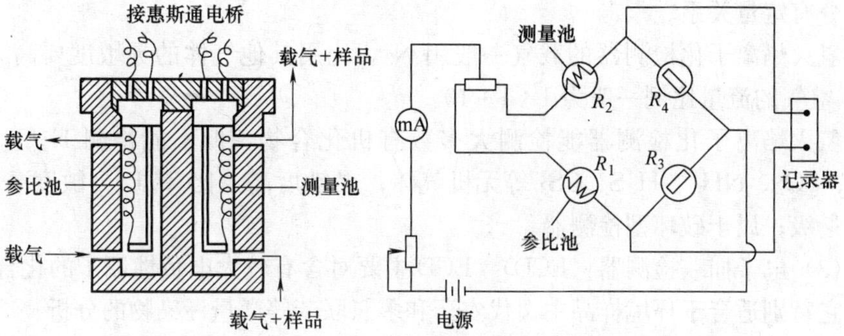

图 4-3　热导池检测器

经参比池，载气携带着组分气流经测量池，由于载气和待测组分二元混合气体的热导系数和纯载气的热导系数不同，电桥失去平衡，检测器有电压讯号输出，记录仪画出相应组分的色谱峰。载气中待测组分的浓度越大，测量池中气体热导系数改变就越显著，电压信号就越强。此时输出的电压信号（色谱峰面积或峰高）与样品的浓度成正比。

热导池检测器特点：应用范围广，可分析许多有机物及气体等；是非破坏型检测器，不破坏样品，可收集组分，或与其他仪器如质谱仪、红外光谱仪等联用；结构简单，稳定性好。

（2）氢火焰离子化检测器（FID）　FID 主要用于可在 H_2-空气火焰中燃烧的有机化合物（如烃类物质）的检测。

氢火焰离子化检测器的主要部件是离子室。离子室一般由不锈钢制成，包括气体入口、火焰喷嘴、极化极和收集极以及点火线圈等部件（图 4-4）。

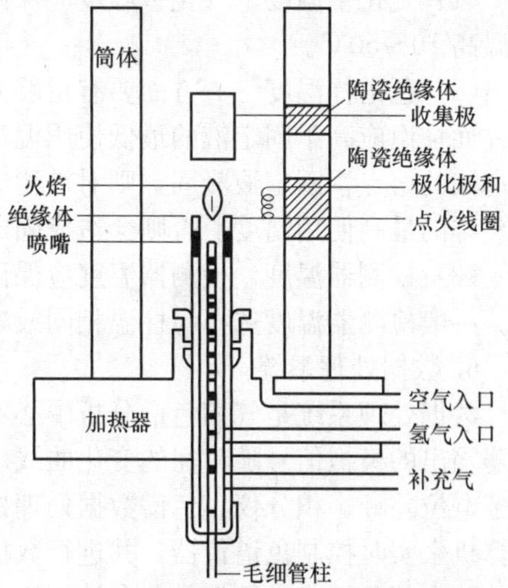

图 4-4　氢火焰离子化检测器

载气一般用氮气，燃气用氢气，分别由各自入口处进入，调节载气和燃气的流量比，使它们以一定比例混合后，由喷嘴喷出。空气作为助燃气，由空气入口进入离子室，供给氧气。在喷嘴附近安装有点火装置，点火后，在喷嘴上方即产生氢火焰，温度达 2000℃左右。当被测组分由载气携带从色谱柱流出，与 H_2 混合一起进入离子室，由毛细管喷嘴喷出。H_2 在空气的助燃下进行燃烧，在火焰下，被测有机物组分电离为正离子和电子，正离子奔向负极，电子奔向正极，产生微电流。微电流大小与被测组分有定量关系。

氢火焰离子化检测器的载气一般用 N_2，比用其他气体的灵敏度要高。N_2、H_2、空气的流量比例一般为 1∶1∶10。

氢火焰离子化检测器能检测大多数有机化合物，但不能检测 H_2O、CO、CO_2、SO_2、NH_3、H_2S、CS_2 等无机气体；灵敏度高，比 TCD 灵敏度高 2～3 个数量级；属于破坏型检测器。

（3）电子捕获检测器（ECD） ECD 主要对含有较大电负性原子的化合物响应。它特别适合于环境样品中卤代农药和多氯联苯等微量污染物的分析。

（4）火焰光度检测器（FPD） FPD 是对含 S、P 化合物具有高选择性和高灵敏度的检测器。因此，也称硫磷检测器。主要用于 SO_2、H_2S、石油精馏物的含硫量、有机硫、有机磷的农药残留物分析等。

5. 温度控制系统

在气相色谱测定中，温度的控制是重要的指标，它直接影响色谱柱的选择分离、检测器的灵敏度和稳定性。温度控制主要指对色谱柱、气化室和检测器三处的温度控制，尤其是对色谱柱的控温精度要求很高。色谱柱的温度控制方式有恒温和程序升温两种。

（1）气化室温度 气化室温度应保证液体试样瞬间气化。一般气化室温度比柱温高 10～50℃。

（2）色谱柱温度 一方面要有足够高的温度使样品组分在柱中保持气态。另一方面柱温应高于固定液的最低使用温度（即固定液的熔点），因为若柱温低于固定液的熔点，固定液凝固，则对被测组分不起分配作用。但柱温不能超过固定液允许的最高使用温度，否则会造成固定液的严重流失或热分解。

（3）检测器温度 检测器温度应保证被分离后的组分在通过检测器时不会冷凝。一般检测器温度选择与柱温相同或略高于柱温。

6. 数据处理系统

数据处理系统是气相色谱分析中必不可少的一部分，其最基本的功能是将检测器输出的模拟信号随时间的变化曲线（即色谱图）绘制出来。数据处理系统有电子电位差计、积分仪、色谱数据处理机和色谱工作站等。色谱工作站是由一台计算机来实时控制色谱仪器，并进行数据采集和处理的一个系统。它是由硬件和软件两个部分组成。硬件是一台计算机。软件主要包括色谱仪实时控制程序、峰识别和峰面积积分程序、定量计算程序、报告打印程序等。

二、常见气相色谱仪的操作

气相色谱仪的类型和型号繁多，不同类型和型号产品的技术性能、功能特点、价格、操作特性相差甚大。下面将介绍 102G 型气相色谱仪的操作方法。

102G 型气相色谱仪是填充柱气相色谱仪，具有热导池、氢火焰两种检测器，定温控制恒温室及气流控制装置，可对有机、无机气体及沸点在 400℃以内的液体样品做常量、微量分析。气体样品可用六通阀进样，进样量为 0.01～2mL，液体样品用微量注射器手动进样，进样量为0.01～10μL。

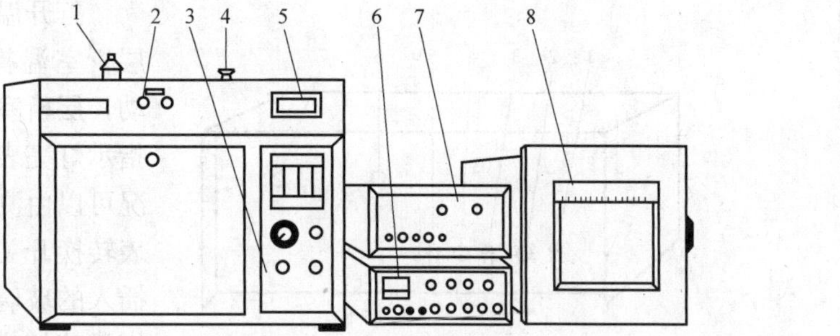

图 4-5　102G 型气相色谱仪外形

1—氢火焰离子室　2—气体进样接头　3—气路调节器　4—气化室　5—测温毫伏表　6—热导池电源及氢火焰离子放大器　7—温度控制器　8—记录仪

1. 仪器外形介绍（图 4-5）

2. 仪器面板按钮介绍（图 4-6、图 4-7、图 4-8）

3. 基本操作

（1）检漏　先将载气出口处用螺母及橡胶堵住，再将钢瓶输出压力调到 $3.9\times10^5\sim5.9\times10^5$ Pa，继而再打开载气稳压阀，使柱前压力约 $2.9\times10^5\sim3.9\times10^5$ Pa，并查看载气的转子流量计，如流量计无读数（转子沉于底部）则表示气密性良好，这部分可投入使用；若发现转子流量计有读数，则表示有漏气现象。可用十二烷基磺酸钠水溶液探漏，切忌用强碱性肥皂水，以免管道受损，找出漏气处，并加以处理。

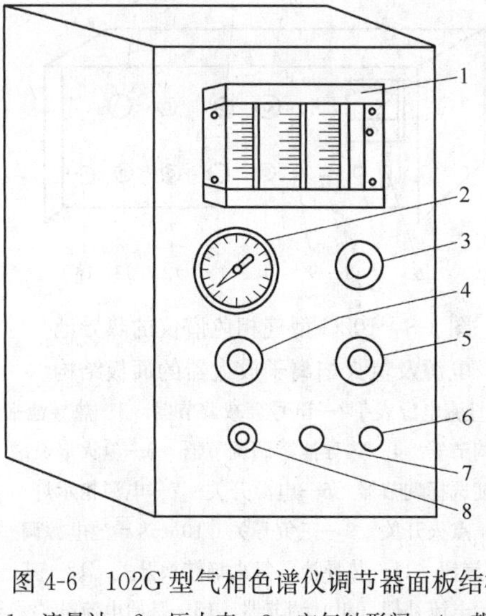

图 4-6　102G 型气相色谱仪调节器面板结构

1—流量计　2—压力表　3—空气针形阀　4—载气稳压阀　5—氢气稳压阀　6—加热指示灯　7—整机指示灯　8—整机电源开关

（2）载气流量的调节　气路检查完毕后在密封性能良好的条件下，将钢瓶输出气压调到 $2\times10^5\sim3.9\times10^5$ Pa，调节载气稳流阀，使载气流量达到合适的数值。注意，钢瓶气压应比柱前压（由柱前压力表读得）高 4.9×10^4 Pa 以上。

（3）控温　在通载气之前，将所有电子设备开关都置于“关”的位置。通入载气后，按一下仪器总电源开关，主机指示灯亮，层析室鼓风马达开始运转。

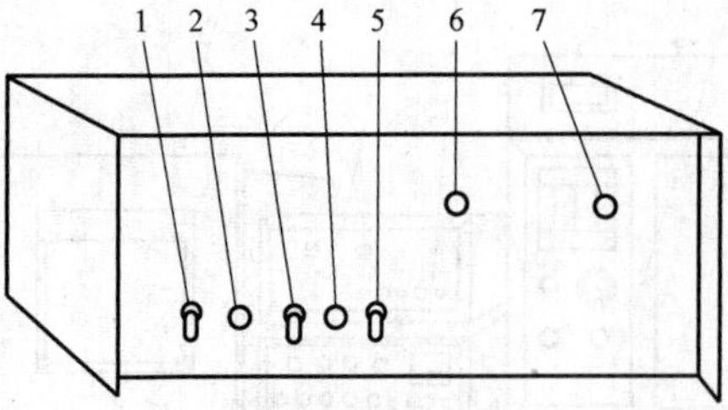

图 4-7　102G 型气相色谱仪的温度控制器面板结构

1—层析室温控开关　2—层析室温控指示灯　3—气化加热电源开关　4—气化加热指示灯　5—氢火焰离子室加热开关　6—层析室温控调节器　7—气化室加热调节器

打开温度控制器电源开关，调节层析室温控调节器向顺时针方向转动，层析室的温度升高，主机上加热指示灯亮表示层析室在加温，升温情况可以由测温毫伏表（根据测温毫伏表转换开关的位置）读得，还可以由插入的玻璃温度计读得。当加热指示灯呈暗红或闪动则表示层析室处于恒温状态。调节层析室温控调节器，使层析室的温度恒定于所要求的温度上。层析室的温度可根据需要在室温至 250℃之间自由调节。

开气化加热电源开关，气化加热指示灯亮，调节气化加热调节器，分数次调到所要求的温度上。升温情况可由测温毫伏表读得。

气化室（样品进入处）及氢火焰离子室加热温度的调节由温度控制器内气化加热电路直接控制，其调节范围为 0～220V。气化室及氢火焰离子室所需温度应逐步升高，以防止温度升得过高而损坏。氢火焰离子室温度由钮子开关控制，可高于、低于气化室温度或不加热。测温的显示仪表为一测温毫伏表。层析室、气化器、氢火焰离子室合用同一测温仪表，其显示方法是用一单刀三掷的波段开关予以切换完成。

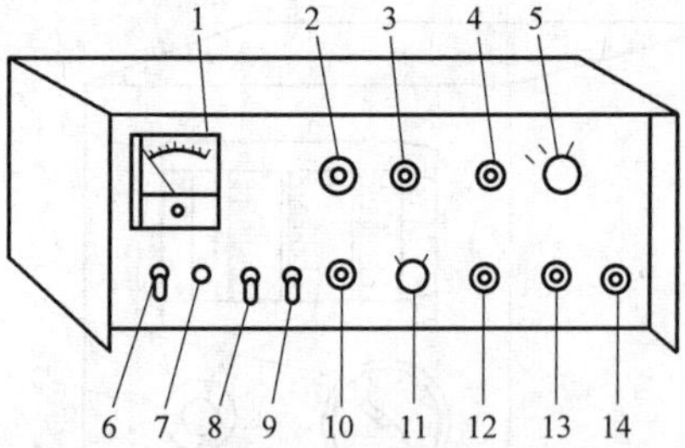

图 4-8　102G 型气相色谱仪的热导池电源及氢火焰离子放大器的面板结构

1—直流电源表　2—讯号衰减调节器　3—热导池平衡调节器　4—热导池零调调节器　5—氢火焰灵敏度选择调节器　6—电源开关　7—电源指示灯　8—点火开关　9—正负开关　10—热导池电源调节旋钮　11—热导池、氢火焰转换开关　12—基始电流补偿（粗）调节器　13—基始电流补偿（细）调节器　14—放大器零点调节旋钮

层析室的温度、气化室及氢火焰离子室的温度、气体流量和进样量等，应根据被测物质的性质、所用色谱柱的性能、分离条件和分析要求而定。

（4）热导池检测器的使用　层析室温度恒定一段时间后，将热导池、氢火焰转换开关置于“热导”上，并打开热导池电源及氢火焰离子放大器的电源开关，用热导池电流调节器把桥路电流调到合适的值。用 H_2 为载气时，以 150～200mA 为佳；用 N_2 为载气时，以100～150mA 为佳。把信号衰减调节器置于合适值上。略等约半小时，接通记录器电源，调节热导池平衡调节器和热导池零调调节器使记录仪指针在零位上。然后打开记录纸开关，待基线稳定后即可进样分析。如果基线一直不稳定，需找出原因，并加以处理，直至基线稳定后才可进样分析。记录纸速的调节，根据试样分离情况而定。

（5）氢火焰离子化检测器的使用　层析室温度恒定一段时间后，将热导池、氢火焰转换开关置于“火焰”上，并打开热导池电源及氢火焰离子放大器的电源开关，稍等片刻后，再打开记录器电源开关。将氢火焰灵敏度选择调节器和信号衰减调节器分别置于合适值上，把基始电流补偿调节器按逆时针方向旋到底。调放大器零点调节旋钮使记录仪指针指示在“0”mV 处，这时观察放大器工作是否稳定，基线漂移是否在 0.05mV/h 内。调节空气针形阀及氢气稳压阀分别使空气、H_2 的流量达到所需值。在空气和 H_2 调节稳定的条件下，可开始点火，将点火开关拨至“点火处”，约 10s 后就把开关扳下，这时若记录仪指针已不在原来位置，则说明氢火焰已点燃。再调节基始电流补偿粗调和细调调节器，使记录指针回到零位。然后打开记录纸开关，待基线稳定后即可进样分析。如果基线一直不稳定，需找出原因，并加以处理，直到基线稳定后才可进行分析。记录纸速的调节，根据试样分离情况而定。

（6）停机　使用完毕后，先关记录纸开关，再关记录仪电源开关，使记录笔离开记录纸。然后关热导池电源及氢火焰离子放大器的电源开关，如为氢火焰离子化检测器，须先关闭氢气稳压阀和空气针形阀，使火焰熄灭。接着关温度控制器开关和切断主机电源，最后关闭高压气瓶和载气稳压阀。

技能拓展　气相色谱仪的保养与维护

1. 气相色谱仪的维护和保养方法

（1）安装仪器的室内应没有腐蚀性气体和对电子器件的放大器以及记录仪有影响的磁场存在。并要注意防止震动，以免产生不必要的问题。

（2）仪器应严格按照操作方法进行操作，严禁油污、有机物以及其他污物进入检测器及管道，以免造成管道堵塞或仪器性能恶化。

（3）色谱柱的维护　气相色谱仪更换色谱柱时事先需对色谱柱进行清洗。对玻璃色谱柱，先用 $K_2Cr_2O_4$ 洗液浸泡，再用水冲洗干净，干燥后备用；对不锈钢色谱柱，可先用 5%～10%的 NaOH 溶液浸泡后抽洗，再用水冲洗干净，干燥后备用；对铜质色谱柱，可先用 10%的 HCl 溶液浸泡后抽洗，再用水冲洗干净，干燥后备用。

色谱柱在使用中间要更换固定相时，要先通风将柱中粉末碎屑吹去，再用有机溶剂和水清洗干净柱体，干燥后方可重新装填色谱柱。色谱柱如果取下暂时不用时，两端要密封，以免污染。此外，色谱柱的使用温度不可超过固定液的最高使用温度。

(4) 微量注射器的清洗方法

微量注射器使用前要用丙酮等溶剂洗净，以免污染样品；使用后要立即清洗，以免样品中的高沸点物质沾污注射器。一般常用下述溶液依次清洗：5% NaOH 水溶液、蒸馏水、丙酮、氯仿，最后用真空泵抽干。

(5) 六通阀的保养

六通阀使用后，要进行清洗。只需将拉杆后的滚花螺帽旋开拔出开口销，六通阀拉杆便能拉出，经清洗后，在密封环上涂上一层硅油和真空脂重新推入孔内安装好即可。

(6) 流量计的清洗

旋松上下两只大螺钉，小心地取出两边的小弹簧（防止转子吹入管道里）及转子，用乙醚或乙醇冲洗锥形玻璃管（也可将棉花浸透洗液后，塞入管内通洗）及转子，用电热吹风把锥形管吹干，并将转子烘干，重新安装时可照下列步骤进行：

① 把一根弹簧放入锥形管的下面，并旋上螺钉。

② 把转子从上面放入锥形管内（转子不要倒置）。

③ 塞入小弹簧并旋上螺钉。

2. 气相色谱仪常见故障和排除方法（表 4-1、表 4-2、表 4-3）

表 4-1　TCD 常见故障的分析和排除方法

故　障	可能原因	排除方法
仪器不工作	①电源不通电 ②熔断丝烧坏	①检查电源 ②更换熔断丝
各部分温度不升	①加热器坏 ②触发板坏 ③熔断丝烧坏 ④双向可控硅坏 ⑤温控电路板故障	①换加热器 ②换触发板 ③换熔断丝 ④换双向可控硅 ⑤维修或更换
各部分升温失控	① 加热器对地短路 ②可控硅或触发板故障 ③温控电路板故障	①检查 ②更换 ③维修或更换
各部分温度不正常	①铂电阻坏 ②温控电路板故障 ③接线端松动	①换铂电阻 ②维修或更换 ③拧紧接线端螺丝
峰变宽	①载气流量低 ②柱温低 ③存在死体积 ④柱污染 ⑤柱选样错误 ⑥进样器或检测器温低	①增大流量 ②提高柱温 ③检查柱接头 ④更换或老化柱子 ⑤更换 ⑥升温
峰变尖	①载气流量低 ②柱温高 ③柱污染 ④柱选样错误	①降低流量 ②降温 ③更换或老化柱子 ④更换

续表

故　障	可能原因	排除方法
峰拖尾	①进样量过大 ②柱选样错误 ③气化室污染	①降低进样量 ②更换 ③清洗
出现反常现象	①进样隔出现鬼峰 ②样品分解 ③柱污染	①老化隔垫 ②改变分析条件 ③更换或老化柱子

表 4-2　　FID 常见故障的分析和排除方法

故　障	可能原因	排除方法
FID 不能点火	①载气、氢气、空气流量不适 ②检测器温度低 ③喷嘴堵塞 ④氢气或空气泄漏 ⑤氢气或空气流路堵	①用流量计检查 ②升高温度 ③清洗或更换 ④检漏 ⑤检查
不出峰	①火焰熄灭 ②喷嘴无高压 ③漏气 ④灵敏度太低 ⑤样品吸收 ⑥数据处理器的毛病	①重新点火 ②检查 ③检漏 ④检查灵敏度量程与样品量 ⑤换柱 ⑥检查数据处理器
基线不稳	①供电电源波动 ②数据处理器的毛病 ③信号接头接触不良 ④漏气 ⑤检测器污染 ⑥管道污染 ⑦柱污染 ⑧气化室污染 ⑨载气不纯 ⑩气路阀件毛病 ⑪FID 电路板故障	①用交流稳压器 ②检查数据处理器 ③重新连接信号接头 ④检漏 ⑤清洗检测器 ⑥清洗管道 ⑦更换或老化柱子 ⑧清洗气化室 ⑨更换或过滤 ⑩更换阀件 ⑪维修或更换
出现噪声	①供电电源波动 ②数据处理器的毛病 ③FID 电路板故障 ④喷嘴污染	①用交流稳压器 ②检查数据处理器 ③维修或更换 ④更换或清洗

表 4-3　　其他常见故障的分析和排除方法

故　障	可能原因	排除方法
样品不能分离	①柱温太高 ②色谱柱太短 ③固定液流失 ④载气流速太高 ⑤进样技术差	①降低柱温 ②选择较长的色谱柱 ③更换或老化柱子 ④调整至适当值 ⑤重复进样，提高技术

续表

故　障	可能原因	排除方法
峰拖尾或前突	①进样量过大 ②柱选择错误 ③气化室污染 ④气化室和柱温箱温度不当 ⑤进样技术差	①减小进样量 ②重新选择色谱柱 ③清洗 ④重新设定适当值 ⑤重复进样，提高技术
平顶峰	①样品量超出检测器线性范围 ②超出数据处理器测量范围	①减少样品量 ②改变衰减值或减少样品量
怪峰	①前一次进样的流出物 ②进样垫的挥发或污染 ③样品分解 ④柱污染	①待所有组分流出后再进样 ②更换或老化进样垫 ③改变分析条件 ④更换或老化柱子

任务二　白酒中主要成分的定性分析

【任务目的】

（1）了解气相色谱法的分离原理。

（2）熟悉气相色谱流出曲线及常用的基本术语。

（3）掌握气相色谱的定性分析方法。

【任务依据】

根据不同的物质在色谱柱中运动的速度不同，因此采用气相色谱法能快速而准确地测出白酒中的醇类、酯类、有机酸类、羰基化合物、酚类化合物以及高沸点化合物等成分的含量。

色谱分析中的定性方法有许多，如利用保留值定性、利用化学反应定性、与其他检测器联用定性等。在色谱分析中利用保留值定性是最基本的定性方法，其基本依据是两个相同的物质在相同的色谱条件下应该有相同的保留值。

【工作准备】

（1）色谱仪　GC5890C 型气相色谱仪，配 FID 检测器。

（2）色谱柱　DNP 混合柱（邻苯二甲酸二壬酯 20%固定液，吐温-60 7%作减尾剂，载体为白色硅藻土 Chromosorb W），不锈钢柱，ϕ3mm×2m。

【工作内容】

1. 色谱操作条件的选择

柱温：85～105℃；

气化室温度：130～145℃；

检测器温度：130～145℃；

载气流速：高纯氮气 25～40mL/min；

氢气流速：40～60mL/min；

空气流速：300～600mL/min；

进样量：0.4～1μL。

2. 样品的配制

（1）2%内标的配制　吸取 2mL 的内标（乙酸正丁酯）于 100mL 的容量瓶中，（因内标物易挥发，可在瓶内先放少量乙醇），用 55%～60%（体积分数）的乙醇定容。

（2）1%～2%标样的配制　分别吸取乙醛、甲醇、正丙醇、仲丁醇、乙缩醛、正丁醇、异戊醇、正己醇、糠醛各 1mL，乙酸乙酯、丁酸乙酯、戊酸乙酯、乳酸乙酯、己酸乙酯、乙酸异戊酯各 2mL 一起加入 100mL 容量瓶中，用 55%～60%（体积分数）的乙醇定容，混匀后组成标样。

（3）混标的配制　分别用移液管吸取标样 10mL 和内标 5mL，用 55%～60%（体积分数）的乙醇定容到 100mL，混匀后（可分装）待用。

（4）酒样和内标混合样的配制　在酒样中加入 2%内标 0.2mL，配成 10mL 的酒样溶液，混匀后待用。

3. 定性分析

用标样测定各组分的保留时间，将测出的酒样中的各组分与标样对照，相同的保留时间作为定性的主要因素。

【任务提示】

[1] 1%～2%标样配制时，在容量瓶中先加少许乙醇，以防标样的挥发。

[2] 严格按照说明书操作气相色谱仪。

问题探究

Q1：气相色谱法的定性依据是什么？如何定性？

Q2：气相色谱法为什么能将物质进行分离？

知识链接二　气相色谱法的定性分析

一、气相色谱法的分离原理

在气相色谱分析法中，多组分试样在色谱柱内的分离过程可用图 4-9 进行说明。若固定相为吸附剂，当被测试样由载气携带进入色谱柱时，试样中的混合组分会立即被吸附剂吸附。随着载气不断流过固定相，被吸附的组分又会被洗脱下

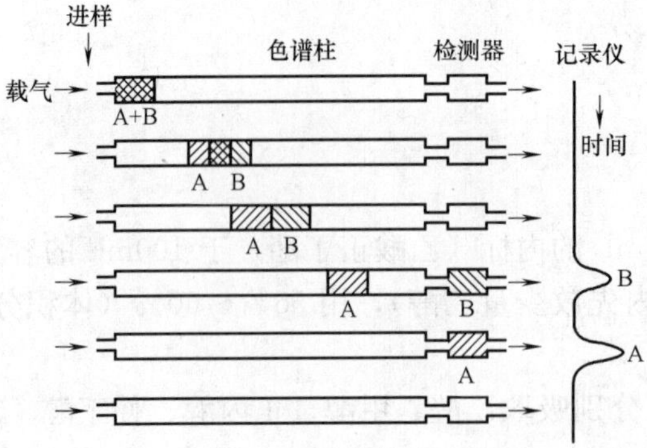

图 4-9　试样在色谱柱中的分离过程

来，此过程称为脱附。脱附的组分随着载气继续前进时，又可被前面的固定相所吸附。这样，随着载气的流动，被测组分在固定相表面进行反复多次的吸附、脱附过程。因混合组分中各组分的性质不同，被固定相吸附的难易程度也不同。较难被吸附的组分容易被脱附（图 4-9 中 B 组分），并会随着载气较快地向前移动，先流出色谱柱，而易被吸附的组分却不易被脱附（图 4-9 中 A 组分），向前移动较慢，后流出色谱柱。经过一定时间后，试样中各组分会先后流出色谱柱，达到彼此分离的目的。

若固定相为液相时，试样中各组分的分离是基于各组分在固定液中溶解度的差异。混合组分在色谱柱内经过反复多次溶解、挥发过程，使溶解度小的组分先流出色谱柱，溶解度大的组分后流出色谱柱。

组分在固定相和流动相（载气）之间发生的吸附与脱附或溶解和挥发的过程称为分配过程。被测组分按其吸附和溶解能力的不同，以一定的浓度比分配在固定相和流动相中。吸附或溶解能力强的组分，分配在固定相中的量多，而在流动相中少；相反，吸附或溶解能力弱的组分，分配在固定相中少，流动相中多。一般用分配系数 K 表示在一定温度下，组分在两相间达到分配平衡时的分配能力的大小。

$$K=\frac{\text{组分在固定相中的浓度}}{\text{组分在流动相中的浓度}}=\frac{c_S}{c_M}$$

在一定温度下，各组分在两相间的分配系数不相同，所以，当试样中的各组分在两相间移动时，进行反复多次的分配过程，最终可使分配系数有微小差别的各组分彼此得以分离。

二、色谱流出曲线

组分从色谱柱流出时，记录仪记录的信号-时间曲线即色谱图，也叫色谱流出曲线，如图 4-10 所示。该曲线反映了试样在色谱柱内分离的结果，是组分定性和定量的依据，同时也是研究色谱动力学和热力学的依据。

1. 基线

当不含被测组分的载气进入检测器时，所得流出曲线称为基线（baseline）。基线反映检测系统噪声随时间变化情况，稳定的基线是一条直线，如图 4-10 中的直线部分。

2. 保留值

试样中各组分在色谱柱中滞留时间的数值称为保留值（retention value）。通常用时间或将组分带出色谱柱所需载气的体积来表示。因不同组分与固定相之间的作用力的不同，所以在一定的固定相和操作条件下，不同组分具有不同的保留值，可作为定性的参数。

(1) 死时间 t_M 和死体积 V_M　死时间（dead time）t_M 是指不与固定相作用的组分（如空气、甲烷等）从进样开始到柱后出现电信号最大值时所需的时间，如图 4-10 中的 $O'A'$。死体积（dead volume）V_M 是指色谱柱内填充的固定相以外的空隙体积、气相色谱仪中管路和连接处的空间及检测器空间的总和。

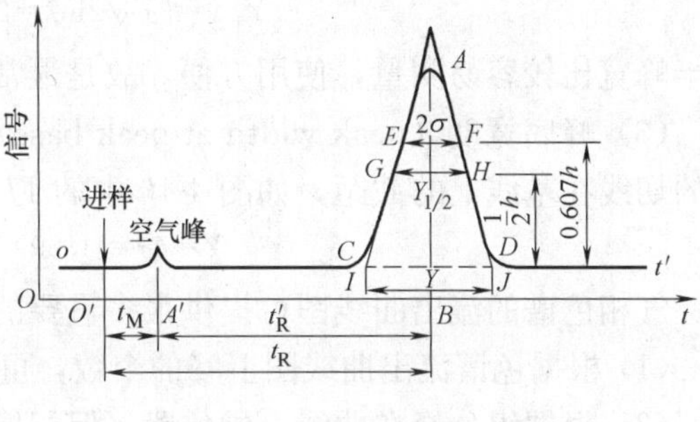

图 4-10　色谱流出曲线图

死时间和死体积的关系为 $V_M = t_M F_0$，F_0 是色谱柱出口处载气的流速。

(2) 保留时间 t_R 和保留体积 V_R　保留时间（retention time）是指被测组分从进样开始到出现最大电信号值时所需的时间。如图 4-10 中的 $O'B$。保留体积（retention volume）是指被测组分从进样到柱后出现最大电信号值时所通过载气的体积。

即
$$V_R = t_R \cdot F_0$$

(3) 调整保留时间 t'_R 和调整保留体积 V'_R　扣除死时间后的保留时间称为调整保留时间（adjusted retention time），如图 4-10 中的 $A'B$。

即
$$t'_R = t_R - t_M$$

同样，扣除死体积后的保留体积称为调整保留体积

$$V'_R = V_R - V_M \text{或} V'_R = t'_R F_0$$

(4) 相对保留值（relative retention value）r_{21}　相对保留值是指两个组分的调整保留值之比。

即
$$r_{21} = \frac{t'_{R(2)}}{t'_{R(1)}} = \frac{V'_{R(2)}}{V'_{R(1)}}$$

相对保留值的优点是，只要柱温、固定相性质不变，即使柱径、柱长、填充情况及流动相流速有所变化，r_{21} 值仍保持不变，因此它在色谱定性中非常重要。

另外，r_{21} 也可用来表示固定相的选择性能。r_{21} 值越大，说明两组分的 t'_R 相

差越大，分离得就越好，当 $r_{21}=1$ 时，两组分不能被分离。

3. 区域宽度

区域宽度（peak width）是指色谱峰宽度。在色谱分析中要求区域宽度越窄越好。区域宽度一般有三种表示方式。

（1）标准偏差（standard deviation）σ　指色谱峰峰高 0.607 倍处色谱峰宽度的一半。如图 4-10 中 EF 宽度的一半。

（2）半峰宽度（peak width at half-height）$Y_{1/2}$　简称为半宽度，是指峰高一半处的峰宽，如图 4-10 中的 GH，它与标准偏差的关系为

$$Y_{1/2}=2\sigma\sqrt{2\ln 2}=2.3546\sigma$$

因半峰宽比较容易测量，使用方便，故是最常用的定性参数。

（3）峰底宽度（peak width at peak base）Y　指通过流出曲线的两个拐点所作的切线在基线上的截距，如图 4-10 中的 IJ，它与标准偏差和半峰宽的关系为

$$Y=4\sigma=1.699\,Y_{1/2}$$

气相色谱的流出曲线图可提供很多重要的定性和定量信息，如：

（1）根据色谱流出曲线图上峰的个数，可给出该试样中至少含有的组分数。

（2）根据组分峰在曲线上的位置（保留值），可以进行定性鉴定。

（3）根据组分峰的面积或峰高，可以进行定量分析。

（4）根据色谱峰的保留值和区域宽度，可对色谱柱的分离效能进行评价。

三、气相色谱法的定性方法

气相色谱定性分析的目的是确定试样的组成，即确定每个色谱峰各代表何种组分。定性分析的理论依据是：在一定固定相和一定操作条件下，每种物质都有各自确定的保留值或确定的色谱数据，并且不受其他组分的影响。也就是说，保留值具有特征性。但在同一色谱条件下，不同物质也可能具有相同或相似的保留值，即保留值并非是专属的。因此，对于一个完全未知的混合样品单靠色谱法定性比较困难，往往需要采用多种方法综合解决，例如与质谱、红外光谱仪等联用。实际工作中一般所遇到的分析任务，绝大多数其成分大体是已知的，或者可以根据样品来源、生产工艺、用途等信息推测出样品的大致组成和可能存在的杂质。在这种情况下，只需利用简单的气相色谱定性方法便能解决问题。

气相色谱常用的定性分析方法包括以下几种。

1. 保留值定性法

（1）标准物质对照法　各种组分在给定的色谱柱上都有确定的保留值，可以作为定性指标。即通过比较已知纯物质和未知组分的保留值定性。如待测组分的保留值与在相同色谱条件下测得的已知纯物质的保留值相同，则可以初步认为它们是属同一种物质。由于两种组分在同一色谱柱上可能有相同的保留值，只用一

根色谱柱定性，结果不可靠。可采用另一根极性不同的色谱柱进行定性，比较未知组分和已知纯物质在两根色谱柱上的保留值，如果都具有相同的保留值，即可认为未知组分与已知纯物质为同一种物质。

利用纯物质对照定性，首先要对试样的组分有初步了解，预先准备用于对照的已知纯物质（标准对照品）。该方法简便，是气相色谱定性中最常用的定性方法。

如图 4-11 所示。将未知样品与已知标准醇物质在相同的色谱条件下得到的色谱图直接进行比较，可以推测未知样品中峰 2 可能是甲醇，峰 3 可能是乙醇，峰 4 可能是正丙醇，峰 7 可能是正丁醇，峰 9 可能是正戊醇。

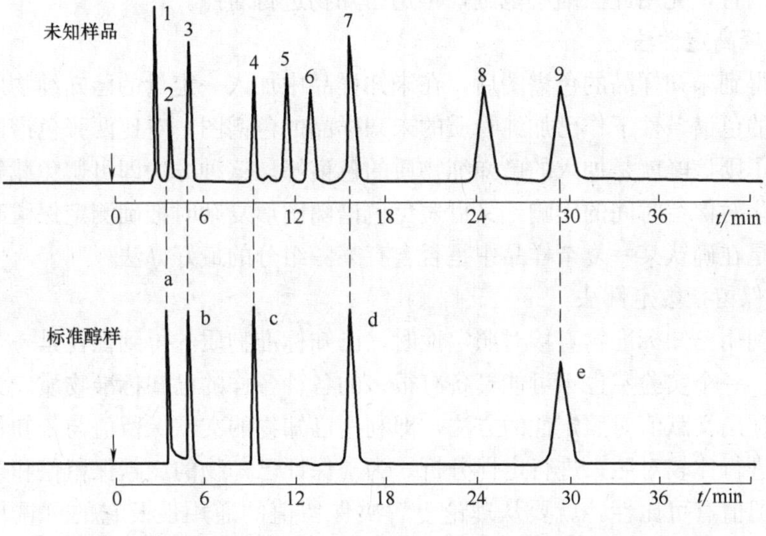

图 4-11　未知样品与已知标准醇物质在相同的色谱条件下得到的色谱图

1～9—未知物的色谱峰　a—甲醇　b—乙醇　c—正丙醇　d—正丁醇　e—正戊醇

实际过程中，将未知物质与已知纯物质的保留时间对照进行定性时，要求载气的流速、载气的温度和柱温一定要恒定，载气流速的微小波动、载气温度和柱温的微小变化，都会使保留时间有变化，从而对定性结果产生影响。实际过程中常采用相对保留值定性法和峰高定性法来避免因载气流速和温度的微小变化带来的影响。

（2）相对保留值定性法　相对保留值是指两个组分的调整保留值之比。

$$r_{is}=\frac{t'_{R(i)}}{t'_{R(S)}}$$

式中　$t'_{R(i)}$——待测组分的相对保留值

$t'_{R(s)}$——参考物质的相对保留值

相对保留值只受柱温与固定相性质的影响，而与柱长、固定相的填充情况、载气流速等无关。由于相对保留值是被测组分与加入的参比组分（其保留值应与被测组分相近）的调整保留值之比，因此当载气的流速和温度发生微小变化时，被测组分与参比组分的保留值同时发生变化，而它们的比值即相对保留值则不变。因此在柱温和固定相一定时相对保留值为定值，可作为定性的较可靠参数。气相色谱手册及文献都登载相对保留值。利用此法时，先查手册，根据手册规定的实验条件及参考物质进行实验。参比组分通常选容易得到纯品的，而且与被分析组分相近的物质作基准物质，如正丁烷、环已烷、正戊烷、苯、对二甲苯、环已醇、环已酮等。

相对保留值定性法适用于没有待定性组分的纯物质的情况，也可与已知物对照法相结合，先用此法缩小范围，再用已知物进行对照。

2. 峰高定性法

在得到未知样品的色谱图后，在未知样品中加入一定量的已知纯物质，然后在同样的色谱条件下作已加纯物质的未知样品的色谱图。对比两张色谱图，哪个峰加高了则该峰就是加入的已知纯物质的色谱峰。这种方法即可避免载气流速的微小变化对保留时间的影响，又可避免色谱图图形复杂时准确测定保留时间的困难。这是在确认某一复杂样品中是否含有某一组分的最好办法。

3. 保留指数定性法

在利用已知标准物直接对照定性时，已知标准物质的得到往往是一个很困难的问题。一个实验室也不可能具备有很多的各种各样的已知标准物质。为此人们发展了利用文献值对照定性的方法，即利用已知物的文献保留值与未知物的测定保留值进行比较对照来进行定性分析。为了保证已知物的文献保留值和未知物的实测保留值有可比性，就要从理论上解决保留值的通用性及它的可重复性。为此，1958 年匈牙利色谱学家 E. Kovats 首先提出用保留指数作为保留值的标准用于定性分析，这是使用最广泛并被国际上公认的定性指标。它具有重现性好，标准物统一及温度系数小等优点。

保留指数又称柯瓦茨指数（Kovats 指数），与其他保留数据相比，是一种重现性较好的定性参数。保留指数是将正构烷烃作为标准物，把一个组分的保留行为换算成相当于含有几个碳的正构烷烃的保留行为来描述，这个相对指数称为保留指数，定义式如下：

$$I_x = 100\left[Z + n\frac{\lg t'_{R(X)} - \lg t'_{R(Z)}}{\lg t'_{R(Z+n)} - \lg t'_{R(Z)}}\right]$$

式中 I_x 为待测组分的保留指数；$t'_{R(X)}$、$t'_{R(Z)}$、$t'_{R(Z+n)}$ 分别为待测物 X 以及在其前后两侧出峰的正构烷烃（其碳原子数分别为 z 和 $z+n$）的调整保留时间。z 与 $z+n$ 为正构烷烃对的碳数。n 通常为 1，也可以是 2 或 3，但不超过 5。保留指数是用正构烷烃作为参照物，规定正构烷烃的保留指数是其碳原子数的 100

倍，如正己烷、正庚烷及正辛烷等的保留指数为600、700、800，其他类推。将待测物的调整保留值与正构烷烃的调整保留值相比，折合成相应碳原子数的“正构烷烃”。这样，在色谱柱操作参数确定之后，特定物质的保留指数值应为一常数。所以，用保留指数来对色谱峰定性就比单纯用保留时间可靠得多。

在有关文献给定的操作条件下，将选定的标准和待测组分混合后进行色谱实验（要求被测组分的保留值在两个相邻的正构烷烃的保留值之间）。由上式计算则待测组分X的保留指数 I_x，再与文献值对照，即可定性。

例如在一色谱柱上测得己烷、庚烷和某组分的调整保留时间分别为262.1s、661.3s、395.4s。

则待测组分的保留指数为：

$$I_x=100\times\left(6+1\times\frac{\lg 395.4-\lg 262.1}{\lg 661.3-\lg 262.1}\right)=644$$

从文献上查得，在该色谱条件下，苯的保留指数为644，再用纯苯做对照实验，可以确认该组分是苯。

保留指数的优点在于：

（1）以正构烷烃为参比标准，把某组分的保留行为用两个紧靠近它的正构烷烃来标定，这样使保留指数值计算的更为准确。

（2）保留指数值具有形象化特点，它是与被测物质具有相同调整保留时间的假想的正构烷烃的碳数乘以100来表示的。如某组分的保留指数 $I=733$，说明在该柱上，该组分的保留值在正庚烷（保留指数700）与正辛烷（保留指数800）之间，相当于含有7.33个碳原子的正构烷烃。

（3）测得保留指数值与文献值对照就可定性鉴定，而不必用纯物质相对照。保留指数仅与固定相的性质、柱温有关，与其他实验条件无关。只要柱温与固定相相同，其准确度和重现性都很好。

（4）保留指数与化合物结构的相关性要比其他保留值强，因此有利于判别化合物结构。

（5）保留指数是对数值，一组同系物的保留指数值与化合物沸点和碳数成直线关系。

但这种方法也有一定的局限性，如测保留指数时，柱子与柱温要与文献规定相同，还要有正构烷烃纯样，可供查阅的文献值太少等。

4. 与质谱、红外光谱联用定性

气相色谱对多组分复杂混合物的分离效率很高，但定性却很困难。而质谱、红外光谱和核磁共振等是鉴别未知物的有力工具，但要求所分析的试样组分很纯。因此，将气相色谱与质谱、红外光谱、核磁共振谱联用，复杂的混合物先经气相色谱分离成单一组分后，再利用质谱仪、红外光谱仪或核磁共振谱仪进行定性。未知物经色谱分离后，质谱可以很快地给出未知组分的相对分子质量和电离碎片，提供是否含有某些元素或基团的信息。红外光谱也可很快得到未知组分所含各类基团的信息，对结构鉴定提供可靠的论据。近年来，电子计算机技术的应用大大促进了气相色谱法与其他方法联用技术的发展。

任务三　归一化法测定丁醇异构体的含量

【任务目的】

（1）学会使用归一化法对样品进行定量测定。

（2）熟练使用热导池检测器（TCD）。

【工作依据】

采用归一化法对物质做定量分析。

$$w_i=\frac{m_i}{m}\times100\%=\frac{m_i}{m_1+m_2+\cdots+m_n}\times100\%$$

$$=\frac{A_i f'_i}{A_1 f'_1+A_2 f'_2+\cdots+A_n f'_n}\times100\%$$

式中　w_i——被测组分 i 的质量分数

A_1、A_2……A_n——组分 $1\sim n$ 的峰面积

f_1'、f_2'……f_n'——组分 $1\sim n$ 的相对校正因子

m——样品的质量

【工作准备】

（1）仪器　GC-4000A 型气相色谱仪（或其他型号 GC）、色谱柱（DNP 柱）、氢气钢瓶、试剂瓶。

（2）试剂　异丁醇、仲丁醇、叔丁醇、伯丁醇（A. R.）。

【工作内容】

1. 准备工作

（1）配制混合试样　用一干燥且洁净的称量瓶称取 0.5g 叔丁醇、0.6g 仲丁醇、0.5g 异丁醇、0.5g 伯丁醇（称准至 0.001g），混合均匀、备用。

（2）色谱仪的开机及参数设置　通入载气（H_2），检查气密性完好后，调节载气流量为 20～30mL/min。打开色谱仪电源，设置实验条件如下：柱温 75℃，气化室温度 160℃，热导池检测器温度 80℃，桥电流 150mA，纸速 300mm/h，衰减比 1∶1。打开色谱工作站软件。

2. 混合试样的分析

待仪器电路和气路系统达到平衡，基线平直后，用 1μL 清洗过的微量注射器，吸取混合试样 0.6μL 进样，分析测定，记录分析结果。

按上述方法再进样分析测定两次，记录分析结果。

3. 结束工作

实验完成后，清洗进样器，按正确的顺序关机，并清理仪器台面，填写仪器使用记录。

【数据处理】

（1）记录实验条件。

（2）将色谱图上测量出的各组分的峰高、半峰宽、计算的峰面积等填入下表。

组分	f_m	峰高 h/mm				半峰宽 $Y_{1/2}$/mm				峰面积 A/mm^2	
		1	2	3	平均值	1	2	3	平均值		
叔丁醇	0.98										
仲丁醇	0.97										
异丁醇	0.98										
伯丁醇	1.00										

（3）计算各组分的质量分数。

【任务提示】

［1］如果峰信号超出量程以外，样品量可酌情减少，或者增加衰减比。

［2］如果用 N_2 作载气，桥电流一般选用 100mA。

问题探究

Q1：什么情况下可以采用峰高归一化法？如何计算？

Q2：归一化法对进样量的准确性有无严格要求？

任务四　内标法测定八角茴香油中茴香脑的含量

【任务目的】

（1）学会使用内标法对样品进行定量测定。

（2）熟练使用氢火焰离子化检测器（FID）。

（3）学会测定峰面积校正因子。

【工作依据】

八角茴香油为木兰科植物八角茴香的新鲜枝叶或成熟果实经水蒸气蒸馏得到的挥发油，具有芳香调味及健胃作用。八角茴香油中含茴香脑、草蒿脑、茴香醛等成分。其中茴香脑是主要有效成分。

内标法是将一定量的纯物质作内标物，加入到准确称量的试样中，根据被测试样和内标物的质量比及其相应的色谱峰面积之比，来计算被测组分的含量。

【工作准备】

（1）仪器　日本岛津 GC-14B 气相色谱仪，N2000 色谱工作站。

（2）试剂　茴香脑对照品［含量 99%(GC)］；萘（分析纯，含量 99%）；乙酸乙酯（A. R）；八角茴香油对照药材；八角茴香油样品。

【工作内容】

1. 准备工作

（1）对照品溶液的制备　精密称取茴香脑对照品 2.06g 于 25mL 量瓶中，以乙酸乙酯溶解并稀释至刻度，摇匀，作为茴香脑对照品溶液。

（2）内标溶液的制备　精密称取萘 1.26g 于 25mL 量瓶中，以乙酸乙酯溶解并稀释至刻度，摇匀，作为内标溶液。

（3）供试品溶液的制备　取八角茴香油 0.18g，精密称定，置 10mL 量瓶中，精密加入内标溶液 2mL，加乙酸乙酯稀释至刻度，摇匀，作为供试品溶液。

（4）色谱仪的开机及参数设置

A. 填充色谱柱：以聚乙二醇（PEG）-20M 和硅酮（OV-17）为固定液，涂布浓度分别为 10%和 2%，涂布后的载体以 7∶3 的比例（质量比）装入同一柱内（PEG 在进样口端），长度为 2m；程序升温：柱子初始温度 100℃，保持 5min；以 4℃/min 升至 140℃，保持 5min，以 10℃/min 升至 200℃，保持 5min；

B. 进样口温度：250℃；

C. 检测器：FID，温度 25℃；

D. 载气：N_2(60mL/min)；

E. 助燃气：空气（50mL/min）；

F. 燃气：H_2(60mL/min)；

G. 进样量：1μL。

2. 试样的分析

（1）线性关系的考察　待仪器电路和气路系统达到平衡，基线平直后，用 1μL 清洗过的微量注射器，分别精密吸取上述对照品溶液 0.5、1、2、3、4mL，分别置于 10mL 容量瓶中，各精密加入内标溶液 2mL，以乙酸乙酯稀释至刻度，摇匀，按上述色谱条件，各进样 1μL，进行测定。

（2）校正因子的测定　精密称取萘 1.25g，置 25mL 量瓶中，加乙酸乙酯溶解并稀释至刻度，摇匀，作为内标溶液。精密称取茴香脑对照品 2.00g，置 25mL 量瓶中，加乙酸乙酯溶解并稀释至刻度，摇匀，作为茴香脑对照品溶液。精密量取上述对照溶液和内标溶液各 2mL，置 10mL 量瓶中，加乙酸乙酯稀释至刻度，摇匀，作为标准溶液（即 1μL 含茴香脑 16μg；含萘 10μg）。取 1μL 注入气相色谱仪，连续进样 6 次。

（3）精密度与重现性试验　取同一供试品溶液，连续重复进样 6 次；精密称取同一批样品 6 份，依次进样测定。

（4）样品测定　精密吸取供试品溶液 1μL，进样测定 2 次。

3. 结束工作

实验完成后，清洗进样器，按正确的顺序关机，并清理仪器台面，填写仪器使用记录。

【数据处理】

（1）线性关系的考察　以茴香脑峰面积积分值和萘峰面积积分值的比值 y 对茴香脑进样量进行回归分析，得回归方程，判断其线性关系范围。

（2）校正因子的测定　按平均峰面积计算校正因子，并计算其 RSD 值。

（3）精密度与重现性试验　以茴香脑峰面积积分值对萘峰面积积分值的比值计算相对标准偏差及 RSD，以茴香脑的质量分数计算相对标准偏差和平均含量及 RSD。

（4）样品测定　以内标法计算样品中茴香脑的质量分数，将供试结果列于下表。

批号	平均含量/%	RSD/%	批号	平均含量/%	RSD/%

【任务提示】

根据八角茴香油气相色谱图、对照品＋内标气相色谱图、八角茴香油＋内标气相色谱图得到茴香脑和内标物萘的保留时间，计算其分离度，并判断是否完全分离。

问题探究

Q1：内标法定量有哪些优点？方法的关键是什么？

Q2：本实验为什么可以采用峰面积定量？

任务五　外标法测定食品中山梨酸和苯甲酸的含量

【任务目的】

（1）学会使用外标法对样品进行定量测定。

（2）进一步熟练使用氢火焰离子化检测器（FID）。

【工作依据】

样品经酸化后，用乙醚提取山梨酸、苯甲酸，成为可供测定的提取液。

用氢火焰离子化检测器的气相色谱仪进行分离测定，与标准曲线比较，便可同时测出样品中苯甲酸和山梨酸的含量。

【工作准备】

（1）仪器　GC-4000A 型气相色谱仪（或其他型号 GC）、色谱工作站软件、色谱柱（DNP 柱）、氢气钢瓶、试剂瓶。

（2）试剂　乙醚；石油醚（沸程 30～60℃）；盐酸（6mol/L）；无水硫酸钠；苯甲酸、山梨酸（A. R.）。

【工作内容】

1. 准备工作

（1）苯甲酸、山梨酸标准溶液的制备　准确称取苯甲酸、山梨酸各 0.2000g，置于 100mL 容量瓶中，用石油醚-乙醚（3∶1）混合溶剂溶解后并稀释至刻度。此溶液每毫升相当于 2.0mg 苯甲酸或山梨酸。

（2）苯甲酸、山梨酸标准使用液的制备　吸取适量的苯甲酸、山梨酸标准溶液，以石油醚-乙醚（3∶1）混合溶剂稀释至每毫升相当于 50、100、150、200、250μg 山梨酸或苯甲酸。

（3）样品提取　称取 2.5g 混合均匀的样品，置于 25mL 带塞量筒中，加 0.5mL 6mol/L 盐酸酸化，用 15、10mL 乙醚提取两次，每次振摇 1min，静置分层后将醚层移入另一个 25mL 带塞量筒中，合并乙醚提取液。用 3mL 4%氯化钠酸性溶液洗涤两次，静置 15min，用滴管将乙醚层通过无水硫酸钠移入 25mL 容量瓶中，用乙醚洗量筒及硫酸钠层，洗液并入容量瓶，加乙醚至刻度，混匀。准确吸取 5mL 乙醚提取液于 5mL 带塞刻度试管中，置 40℃水浴上挥干，加入 2mL 石油醚-乙醚（3∶1）混合溶剂溶解残渣，备用。

（4）色谱仪的开机及参数设置

A. 色谱柱：玻璃柱，内径 3mm，长 2m，内装涂以 5%（质量分数）DEGS+1%（质量分数）H_3PO_4 固定液的 60～80 目 Chromosorb W AW。

B. 气流速度：载气为 N_2，50mL/min（N_2 和空气、H_2 之比按各仪器型号不同选择各自的最佳比例条件）。

C. 温度：进样口 230℃；检测器 230℃；柱温 170℃。

2. 试样的分析

进样 2μL 标准系列中各浓度标准使用液于气相色谱仪中，可测得不同浓度苯甲酸、山梨酸的峰高，以浓度为横坐标，相应的峰高值为纵坐标，绘制苯甲酸、山梨酸的标准曲线。同时进样 2μL 样品溶液。根据标准曲线，查出样品溶液中苯甲酸和山梨酸的含量。

【数据处理】

$$X=\frac{A\times1000}{m\times\frac{5}{25}\times\frac{V_2}{V_1}\times1000}$$

式中　X——样品中苯甲酸或山梨酸的含量，g/kg

A——测定用样品液中苯甲酸或山梨酸的质量，μg

V_1——溶解残渣时加入石油醚-乙醚（3∶1）混合溶剂的体积，mL

V_2——测定时进样的体积，μL

m——样品的质量，g

5——测定时吸取乙醚提取液的体积，mL

25——样品乙醚提取液的总体积，mL

【任务提示】

[1] 乙醚提取液应用无水硫酸钠充分脱水，挥干乙醚后如仍残留水分，必须将水分挥干，进样溶液中含水会影响测定结果。

[2] 本法适用于酱油、果汁、果酱等样品。

问题探究

Q1：外标法定量有哪些优点？方法的关键是什么？

Q2：气相色谱法的定量依据是什么？定量方法有哪些？

知识链接三　气相色谱法的定量分析

一、气相色谱法的定量依据

在一定的操作条件下，检测器对某组分 i 的响应信号（峰面积 A 或峰高 h）与进入检测器的 i 组分的量（质量 m）成正比，可用下式表示为：

$$m_i = f_i A \quad 或 \quad m_i = f_i h_i \tag{4-1}$$

上式是色谱定量分析的依据。式中 f_i 称为 i 组分的定量校正因子。为了计算色谱分析的定量结果，必须准确测出峰面积 A 或峰高 h，一般来说，对浓度敏感型检测器，常用峰高 h 定量；对质量敏感型检测器，常用峰面积 A 定量。

1. 峰高和峰面积的测量

峰高是峰尖至峰底（或基线）的距离，峰面积是色谱峰与峰底（或基线）所围成的面积，两者是气相色谱进行定量分析的重要参数，其测量精度将直接影响定量分析的精度。因此要准确地测量峰高和峰面积，关键在于峰底（或基线）的确定。峰底是从峰的起点与峰的终点之间的一条连接直线。一个完全分离的峰，峰底与基线是相重合的。

根据色谱图中峰形的不同，峰面积的测量方法有以下几种。

（1）峰高乘以半峰宽法　当色谱峰为对称峰时，根据等腰三角形求面积的计算方法，近似用峰高乘以半峰宽，得出峰面积。

$$A = h \cdot Y_{1/2} \tag{4-2}$$

由于此法测得的峰面积，只有实际峰面积的 0.94 倍，故实际峰面积应为

$$A = 1.065 \cdot h \cdot Y_{1/2} \tag{4-3}$$

在计算峰面积绝对值时（如测灵敏度），应乘以1.065。但在相对计算时，可消去系数1.065。

由于此法简单、快速，在实际工作中常被采用。但对于不对称峰、很窄或很小的峰，因$Y_{1/2}$的测量误差较大，不能使用此法。

（2）峰高乘平均峰宽法　此法是在峰高0.15和0.85处分别测出峰宽，然后求算其平均峰宽，再乘以峰高，得出峰面积。

$$A=h\times\frac{(Y_{0.15}+Y_{0.85})}{2} \tag{4-4}$$

对于不对称的峰一般用此法计算求出的峰面积较准确。

（3）峰高乘保留时间法　因在一定的操作条件下，同系物的半峰宽与保留时间成正比，即

$$Y_{1/2} \propto t_R$$

$$Y_{1/2} = b \cdot t_R$$

$$A=h \cdot Y_{1/2}=h \cdot b \cdot t_R$$

在进行相对计算时，b可消去，于是有

$$A = h \cdot Y_{1/2} = h \cdot t_R \tag{4-5}$$

此法适用于狭窄的峰，是一种简便快速的测量方法，常用于工厂控制产品质量分析。

上述几种测量峰面积的方法适用于使用老式记录仪记录色谱峰时，对色谱峰和峰面积进行手工测量。虽然目前已很少采用手工测量法去测量色谱峰的峰高和峰面积。但是了解手工测量色谱峰峰高和峰面积的方法有助于理解积分仪和色谱工作站的工作原理及各种积分参数的设定。

（4）自动积分法　自动积分仪和色谱工作站能自动测出由曲线所包围的面积。仪器可根据人为设定积分参数（半峰宽、峰高和最小峰面积等）和基线来计算每个色谱峰的峰高和峰面积。然后直接打印出峰高和峰面积的结果，以供定量计算使用。自动积分仪有机械积分、电子模拟积分和数字积分等类型，是最方便的测量峰面积的工具。此法速度快，线性范围广，精密度一般可达0.2%～2%。对不对称峰或较小的峰，也能得出较准确的结果。数字积分仪能自动打印出峰面积和保留时间值，使分析的自动化程度大大提高。

当各种操作条件（如色谱柱、温度和流速等）严格保持不变，同时在一定进样范围内半峰宽也不变时，可直接应用峰高来进行定量。此时

$$m_i = f_i \cdot A = f_i \cdot h \cdot Y_{1/2} = k \cdot h \tag{4-6}$$

用峰高定量快速、简便，尤其对狭窄对称峰的定量，比面积定量结果更准确。

2. 定量校正因子

气相色谱分析法的定量依据是在一定的条件下，各组分的峰面积与其进样量成正比。但相同量的不同物质，在检测器中的响应信号大小却不同，即检测器对不同组分的灵敏度不相同，结果反映在色谱图上的峰面积也不同，这样就不能用峰面积来直接计算不同物质的含量。因此，必须对所测得的峰面积加以校正。为此引入了定量校正因子，即

$$f_i=\frac{m_i}{A_i} \tag{4-7}$$

式中的 f_i 称为组分 i 的绝对质量校正因子，其物理意义是指相当于单位峰面积的 i 组分的质量。由于绝对校正因子 f_i 不易测准，故实际常用的是相对校正因子 f'_i，它是组分的绝对质量校正因子 f_i 和标准物的绝对质量较正因子 f_s 之比。

$$f'_i=\frac{f_i}{f_s}=\frac{m_i/A_i}{m_s/A_s}=\frac{m_iA_s}{m_sA_i} \tag{4-8}$$

式中　A_i、A_s——组分 i 和标准物 s 的峰面积

m_i、m_s——组分 i 和标准物 s 的质量

根据物质量的表示方法不同，有不同的 f'_i 值。如相对质量校正因子、相对摩尔校正因子、相对体积校正因子等。相对质量校正因子的测量方法为准确称取一定量的被测组分的纯物质 m_i 和标准物 m_s，混合后，在实验条件下进样分析。分别测出峰面积 A_i、A_s，并利用式 4-8 即可计算出相对校正因子。

常用的标准物对不同检测器是不同的，热导池检测器常用苯作标准物（也称基准物质），氢火焰离子化检测器常用正庚烷作标准物。

由相对校正因子 f'_i 可求算检测器对某组分的相对灵敏度 s'_i（也称相对响应值）。相对灵敏度在数值上等于相对校正因子的倒数，即

$$s'_i=\frac{1}{f'_i} \tag{4-9}$$

因为 f'_i 和 s'_i 值均为相对值，仅与被测组分、标准物质及检测器类型有关，而与操作条件、柱温、载气流速和固定液性质等无关。故在给定的分析条件下是一个定值，部分有机物的 f'_i 和 s'_i 值可查有关色谱手册。

二、气相色谱法的定量方法

1. 归一化法

归一化法适用于试样中所有组分全部流出色谱柱，并在色谱图上出现所有组分色谱峰的情况。假设试样中有 n 个组分，各组分的质量分别为 m_1，m_2，…，m_n，各组分含量的总和为 m，则试样中任一组分 i 的质量分数 w_i 可用归一化法公式计算如下：

$$w_i=\frac{m_i}{m}\times100\%=\frac{m_i}{m_1+m_2+\cdots+m_n}\times100\%$$

$$=\frac{A_i f'_i}{A_1 f'_1 + A_2 f'_2 + \cdots + A_n f'_n} \times 100\% \quad (4\text{-}10)$$

当 f'_i 为相对摩尔校正因子时，得到的是摩尔分数。

若试样中各组分的 f'_i 值很接近，如同系物中沸点相近的不同组分，则上式可简化成

$$w_i=\frac{A_i}{A_1 + A_2 + \cdots + A_n} \times 100\% \quad (4\text{-}11)$$

另外，用峰高代替峰面积计算时可写成（式中 f'_i 指峰高相对校正因子）：

$$w_i=\frac{h_i f'_i}{h_1 f'_1 + h_2 f'_2 + \cdots + h_n f'_n} \times 100\% \quad (4\text{-}12)$$

归一化法的优点是简便、准确，操作条件或进样量的变动对结果的影响小，但要得到准确的校正因子，需要用每一组分的基准物质直接测量，该过程较为麻烦，文献中虽可以查到一些化合物的校正因子，但并不全。值得注意的是，使用该法必须保证试样组分全部出峰，否则应考虑其他分析方法。

2. 内标法

当只需测定试样中某几个组分的含量或试样中的组分不能全部出峰时，可采用内标法（internal standard method）。其测定原理是取一定量的纯物质作为内标物，加入到准确称取的试样中，然后测得色谱图，如图 4-12 所示。

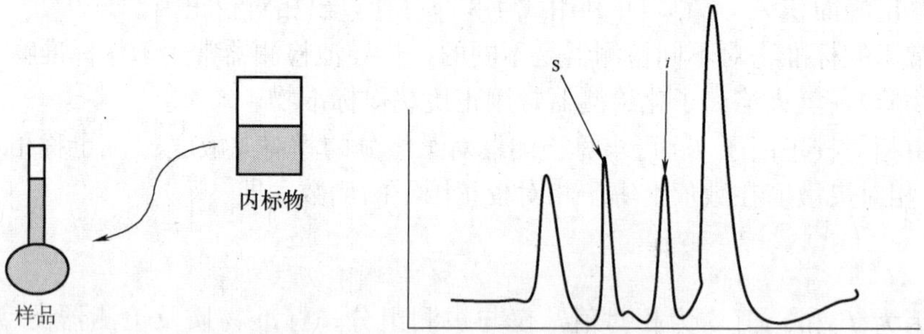

图 4-12　内标法示意图及色谱峰

根据内标物和试样的质量及相应的峰面积来计算被测组分的含量。设被测组分 i 的质量为 m_i，称取的试样质量为 m，试样中加入的内标物质量为 m_s，则

$$m_i = f'_i A_i, \quad m_s = f'_s A_s$$

两式相除整理后可得

$$m_i=\frac{A_i f'_i}{A_s f'_s} m_s$$

被测组分 i 的质量分数 w_i 为

$$w_i=\frac{m_i}{m}\times 100\% = \frac{A_i f'_i}{A_s f'_s}\cdot\frac{m_s}{m}\times 100\%$$

一般以内标物为基准求算相对校正因子，所以 $f'_s=1$，此时内标法计算式可写成

$$w_i=\frac{m_i}{m}\times 100\% = \frac{A_i}{A_s}\cdot\frac{m_s}{m} f'_i \times 100\% \quad (4\text{-}13)$$

式中的峰面积亦可用峰高代替，则

$$w_i=\frac{m_i}{m}\times100\%=\frac{h_i}{h_s}\cdot\frac{m_s}{m}f'_i\times100\% \tag{4-14}$$

由于本法通过测量内标物和被测组分的峰面积的相对值来进行计算，可以抵消由于操作条件变化而引起的误差，所以可得到较准确的结果。若要获得很高精度的结果时，可以加入数种内标物，以提高定量分析的精度。但内标物的选择必须符合以下几个条件：

① 内标物应为试样中不存在的纯物质。

② 内标物的色谱峰应位于被测组分的色谱峰附近或几个被测组分色谱峰的中间。

③ 内标物的加入量，应接近被测组分的量。

④ 内标物与样品应完全互溶，但不能发生化学反应。

内标法的优点是测定的结果较为准确，由于通过测量内标物及被测组分的峰面积的相对值来进行计算，因而在一定程度上消除了操作条件等的变化所引起的误差。内标法的缺点是操作程序较为麻烦，每次分析时内标物和试样都要准确称量，有时寻找合适的内标物也有困难。

3. 内标标准曲线法

此法可认为是简化的内标法。如果称取同样量 m 的试样，加入固定量 m_s 的内标物，则式$\frac{m_s}{m}f'_i\times100\%$项为一常数，即

$$w_i=\frac{A_i}{A_s}\cdot \text{常数} \tag{4-15}$$

可见，被测组分的质量分数 w_i 与 A_i/A_s 成正比。若 w_i 对 A_i/A_s 作图可得一条直线，如图 4-13 所示。根据此直线关系，采用标准曲线法定量十分方便。

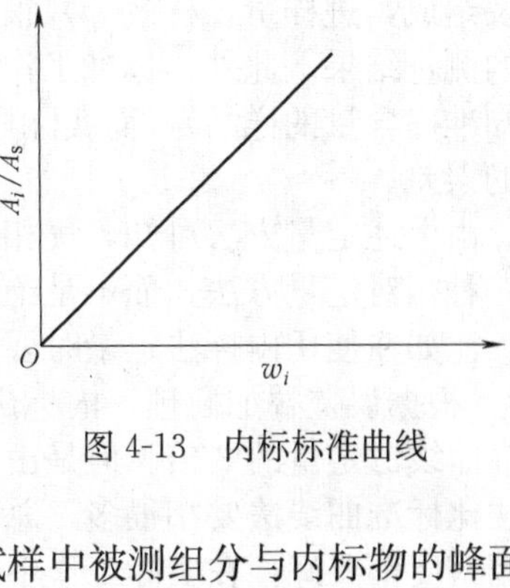

图 4-13　内标标准曲线

制作标准曲线时，先将待测组分的纯物质配成不同浓度的标准溶液。取一定量的标准溶液和内标物，混合后进样分析，测得 A_i 和 A_s，以 A_i/A_s 对标准溶液浓度作图，可得到标准曲线。分析样品时，取试样和内标物的量应与绘制标准曲线时所用的量相同，测出试样中被测组分与内标物的峰面积比 A_i/A_s，再从标准曲线上查出被测组分的浓度。

使用内标标准曲线法时应注意，在实际样品分析时所采用的色谱条件应尽可能与制作标准曲线时所用的条件一致，因此，在制作标准曲线时，不仅要注明色谱条件（如固定相、柱温、载气流速等），还应注明进样体积和内标物浓度。在制作内标标准曲线时，各点并不完全落在直线上，此时应求出面积比和浓度比的比值与其平均值的标准偏差，在使用过程中应定期进行单点校正，若所得值与平

均值的偏差小于 2，曲线仍可使用，若大于 2，则应重做曲线，如果曲线在较短时期内即产生变动，则不宜使用内标法定量。

此法不必测出校正因子，消除了某些操作条件的影响，也不需要严格定量进样，适合于液体试样的分析。另外，此法与内标法相比可减少称量样品和计算数据的麻烦，适用于工厂质量控制分析。

4. 外标法（标准曲线法）

外标法（external standard methed）是用待测组分的纯物质来制作标准曲线的方法。即取被测组分的纯物质配成一系列不同浓度的标准溶液，分别取等体积准确进样，得出相应的色谱峰。绘制峰面积（或峰高）对相应浓度的标准曲线。然后在同样操作条件下，分析同样量的未知试样，从色谱图上测出被测组分的峰面积（或峰高），再从标准曲线上查出被测组分的浓度。

当试样中被测组分浓度变化不大时，可不必作标准曲线，而用单点校正法（直接比较法）测定，即配制一个与被测组分含量十分接近的标准溶液，分别分析相同量的试样和标准溶液，由被测组分和标准溶液的峰面积比（或峰高比），可直接求出被测组分的含量。

$$\frac{w_i}{w_s}=\frac{A_i}{A_s} \qquad w_i=\frac{A_i}{A_s}w_s \tag{4-16}$$

由于 w_s 与 A_s 均为已知，故可令 $k_i = w_s/A_s$，则可得

$$w_i = k_i \cdot A_i \tag{4-17}$$

式中 k_i 为组分 i 的单位峰面积质量分数的校正值。只要测得 A_i 值，利用 k_i 值，由上式即可求出被测组分的质量分数。

外标法操作方便，计算简单，特别适合于批量样品的分析，但进样量要求十分准确，但由于每次样品分析的色谱条件（检测器的响应性能，柱温，流动相流速及组成，进样量，柱效等）很难完全一致，因此容易出现较大误差，得不到准确的测量结果。此外，标准工作曲线绘制时，一般使用待测组分的标准样品（或已知准确含量的样品），而实际样品的组成却千差万别，因此必将给测量带来一定的误差。

由上述定量方法可知，气相色谱定量分析与绝大部分的仪器定量分析一样，是一种相对定量方法，而不是绝对定量方法。这些定量方法各有优缺点和使用范围，比如在使用内标法定量时要测量待测组分和内标物的两个峰的峰面积（或峰高），根据误差叠加原理，内标法定量的误差中，由于峰面积测量引起的误差是标准曲线法定量的 2 倍。但是由于进样量的变化和色谱条件变化引起的误差，内标法比标准曲线法要小很多。总的来说，内标法定量比标准曲线法定量的准确度和精密度都要好。在实际工作中应根据分析的目的，要求以及样品的具体情况选择合适的定量方法。

任务六　气相色谱分离条件的选择与优化

【任务目的】

（1）理解色谱分离条件选择的指标柱效能（N）、选择性（α）和分离度（R）

等参数。

（2）初始操作条件的确定、色谱柱形式的选择、分离条件优化、程序升温等。

【工作依据】

色谱条件的选择与优化的目的是要在最短的分析时间内达到符合要求的分离结果。实验条件包括改变色谱柱温、载气流速、检测器温度等。分离度 R_i 是色谱柱总分离效能的主要量化指标。

本实验中用分离出的总峰数（n）、总分离度（$\sum R_i$）、色谱函数（COF）等为指标，判断分离效果的好坏。

$$R_i=\frac{2[t_{R(i+1)}-t_{Ri}]}{Y_{i+1}+Y_i}$$

$$COF=\sum(R_i/R_{id})+10n$$

式中　t_{Ri}——样品中某一组分 i 的保留时间

Y_i——样品 i 的峰宽

R_i——是样品 i 的分离度

R_{id}——相邻两种组分的基准分离度，本实验设定 $R_{id}=2$，所以当 R_i 大于 2 时，我们可以认为该种组分达到了基线分离

n——样品中所分离出的总色谱峰数

COF——色谱函数，若分离出的总峰数越多，COF 值和总分离度 $\sum R_i$ 值越大，表明分离效果越好

【工作准备】

（1）仪器　CP3800 气相色谱仪、色谱柱（30m×0.32mm）、气相色谱仪；氢火焰检测器；5415D 小型高速离心机。

（2）试剂　乙醚、乙酸乙酯、正己烷、乙醇（均为分析纯）；氮气（99.999%）、空气和氢气（99.999%）。

【工作内容】

1. 准备工作

鱼露风味物质的萃取：取 50mL 鱼露样品，置于 250mL 分液漏斗中，加入 10mL 萃取溶剂，剧烈振荡，静置 20min，完全分层，收集上层有机相。重复萃取，共 3 次，合并萃取液，置冰箱中于 4℃下保存备用。

2. 试样的分析

（1）气相色谱的初始条件　气化室温度为 200℃，FID 检测器温度为 250℃，进样量 1μL，进样分流比为 50∶1，载气流速为 3.0mL/min，氢气流速为 30mL/min，空气流速为 300mL/min，尾吹气流速为 27mL/min，初始柱温为 30℃，维持 2min，以 5℃/min 的速度升至 120℃，再以 9℃/min 的速度升至 180℃，保持 4min。

（2）萃取溶剂选择实验　选择乙醚、乙酸乙酯、正己烷等三种不同沸点的有机溶剂作为萃取剂对鱼露进行萃取，收集萃取物，用气相色谱进行分离，以分离出的总峰数、总分离度和 *COF* 值为指标，选择出一种适于鱼露风味成分提取的溶剂。

（3）气相条件的优化　以分离出的总峰数、总分离度和 *COF* 值为指标，分别考察进样量分流比、柱初温、一阶升温速率、二阶升温速率等因素对鱼露萃取物分离效果的影响，确定适宜的鱼露萃取物的气相条件。

3. 结束工作

实验完成后，清洗进样器，按正确的顺序关机，并清理仪器台面，填写仪器使用记录。

【数据处理】

1. 萃取溶剂的选择

将三种溶剂的鱼露萃取物的气相色谱分析结果填写在下表中，从平均峰数（即组分数）、$\sum R_n$ 值和 *COF* 值的比较可说明何种萃取物中组分最多，即在后续实验中选用该种溶剂作为鱼露风味物质的萃取溶剂。

萃取液	平均峰数/个	$\sum R_i$	*COF*
鱼露乙醚萃取液			
鱼露乙酸乙酯萃取液			
鱼露正己烷萃取液			

2. 进样分流比对分离效果的影响

将不同分流比对分离效果的影响结果列于下表中。比较在进样量均为 1μL 的情况下，各分流比对分离得到的色谱峰、总分离度和 *COF* 值有何影响。若各数据越大，说明分离效果越好，则在后面的实验中控制该分流比。

进样分流比	平均峰数/个	$\sum R_i$	*COF*
10∶1			
50∶1			
80∶1			
100∶1			

3. 初始柱温对分离效果的影响

将在不同柱初温条件下，将气相色谱分离鱼露风味物质的实验结果列于下表中。比较分离出的总峰数和 *COF* 值，选定更有利于风味物质分离的初始柱温。

初始柱温/℃	平均峰数/个	$\sum R_i$	*COF*
30			
40			
50			
60			

4. 一阶升温速率对分离效果的影响

控制初始柱温为一定值，设置不同的升温速率，在柱温升至120℃的过程中，将不同升温速率对鱼露萃取物分离效果的影响结果列于下表中。从改善样品中各组分的分离和缩短分析时间方面综合考虑，确定合适的一阶升温速率。

一阶升温速率/(℃/min)	平均峰数/个	ΣR_i	*COF*
2			
5			
8			

5. 二阶升温速率对分离效果的影响

控制初始柱温为一定值，柱温由初温升至120℃的升温速率确定，设置不同的升温速率，考察柱温由120℃至180℃的过程中，升温速率对鱼露萃取物分离效果的影响，实验结果列于下表中。综合考虑分离效果和分离时间，确定合适的二阶升温速率。

二阶升温速率/(℃/min)	平均峰数/个	ΣR_i	*COF*
9			
12			
15			

6. 优化条件的验证

通过上述实验，确定了用CP-Sil-8cb-30m-0.32mm毛细管柱分析鱼露风味物质的基本条件如下：

载气类型：氮气（99.999%）。

载气流速：3mL/min。

分流比：100∶1。

进样口温度：200℃。

柱初温：30℃。

程序升温方式：以5℃/min至120℃，继续以12℃/min升温至180℃，保持4min。

FID检测器温度：250℃。

在此条件下，作出鱼露乙酸乙酯萃取物的气相色谱图，并将各成分的出峰时间及其前一个峰的分离度列于下表中。判断共有多少种组分得到了分离，是否达到了基线分离。

峰号	保留时间/min	R_i

【任务提示】

[1] 每次改变柱温和流速后，应待仪器稳定后再进样。

［2］为了确保峰宽测量的准确，应适当调整峰宽参数。

［3］柱温升温过程中，速度不宜过快，应保持色谱柱的稳定。

问题探究

Q1：气相色谱分离条件优化的基本原则是什么？具体包括哪几方面的优化？

Q2：如何设置进样口温度、色谱柱温度以及检测器的温度？

知识链接四　气相色谱法的分离理论与实验条件的选择

一、气相色谱法的理论依据

实际的色谱分离过程非常复杂，在大量的研究工作基础上，人们试图从理论上来解释色谱分离过程中的各种柱现象和描述色谱流出曲线的形状以及评价柱子的有关参数。其中最具代表性的有塔板理论和速率理论。

1. 塔板理论

塔板理论（plate theory）是把色谱柱比作一个分馏塔，从而把色谱分离过程比作分馏过程。该理论假设色谱柱内有很多层分隔的塔板，塔板的数量称为理论塔板数，用 n 表示。在每一层塔板上，组分可达到一次分配平衡。因被分离组分的分配系数不同，经多次分配平衡后，可使不同的组分得以分离。显然，理论塔板数 n 越多，则进行的分配平衡次数越多，分离效能越高。若用 L 表示色谱柱的长度，则每层塔板的高度为 $H=L/n$，称理论塔板高度。可见，在一定长度的色谱柱内，H 越小，n 越多，色谱柱的分离效能越高。

塔板理论中理论塔板数 n 与半峰宽或峰宽之间的关系为

$$n=5.54\left(\frac{t_R}{Y_{1/2}}\right)^2=16\left(\frac{t_R}{Y}\right)^2 \tag{4-18}$$

用上式计算 n 时，t_R 与 $Y_{1/2}$ 或 Y 须用相同单位（时间或长度）。

由于保留时间 t_R 包括死时间 t_M，而死时间并不参与柱内分配，所以为了真实反映色谱柱的分离效能，通常用扣除死时间后的调整保留时间 t'_R，并用相应的有效塔板数 n' 或有效塔板高度 H' 作为柱效能指标。其关系式也相应地修正为

$$n'=5.54\left(\frac{t'_R}{Y_{1/2}}\right)^2=16\left(\frac{t'_R}{Y}\right)^2 \tag{4-19}$$

$$H'=L/n' \tag{4-20}$$

由此可见，在给定长度的色谱柱内，有效塔板数越多，有效塔板高度越小，组分在色谱柱内分配平衡的次数越多，柱效越高。柱效越高，所得色谱峰越窄，对被分离组分的分离效率越高。但若两组分在同一色谱柱上分配系数相同，那么

无论该色谱柱的 n' 增加到多大，这两组分仍无法分离。另外，因不同物质在同一色谱柱上的分配系数不同，所以同一色谱柱对不同物质的柱效能也不同，故用塔板数或塔板高度表示柱效能时，必须指出是哪一种物质的塔板数或塔板高度。

2. 速率理论

塔板理论虽然提出了评价柱效能的指标——塔板数和塔板高度，但未能具体说明影响塔板高度的因素。1956 年荷兰学者范第姆特等人提出了影响塔板高度的动力学因素，即速率理论（rate theory），并提出了塔板高度 H 与各种影响因素的关系式——速率方程式，又称范第姆特方程式，即

$$H=A+\frac{B}{u}+Cu \tag{4-21}$$

式中　u——载气的线速度，cm/s

A——涡流扩散项

B/u——分子扩散项

Cu——传质阻力项

由上式可见，在 u 一定时，只有 A、B、C 较小时，H 才能较小，柱效才能较高；反之则柱效较低，色谱峰将扩张。下面分别讨论各项的意义。

（1）涡流扩散项 A　亦称多路效应项，组分分子在色谱柱中遇到填充物颗粒时，会改变原有的流动方向，从而使它们在气相中形成紊乱的“涡流”的流动（图 4-14）。

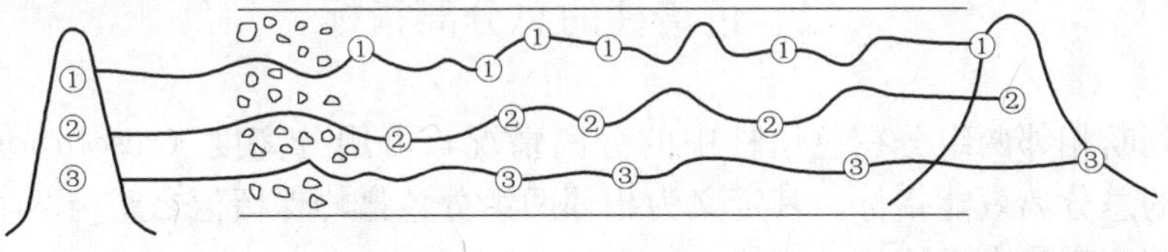

图 4-14　多路效应示意图

涡流扩散是因组分所经过的路径长短不同而引起色谱峰形的扩散。扩散的程度取决于填充物的平均颗粒直径 d_p 和固定相的填充不均匀因子 λ，即 $A=2\lambda d_p$。A 与载气性质、线速度和组分无关。对于空心毛细管柱，A 项为零。因此，为了减小涡流扩散，降低塔板高度，提高柱效，应尽可能使用直径小、粒度均匀的固定相，并尽量填充均匀。

（2）分子扩散项 B/u　试样沿着载气流动方向运动时，因试样前后（柱轴向）存在着浓度差，运动着的试样分子将产生沿轴向的扩散，使峰形变宽。分子扩散项取决于组分分子在柱内扩散路径的弯曲程度和组分在气相中的扩散系数，即 $B=2\gamma D_g$。式中 γ 是反映扩散路径弯曲程度的因素（弯曲因子），D_g 为组分在载气中的扩散系数。

另外，分子扩散与组分在柱内的保留时间有关，保留时间越长，分子扩散项

对色谱峰扩张的影响越显著。因扩散系数 D_g 与载气的相对分子质量的平方根成反比，即 $D_g \propto 1/\sqrt{M_{载气}}$，所以采用相对分子质量较大的载气（如氮气）可使 B 项降低。D_g 还与温度有关，柱温高，D_g 变大，B 项增大。

（3）传质阻力项 Cu　传质阻力项包括气相传质阻力 C_g 和液相传质阻力 C_l 两部分。即

$$Cu = (C_g + C_l)u \tag{4-22}$$

C_g 是指组分从流动相移动到固定相表面及从固定相表面回到流动相时所受的阻力；C_l 是指组分从固定相的气液界面移动到固定相内部，又返回到气液界面时所受到的阻力。因传质过程需要一定的时间，而流动相中的部分组分分子不受传质阻力的影响随着载气流出色谱柱，从而引起峰形扩散。一般传质阻力越大，传质过程进行得越慢，峰形扩散越严重。所以实际过程中若采用液膜薄的固定液则有利于液相传质，但不宜过薄，否则会减少样品的容量，降低柱的寿命。组分在液相中的扩散系数 D_l 大，也有利于传质、减少峰扩张。

由范第姆特方程式可以看出，许多影响柱效能的因素彼此呈对立关系，如流速加大分子扩散项影响减少，传质阻力项影响增大；温度升高有利于传质，但又加剧分子扩散的影响等。由此可见，要使柱效能得以提高，必须在色谱分离操作条件的选择上下工夫，尽可能地平衡这些矛盾的影响因素。速率理论不仅指出了影响柱效能的因素，而且也为选择最佳色谱分离操作条件提供了理论指导。

二、色谱柱的总分离指标

为判断相邻两组分在色谱柱中的分离情况，可用分离度（resolution）作为色谱柱的总分离效能指标。其定义为相邻两组分色谱峰保留值之差与两个组分色谱峰峰底宽度算术平均值的比值。

$$R = \frac{t_{R(2)} - t_{R(1)}}{(Y_1 + Y_2)/2} \tag{4-23}$$

显然，两组分的保留时间相差越大，则两峰间距越远，分离度 R 越大；组分色谱峰峰底宽度或半峰宽越窄，分母项越小，则分离度 R 越大，相邻两组分的分离效能越高。

从理论上可证明，若峰形对称且满足正态分布规律，则当 $R=0.8$ 时，两组分分离程度可达 89%；当 $R=1.0$ 时，分离程度可达 98%，一般认为两组分可以分离；$R=1.5$ 时，分离程度可达 99.7%，认为分离完全。所以 $R=1.5$ 作为完全分离的指标。

若 $Y_1 \approx Y_2 = w$，并用 $r_{21} = t'_{R(2)}/t'_{R(1)}$ 表示，可推导出分离度 R 与有效塔板数 n' 之间的关系式为：

$$R = \sqrt{\frac{n'}{16}} \times \left(\frac{r_{21} - 1}{r_{21}}\right) \tag{4-24}$$

式中 r_{21} 反映色谱柱的选择性，比如当 $r_{21}=1$ 时，$t'_{R(2)}=t'_{R(1)}$，两组分不能得到分离，r_{21} 值越大于 1，色谱柱对两组分的选择性越高，彼此分离得越好。

根据 n、H 和柱长 L 的关系，整理可得如下关系式：

$$L=16R^2\left(\frac{r_{21}}{r_{21}-1}\right)^2 H' \tag{4-25}$$

由于对给定的组分来说，分离条件一定时，r_{21} 和 H' 为定值，所以分离度 R 与柱长的平方根成正比。

三、分离操作条件的选择

1. 固定相及其选择

（1）气-固色谱固定相　气-固色谱一般用表面具有一定空隙的吸附剂作为固定相。常用的吸附剂有非极性活性炭、极性氧化铝、强极性硅胶等。由于吸附剂种类不多，加上各批生产的吸附剂性能不易重现，且进样量稍多时色谱峰不对称，有拖尾现象等，所以气-固色谱的应用受到很大的限制。近年来，通过吸附剂表面的改性及一些新型表面吸附剂的问世，使气-固色谱的应用稍有扩大。常用的吸附剂性能对比如表 4-4 所示。

表 4-4　GC 常用的吸附剂性能对比

吸附剂	主要成分	T_{max}/℃	性质	活化方法简述	分离对象
活性炭	C	<300	非极性	苯浸＋通过热水蒸气＋180℃烘干	永久气体、非极性烃
石墨炭黑	C	>500	非极性	同上	同上＋高沸点有机物
硅胶	$SiO_2 \cdot xH_2O$	<400	氢键型	HCl 浸＋水洗＋180℃烘干＋200℃活化（使用前）	永久气体、非极性烃
氧化铝	Al_2O_3	<400	弱极性	200～1000℃活化	烃＋有机异构物＋H同位素
分子筛	$xMO \cdot yAl_2O_3 \cdot zSiO_2 \cdot nH_2O$	<400	极性	350～550℃活化	永久气体＋惰性气体
GDX	多孔聚合物	<200	不同极性	170℃除水、通气活化	水＋气体氧化物＋CH_4＋低级醇

（2）气-液色谱固定相　其由担体表面涂以固定液而组成。担体与固定液的性能及在担体表面涂渍固定液的均匀性均影响色谱柱的分离效能。

① 担体：担体是一种化学惰性的多孔性固体颗粒。它的作用是提供一个大的惰性表面，使固定液以液膜状态均匀地分布在其表面上。气相色谱所用的担体有硅藻土和非硅藻土两类，常用的是硅藻土类担体，如 6201 红色担体、101 白色担体等均属硅藻土类担体。此类担体化学组成基本相似，但表面结构大不相同。因担体表面的结构和性质对试样组分的分离有着显著影响，所以希望担体能

满足颗粒细小均匀、孔径分布均匀、有较大的比表面积、热稳定性好、有一定的机械强度、表面化学惰性、无吸附、不与被测组分发生化学反应等条件。

② 固定液：在气-液色谱中起分离作用的主要是固定液。对固定液的基本要求是：

a. 挥发性小，热稳定性高，不易被载气带走或发生热分解，并能保证组分保留值的重现性。为了满足此要求，一般都采用高沸点的有机化合物作固定液，而且各自有特定的使用温度范围，尤其是有最高使用温度的极限。

b. 化学稳定性好，不与被测组分发生不可逆的化学反应，不使被测组分性质改变。

c. 对试样中各组分要有适当的溶解能力。溶解能力太弱，组分易被载气带走，达不到分离效果；溶解能力太强，组分会滞留在固定液中，同样不能分离。

d. 选择性高。即对试样中性质最相似（指沸点、极性或结构）的组分，应有尽可能高的分离能力。

在气相色谱分析中，常用固定液的极性来表示和区分固定液的分离特性。固定液的极性可用相对极性来表示。规定强极性固定液 β，β'-氧二丙腈的相对极性为100，而非极性固定液角鲨烷的相对极性为 0，并以此为基准，将相对极性 0～100 分成五个等级，每 20 为一级，并用 $P=+1\sim+5$ 来表示，以此衡量其他固定液的相对极性。一般认为 $P=+4\sim+5$ 为强极性固定液，$P=+3$ 为中等极性固定液，$P=+1\sim+2$ 为弱极性固定液，非极性固定液用 $P=0$ 或“－”来表示。各种常见固定液及极性大小见表 4-5。

表 4-5　　常用的固定液

固定液		最高使用温度/℃	常用溶剂	相对极性	分析对象
非极性	十八烷	室温	乙醚	0	低沸点碳氢化合物
	角鲨烷	140	乙醚	0	C_8 以前碳氢化合物
	阿匹松(L. M. N)	300	苯、氯仿	+1	各类高沸点有机化合物
	硅橡胶(SE-30,E-301)	300	丁醇+氯仿(1∶1)	+1	各类高沸点有机化合物
中等极性	癸二酸二辛酯	120	甲醇、乙醚	+2	烃、醇、醛酮、酸酯各类有机物
	邻苯二甲酸二壬酯	130	甲醇、乙醚	+2	烃、醇、醛酮、酸酯各类有机物
	磷酸三苯酯	130	苯、氯仿、乙醚	+3	芳烃、酚类异构物、卤化物
	丁二酸二乙醇酯	200	丙酮、氯仿	+4	
极性	苯乙腈	常温	甲醇	+4	卤代烃、芳烃和 $AgNO_3$ 一起分离烷烯烃
	二甲基甲酰胺	20	氯仿	+4	低沸点碳氢化合物
	有机皂-34	200	甲苯	+4	芳烃、特别对二甲苯异构体有高选择性
	β,β'-氧二丙腈	<100	甲醇、丙酮	+5	分离低级烃、芳烃、含氧化有机物

续表

	固定液	最高使用温度/℃	常用溶剂	相对极性	分析对象
氢键型	甘油	70	甲醇、乙醇	+4	醇和芳烃、对水有强滞留作用
	季戊四醇	150	氯仿+丁醇(1:1)	+4	醇、酯、芳烃
	聚乙二醇-400	100	乙醇、氯仿	+4	极性化合物：醇、酯、醛、腈、芳烃
	聚乙二醇 20M	250	乙醇、氯仿	+4	极性化合物：醇、酯、醛、腈、芳烃

选择固定液时可遵循“相似相溶”的原理。具体选择固定液的原则如下：

a. 非极性组分间的分离，一般选用非极性固定液。试样中各组分按沸点由低至高的顺序依次流出色谱柱。

b. 极性组分间的分离，一般选用极性固定液。试样中各组分按极性顺序被分离，极性小的先流出色谱柱，极性大的后流出色谱柱。

c. 非极性和极性组分混合物的分离，一般选用极性固定液。此时，非极性组分先出峰，极性组分后出峰。

d. 对于能形成氢键的组分（如醇、酚、胺和水等）的分离，一般选择极性或氢键型的固定液。试样中各组分根据与固定液形成氢键的能力不同，先后流出色谱柱。不易形成氢键的组分先流出，易形成氢键的组分后流出。

e. 对于复杂混合物的分离，常采用特殊的固定液或混合固定液。出峰的顺序由具体试样而定。

在实际工作中，固定液的选择往往根据实践经验或参考文献资料，并通过实验最后确定。

2. 分离操作条件的选择

当选定了固定相后，为了使试样中各组分能在较短时间内获得最佳的分离效果，还必须进一步选择适当的分离操作条件。主要的分离操作条件有以下几方面。

(1) 载气及其流速的选择　载气种类的选择首先要考虑使用何种检测器。比如使用 TCD，选用氢或氦作载气，能提高灵敏度；使用 FID 则选用氮气作载气。然后再考虑所选的载气要有利于提高柱效能和分析速度。例如选用摩尔质量大的载气（如 N_2）可以使 D_g 减小，提高柱效能。

由速率方程式 $H=A+B/u+Cu$ 可知，流速对柱效的影响很大，因塔板高度 H 与分子扩散项中的流速成反比，而与传质阻力项中的流速成正比，故必定有一个最佳流速，能使 H 达到最小，柱效最高。

以不同流速下测得的塔板高度 H 为纵坐标，流速 u 为横坐标作图，可得 H-u 关系曲线，如图 4-15 所示。在曲线的最低点，塔板高度 H 最小（$H_{最小}$），而该点所对应的流速即为最佳流速（$u_{最佳}$），此时柱效最高。但在实际工作中，为了缩短分析时间，通常控制的流速稍高于最佳流速。

根据速率理论和速率方程可以选择不同的载气，以便提高柱效。比如，当载气流速较大时，传质阻力项对柱效能的影响是主要的，应选使 C 值变小的载气。相对分子质量小的载气，如 H_2、He 等，因为组分在载气中有较大的扩散系数，减小传质阻力，有利于提高柱效；当载气流速较小时，分子扩散项对柱效能的影响是主要的，应选择使 B 值变小的载气。相对分子质量较大的载气，如 N_2、Ar 等，因使组分在载气中有较小的扩散系数，抑制轴向扩散，有利于提高柱效。

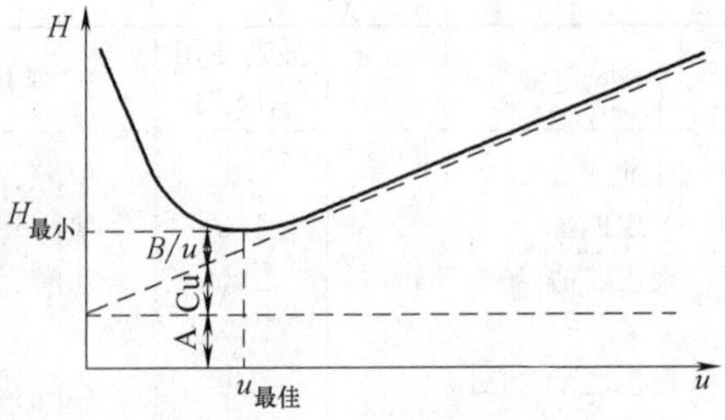

图 4-15　H-u 关系曲线

（2）柱温的选择　柱温是一个非常重要的操作变量，直接影响分离效能和分离速度。首先要考虑每种固定液都有一定的使用温度。柱温不能高于固定液的最高使用温度，以免固定液挥发流失。

柱温对组分分离的影响较大，提高柱温使各组分的挥发程度接近，不利于分离，所以，从分离的角度考虑，宜采用较低的柱温。但柱温太低，会使组分在两项中的传质速率大为降低，峰形变宽，柱效能下降，分析时间延长。因此，选择柱温的原则是保证使难分离的组分能达到较好分离效果的前提下，选择尽可能低的柱温，但以保留时间适宜，峰形正常为限。柱温一般选各组分沸点平均温度或稍低些。表 4-6 列出了各类组分适宜的柱温和固定液配比，以供选择参考。

表 4-6　柱温的选择

样品沸点/℃	固定液配比/%	柱温/℃
气体、气态烃、低沸点化合物	15～25	室温或<50
100～200 的混合物	10～15	100～150
200～300 的混合物	5～10	150～200
300～400 的混合物	<3	200～250

值得注意的是，当被分析组分的沸点范围很宽时，用同一柱温往往造成低沸点组分分离不好，而高沸点组分峰形扁平，此时宜采用程序升温的办法使高沸点及低沸点组分都能获得良好的分离效果。另外，选择柱温时不能高于固定液最高使用温度，否则会造成固定液大量挥发流失；同时，柱温至少必须高于固定液的熔点，这样才能使固定液有效地发挥作用。

（3）其他条件的选择　除了上述条件外还应考虑如下几方面的因素：

① 进样时间和进样量：进样速度应尽可能快，否则会因试样原始宽度的变大，而造成色谱峰的扩张，甚至使峰变形。一般当用注射器或气体进样阀进样时，要求在 1s 内完成进样。进样量应保持在使峰面积或峰高与进样量成正比的范围内。检测器性能不同，允许的进样量也不同。液体试样一般进样 0.1～5μL，

气体试样一般进样 0.1～10mL。

② 柱长及柱内径：增加柱长可提高分离效果。但柱长过长，使分析时间延长。所以在满足一定分离度的条件下，应选用尽可能短的色谱柱。填充柱的柱内径一般为 3～6mm，毛细管柱的内径 0.1～0.5mm。

③ 气化温度的选择：气化温度的选择应以保证试样能迅速气化且不分解为准。适当提高气化温度对分离及定量都有利。一般选择的气化温度比柱温高 20～70℃。

④ 固定液的用量：担体的表面积较大时，固定液用量可多些，允许的进样量也相应增加。但从速率方程式的传质项中可知，为了减小液相的传质阻力，应使固定液的液膜厚度尽可能薄。但固定液液膜太薄，则允许的进样量也就越少。因此固定液的用量要根据具体情况决定。

固定液的配比（指固定液与担体的质量比）一般为（5～25）∶100。担体的比表面积越大，固定液用量的比例可越高。

⑤ 担体的性质和粒度：若担体的比表面积大，孔径分布均匀，则固定液易分布均匀，从而可加快传质过程，提高柱效。故应该选用颗粒小且均匀的担体，并尽可能填充均匀，以减少涡流扩散，提高柱效。但粒度过小，填充不易均匀，会使柱压降增大，对操作不利。一般对 4～6mm 的柱管，选用 60～80 目或 80～100 目的担体较为合适。

阅读材料　全二维气相色谱

气相色谱作为复杂混合物的分离工具，已在挥发性化合物的分离分析中发挥了很大的作用。目前使用的大多数仪器为一维色谱，使用一根色谱柱，仅适合于含几十至几百种物质的样品分析。当样品更复杂时，就要用到二维色谱技术。

全二维气相色谱是色谱的一种，但它不同于通常的二维色谱（GC＋GC）。GC＋GC 一般采用中心切割法，从第 1 支色谱柱预分离后的部分馏分，被再次进样到第 2 支色谱柱做进一步的分离，而样品中的其他组分或被放空或也被中心切割。这种方法的第二维分析速度一般较慢。全二维气相色谱（GC×GC）是把分离机理不同而又互相独立的两支色谱柱以串联方式结合成二维气相色谱。在这两支色谱柱之间装有一个调制器，这个调制器起捕集再传送的作用。经第 1 支色谱柱分离后的每一个馏分，都需先进入调制器，进行聚焦后再以脉冲方式送到第 2 支色谱柱中进行进一步的分离。所有组分从第 2 支色谱柱进入检测器。信号经数据处理系统处理后，得到以第 1 支柱上的保留时间为第一横坐标，第 2 支柱上的保留时间为第二横坐标，信号强度为纵坐标的三维色谱图，或二维轮廓图。

综合实训　马应龙麝香痔疮膏中冰片的含量测定

项目背景：马应龙麝香痔疮膏为非处方药品，可清热燥湿、活血消肿，去腐生肌，多用于治疗湿热淤阻所致的痔疮、肛裂等。冰片能消炎止痛，为治痔疮炎症期的用药，且具有抗菌作用。

根据以上信息，学生自主完成以下任务：

任务一：查找资料，对比并选择检测方法。

任务二：设计马应龙麝香痔疮膏中冰片含量测定方案。

任务三：对方案进行验证实施。

任务四：设计检验报告单，记录实验数据，并对实验结果进行分析与说明。

自主练习

一、选择题

1. 由固定相和流动相的定义，可知（　　）。

A. 固定相是固定不同的，流动相是不断流动的

B. 流动相为气体和液体，固定相只能是固体

C. 固定相与流动相是不能相溶的

D. 流动相带着样品进入色谱柱

2. 下列说法正确的是（　　）。

A. 当分配系数 $K=0$，组分最先流出色谱柱

B. 不同组分具有不同的分配系数

C. 分配系数越大，组分越晚流出色谱柱

D. 组分与固定相作用力越小，则越晚流出色谱柱

3. 试指出下述说法中，哪一种是错误的？（　　）

A. 根据色谱峰的保留时间可以进行定性分析

B. 根据色谱峰的面积可以进行定量分析

C. 色谱图上峰的个数一定等于试样中的组分数

D. 色谱峰的区域宽度体现了组分在柱中的运动情况

4. 某色谱峰，其峰高 0.607 倍处色谱峰宽度为 4mm，半峰宽为（　）。

A．4.71mm　　B．6.66mm　　C．9.42mm　　D．3.33mm

5. 对于色谱分析法中，流动相和固定相的选择主要取决于（　　）。

A. 流动相的极性 B. 固定相的极性 C. 被分离物质的极性 D. 色谱柱

6. 以峰高乘以平均峰宽的方法计算色谱峰的峰面积，适用于何种形状的色谱峰？（　　）

A. 不对称的色谱峰　　B. 矮而宽的色谱峰

C. 对称的色谱峰　　D. 所有的色谱峰

7. 利用气相色谱法来测定某有机混合物，已知各组分在色谱条件下均有出峰，那么定量分析各组分含量时应采用（　　）

A. 外标法　　　B. 内标法　　　C. 归一化法　　　D. 工作曲线法

二、数据分析题

1. 分析试样中某组分，得到一正态色谱图，测得峰底宽度 $Y=40mm$，保留时间 $t_R=390mm$，计算此色谱柱的理论塔板数 n；如果柱长为 1m，则塔板高度 H 是多少？

2. 测得某组分在 1m 色谱柱上，调整保留时间为 1.94min，峰底宽为 9.7s。计算 N_{eff} 及 H_{eff}。

3. 测乙醇中微量水分，采用内标法。准确称取试样 1500mg，然后准确加入一定体积的纯甲醇（150mg），摇匀后，取 5μL 进样，在一定色谱条件下测得水及甲醇的色谱峰面积为 $A_{水}=80mm^2$，$A_{甲醇}=98mm^2$。实验测得 $f_{水/甲醇}=0.87$。计算试样中水的含量。

4. 气相色谱测定样品中乙酸乙酯，丙酸甲酯，正丁酸甲酯的色谱数据见下表，死时间为 0.6min。

计算每种组分的含量。

组分	乙酸乙酯	丙酸甲酯	正丁酸甲酯
保留时间 t_R/min	2.72	4.92	9.23
峰面积	18.1	43.6	29.9
相对校正因子/f_{is}	0.60	0.78	0.88

5. 气相色谱分析二甲苯母液中间二甲苯含量。称取样品 0.1250g，加入正壬烷内标 0.0625g，间二甲苯的校正因子为 0.96，正壬烷的校正因子为 1.02，间二甲苯的峰面积为 $3.5cm^2$，正壬烷的峰面积为 $12cm^2$。求样品中间二甲苯的质量分数。

模块五　液相色谱法

学习目标

知识目标： 掌握高效液相色谱仪的结构及各部件的功能；掌握薄层色谱法、高效液相色谱法的实验技术、定性及定量分析方法；了解高效液相色谱仪的维护与保养。

技能目标： 能规范操作高效液相色谱仪。

流动相为液体的色谱法称为液相色谱法。液相色谱法分类方法很多，若按固定相性质及形式分类，可分为柱色谱法、纸色谱法、薄层色谱法；按分离原理分类，可分为吸附色谱、分配色谱、离子交换色谱、凝胶色谱；按流动相输送压力大小分为经典液相色谱法（包括柱色谱法、纸色谱法、薄层色谱法）和高效液相色谱法。

任务一　红辣椒中辣椒色素的分离与提取

【任务目的】

（1）学会薄层板的制作和柱色谱的装柱技术。

（2）掌握柱色谱和薄层色谱的分离和定性分析技术。

【工作依据】

以石油醚作萃取剂，将胡萝卜素及红色素用索氏提取器从辣椒中提取出来。然后采用薄层色谱分析，确定辣椒色素提取液中的组分数，并探索分离条件。再经氧化铝柱色谱分离，分段接收并蒸除溶剂，即可获得各个单组分，进行后续定性分析。

【工作准备】

（1）仪器　索氏提取器、恒温水浴锅、圆底烧瓶、锥形瓶、布氏漏斗、吸滤瓶、3cm×8cm 薄板玻璃片、点样毛细管、色谱柱、锥形冷凝管、载玻片、层析缸、滴瓶、喷雾瓶、电吹风、喷雾器、烘箱、干燥器、直尺、铁夹。

（2）试剂　干燥红辣椒、石油醚、硅胶 G（200～300 目）、沸石。

【工作内容】

1. 样品提取

称取5g干燥并研碎的红辣椒粉用滤纸包好，放入索氏提取器中，量取60mL石油醚加入干燥的150mL圆底烧瓶中，另外40mL石油醚倒入索氏提取器中，在圆底烧瓶中放入2粒沸石，装上回流冷凝管，接通冷凝水，在水浴上加热回流1h。待提取液冷却至室温，过滤，除去不溶物，收集滤液待用。

2. 硅胶（G）薄层板的制备

（1）调浆　取硅胶G 10g置烧杯中，若需要可适当加入少量的羧甲基纤维素钠，再加蒸馏水24～25mL混合成均匀的糊状。

（2）涂布　用药匙取一定量，分别倒在一定大小、洁净、干燥的玻璃板上均匀涂布成0.25～0.5mm厚度，轻轻振动玻璃板，使薄层面平整均匀。

（3）干燥　室温下在水平位置放置，待薄层发白近干。

（4）活化　将凉干的薄层板置于烘箱中105℃活化0.5～1h，冷后贮于干燥器内备用。活化温度和时间可依需要调整，一般检测水溶性成分或一些极性大的成分时，所用薄层板只在空气中自然干燥，不经活化即可贮存备用。

3. 薄层层析分析

用点样毛细管吸取少量辣椒色素提取液在一块硅胶G薄板边沿1～1.5cm处划线，用毛细管点样，然后置入色谱槽进行色谱分离，以三氯甲烷作展开剂。展开后取出薄层板观察有几个点分离开，由此判断样品中有几种色素。

4. 柱色谱分离

（1）展开剂的配制　配制体积分数为10%的丙酮石油醚溶液100mL。

（2）装柱　将称好的20g氧化铝粉末加入柱中，然后加入30mL纯石油醚，再用吸耳球加压使氧化铝均匀填充在柱内至无气泡，再在氧化铝表层均匀地加少许脱脂棉并轻微压紧。由于色谱柱下端无控制流速的旋塞，需不停用胶头滴管将下端流出的石油醚重复加入色谱柱中，以保证柱中氧化铝上端有石油醚层。

（3）加样　当柱顶的石油醚层逐渐下降至高于棉层2～3mm时，用滴管加入1mL辣椒的石油醚提取液。

（4）洗脱　柱下端用锥形瓶接液，当试液与棉层快齐平时，不断地滴加10%丙酮石油醚溶液，使柱中试样逐渐下移展开为几条不同色带，注意色带的位置、宽度、颜色深浅。当每一色带到达柱底部下端时即更换接液锥形瓶，同时注意用薄层色谱板检验各接收液中的组分是否为单一组分。

【任务提示】

[1] 薄层板应均匀，不能太厚。点样量应适量。

[2] 色谱柱柱中不能有气泡。

[3] 根据分离效果可调节展开剂的极性。

[4] 氧化铝表层上应保持有一定量的石油醚层。

问题探究

Q1：薄层色谱法的分离原理是什么？

Q2：薄层板制备程序有哪几步？

知识链接一　薄层色谱法分离技术

经典色谱法的特点是仪器设备简单，费用低，分析速度快，能同时分析多个样品，对样品预处理的要求不高，试样不受沸点、热稳定性的限制。因此广泛应用于医药工业中产品的纯度控制和杂质检查、天然药物研究中有效成分分离、中药的定性鉴别、临床实验室和生物化学中各种样品的分析。

薄层色谱法（TLC）是经典液相色谱法中最常见的一种。薄层色谱法是将固定相均匀地涂布在一块玻璃板、塑料板或铝箔上，形成一定厚度的薄层并使其具有一定的活性，在此薄层上进行色谱分离。虽然薄层色谱是在纸色谱之后发展起来的，但薄层色谱比纸色谱发展更快，应用更广泛。薄层色谱具有以下特点：

（1）设备简单，操作简易。

（2）展开速度快，展开一次只需几到几十分钟。

（3）分离能力强，斑点集中。

（4）灵敏度高，可检测 10^{-9}～10^{-6}g 物质。

（5）样品用量少，只需几微克，甚至还能不破坏样品。

薄层色谱按其分离机理可分为吸附薄层色谱、分配薄层色谱、离子交换及排阻薄层色谱等，但使用得较多的是吸附薄层色谱。本节只讨论吸附薄层色谱法。

一、薄层色谱法的分离原理

薄层色谱法是将吸附剂均匀地涂在玻璃板或其他硬板上成一薄层，将此吸附剂薄层作为固定相，把待分离的样品溶液点在薄层板的下端，然后用一定的溶剂（称为展开剂）作为流动相。将薄层板的下端浸入到展开剂中去，流动相通过毛细管作用由下而上逐渐浸润薄层板，此时流动相将带动试样在板上也向上移动，由于吸附剂对不同物质的吸附力大小的不同，试样中的组分在吸附剂和溶剂之间发生连续不断的吸附、解吸、再吸附、再解吸的过程。易被吸附的物质相对移动得慢一些，而较难吸附的物质则相对移动得快一些，从而使各组分有不同的移动速度而彼此分开，形成互相分离的斑点，从而进行混合物的分离和分析。各个斑点在薄层中的位置一般用比移值 R_f 来表示，即：

$$R_f(\text{比移值})=\frac{\text{原点至斑点中心的距离}}{\text{原点至溶剂前沿的距离}} \tag{5-1}$$

式（5-1）中原点指样品点在薄层板上的位置，溶剂前沿（即展开剂前沿）指展开完毕后，展开剂到达的终点。

如图 5-1 为 A、B 混合物 R_f 值的测量示意图。A、B 组分的 R_f 值按下式计算：

$$R_f(A)=\frac{a}{c} \qquad R_f(B)=\frac{b}{c}$$

若某组分 $R_f=0$，表示它不随展开剂移动，吸附剂吸附太强。R_f 值的大小，取决于该组分的分配系数 K 值。由于不同组分具有不同的值 R_f，所以可根据 R_f 值进行定性分析。

待测试样经薄层色谱分离后，采用适当的手段，检测斑点，即可对样品中各组分进行定量分析。

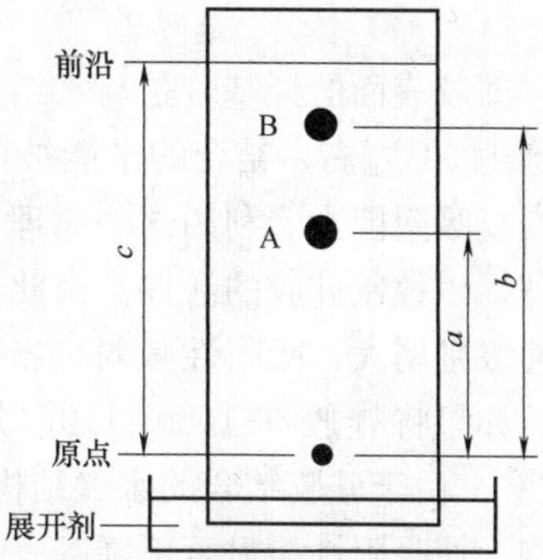

图 5-1　R_f 的测量示意图

一般影响 R_f 值的因素是很多的，如：溶液 pH、展开时间、展开距离、温度、薄层厚度、吸附剂含水量的影响等。在实验中，R_f 值的可用范围是 0.2～0.8，最佳范围是 0.3～0.5。为消除实验条件的影响，常用相对比移值 R_{st} 代替 R_f 值

$$R_{st}(\text{相对比移值})=\frac{\text{被测组分的 } R_f \text{ 值}}{\text{参考(对照)物的 } R_f \text{ 值}} \tag{5-2}$$

$$R_{st}(\text{相对比移值})=\frac{\text{原点至被测组分斑点中心的距离}}{\text{原点至参考(对照)物斑点中心的距离}} \tag{5-3}$$

所用的参考（对照）物可以是样品中的某一个组分，也可以是另外加的标准物质。

R_{st} 的值与 R_f 不同，$0\leqslant R_f<1$，而 R_{st} 可 >1 或 <1。R_f 值最大等于 1，此时该组分随展开剂一起上升，分配系数 K 最大；R_f 值最小等于 0，此时该组分基本留在原点不动，分配系数 K 最小。从原则上讲，只要两组分的 R_f 值有差别，就能将它们分开。R_f 值差别越大，分离效果就越好。

二、吸附剂与展开剂

1. 吸附剂

薄层色谱法的固定相也称为吸附剂。为了获得良好的分离效果，薄层色谱法要求吸附剂必须有适当的吸附能力，并且与展开剂及欲分离的试样不发生化学反应。若分离物极性强，应选择吸附能力弱的吸附剂；若被分离的物质极性弱，则应选择吸附能力强的吸附剂。吸附剂的种类很多，但在吸附薄层色谱法中最常用

的吸附剂是硅胶和氧化铝等。

(1) 硅胶　硅胶呈弱酸性，适用于分离酸性和中性物质，如有机酸、氨基酸、甾体。硅胶具有硅氧交联结构，表面具有许多硅醇基的多孔性微粒，通常用 $SiO_2 \cdot xH_2O$ 表示。硅醇基是硅胶的吸附活性中心。

硅醇基　　　　　　　　水合硅醇基

硅胶表面的羟基若是与水结合成水合硅醇基则失去活性或吸附性。将硅胶加热到 100℃左右，结合的水能被可逆地除去（此结合水也称自由水），硅胶又重新恢复吸附能力。利用这一原理可以对硅胶进行活化（去水）和脱活化（加水）处理，以控制硅胶的活性。由此可见，硅胶的活性与含水量有关，含水量增加，活性级别增大，吸附性减弱。当“自由水”的含量大于 17%时，则吸附能力极低。如果将硅胶在 105～110℃加热 30min，则硅胶吸附能力增强；若加热至 500℃，由于硅胶结合的水（结构水）不可逆地失去，使硅醇基结构变成硅氧烷结构，使吸附性能显著下降。

薄层色谱中常用的硅胶有以下几种：硅胶 G（掺有煅石膏的硅胶），硅胶 H（不含黏合剂的硅胶），硅胶 HF_{254}（含荧光指示剂的硅胶），硅胶 GF_{254}（加煅石膏和荧光剂的硅胶），硅胶 CMC（硅胶中加羧甲基纤维素）等，可根据不同的分析条件与要求进行选择。

(2) 氧化铝　氧化铝是一种常用的无机吸附剂，具有较强的吸附能力。碱性氧化铝制成的薄板适用于分离碳氢化合物、碱性物质（如生物碱）和对碱性溶液比较稳定的中性物质。中性氧化铝适用于醛、酮以及对酸、碱不稳定的酯和内酯等化合物的分离。酸性氧化铝适合酸性成分的分离，如氨基酸、酸性色素等。一般薄层用的氧化铝活性为Ⅱ～Ⅲ级。

氧化铝和硅胶类似，有氧化铝 H，氧化铝 G 和氧化铝 HF_{254} 等。按制备方法氧化铝又可分为碱性氧化铝（pH＝9～10）、中性氧化铝（pH≈7.5）和酸性氧化铝（pH＝4～5）。

2. 展开剂

薄层色谱法中的液体流动相也称为展开剂或洗脱剂。选择适当的展开剂是薄层分离的重要条件之一。在薄层色谱法中，展开剂主要是根据被分离物质的极性、吸附剂的活性以及展开剂本身的极性来选择。

根据上述三个因素，Stahl 设计了一个简单的选择吸附薄层色谱条件的简图（图 5-2），从图 5-2 所示，如将圆中的三角形 A 角指向极性物质，则 B 角就指向活性小的吸附剂，C 角就指向极性展开剂，依此类推。

薄层色谱法中常用的溶剂，按极性由强到弱的顺序排列是水＞酸＞吡啶＞甲醇＞乙醇＞正丙醇＞丙酮＞乙酸乙酯＞乙醚＞氯仿＞二氯甲烷＞甲苯＞苯＞三氯乙烷＞四氯化碳＞环己烷＞石油醚。

由图 5-2 可知，对极性较大的化合物进行分离需选用极性较大的展开剂，极性较小的化合物需选用极性较小的展开剂。当单一溶剂作展开剂不能很好分离时，可考虑改变展开剂的极性或选用混合溶剂展开。如果 R_f 值都较小，原点时，可考虑增大展开剂极性或加入适量极性较大的溶剂。如果 R_f 值都较大靠近溶剂前沿时，可考虑减小展开剂极性或加入适量极性较小的溶剂。一般希望 R_f 值在 0.2～0.8。为了选择一种最适宜的展开剂，往往需要做很多次探索性的实验，例如，

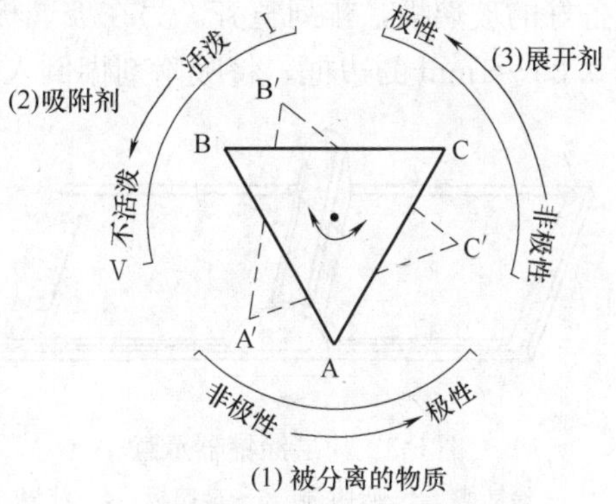

图 5-2　被分离组分、吸附剂、展开剂关系图

如果某一物质在用苯作展开剂展开时，移动距离太小，甚至留在原点，说明展开剂的极性太弱。此时可以加入一定量的丙酮、正丙醇、乙醇等极性强的溶剂，再视分离的效果适当改变溶剂的配比，如苯：丙酮由 8：2 调至 7：3 或 6：4 等。若样品斑点跑到溶剂前沿，则考虑降低展开剂的极性。

三、薄层色谱法的操作技术

薄层色谱一般操作程序可分为制板、点样、展开和显色四个步骤。

1. 制板

制板前应选好板材，一般用玻璃板。要求其表面必须平整光滑，洗净不挂水珠，否则吸附剂不易涂布，并可能影响分离和检测。同时根据被分离组分的性质与要求，可选用不同尺寸的板，定性鉴定一般可用 18cm×6cm 的板；制备纯品可选用较大的板，如 20cm×20cm。

在吸附剂中加入黏合剂（煅石膏或羧甲基纤维素），制成黏合薄层即为硬板。用羧甲基纤维素钠（CMC—Na）为黏合剂制成薄层称为硅胶—CMC—Na 板。这种板机械强度好，可用铅笔在薄层上做记号，但使用强腐蚀性试剂时，要注意显色温度和时间，以免 CMC—Na 炭化而影响显色。用煅石膏为黏合剂制成的薄层称为硅胶 G 板，这种板机械强度较差，易脱落。硬板制备方法有三种，下面以硅胶为例，具体说明其操作方法。

（1）倾注法　将 18cm×6cm 玻璃平板放在平台上，取 5g 硅胶 G 放入研钵或 50mL 小烧杯中，加 10mL 水，在 1～1.5min 内搅拌成均匀糊状，将糊状硅胶迅速倾注在玻璃平板上，用玻璃棒铺平，轻轻振动玻璃板，使硅胶均匀、风干、活化。以上的手工铺板方法是最简单的铺板方法，缺点是在铺多块板时，板面的

一致性差，只适用于定性和分离，不适于定量。

(2) 平铺法　在水平台面上放置适当大小的玻璃平板，再在此板上放置多块准备好的玻璃板，排列整齐。另在玻璃板两边加上玻璃条做成的厚度高出玻璃板边 0.25～1mm 的边框，将吸附剂糊倒入中间玻璃板上，用玻棒向一定方向均匀地将糊刮平，然后逐块轻轻振摇晾干，活化备用。此法的优点是一次可以平铺多块薄层板。

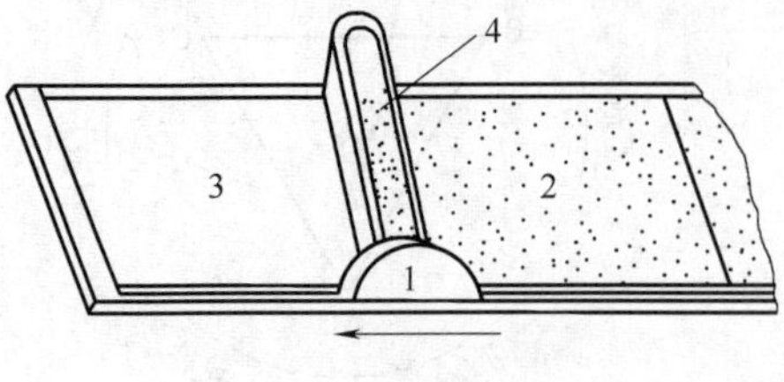

图 5-3　薄层涂铺器示意

1—涂铺槽　2—吸附剂　3—玻璃板　4—狭缝

(3) 涂铺器法　涂铺器（图 5-3）分为可移动式和固定式两种。可移动式涂铺器是涂铺槽移动，玻璃板不动。而固定式涂铺器是涂铺槽固定，玻璃板以一定速率移动，玻璃板的移动，可以是手动，也可以是由电机带动的自动铺板器。用涂铺器铺板，一次可铺成几块厚度均匀的板，具有较好的分离效果和重现性，可作定量分析用板。

制板完毕后，要将薄层板活化。对于硅胶板，可置于 105～120℃的恒温箱中加热 1h，氧化铝板则在 80～100℃中加热 30min。

2. 点样

若样品为固体，溶解所需的溶剂一般不用蒸馏水，因为水溶液斑点容易扩散，且不易挥发。而选择易挥发的，如氯仿、丙酮、甲醇、乙醇、甲酸、乙酸等有机溶剂，使溶剂能迅速挥发，以减少色斑的扩散。

在活化好的薄层板上，一般用直径小于 1mm 的玻璃毛细管或微量注射器点样。点样时管端或针尖轻轻靠近薄板点样线（点样线一般距薄层底端 1.5～2.5cm，常先用铅笔做好标记），让液滴接触硅胶板，液滴被硅胶吸收而落下。点样时必须注意勿损坏薄层表面。点样量一般以几微升为宜，点样量太多，展开后易出现拖尾现象，使分离度降低。点样量太少，展开后斑点颜色浅，甚至看不出斑点。样品点（原点）直径宜为 2～3mm。溶液宜分次点加，前一滴点完，待溶剂挥发干后再点第二滴，这样能减少斑点的扩散，使样品点不致太大。点样时最好不要超过 10min，点样时间太长，硅胶在空气中易吸湿降低活性。点样后可用电吹风机促其迅速干燥，缩短点样时间。

3. 展开

将点好样的薄板与流动相接触，使两相相对运动并带动样品组分迁移的过程为展开。展开装置如图 5-4 所示。

一般硬板常用上行法展开。即将点样后的薄板直立于已盛有展开剂的直立型展开槽的凸出处［图 5-4 (1)］，不接触底部的展开剂，加盖饱和［若用双槽层析缸如图 5-4 (2)，更有利于展开剂饱和］后，再迅速将薄板置于槽底使之浸入

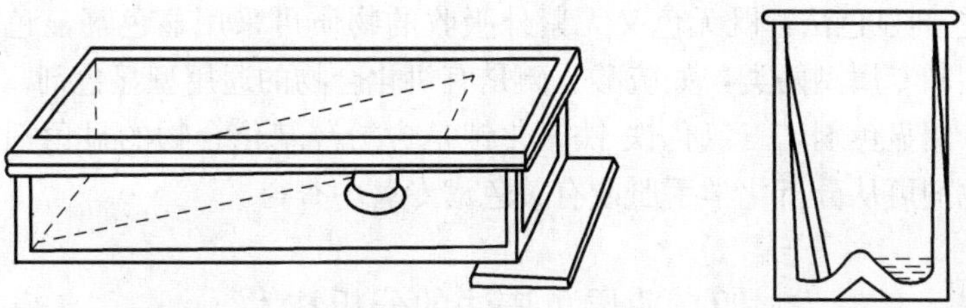

(1) 长方形展开槽，近水平展开　　(2) 双底展开槽，上行展开

图 5-4　展开槽与展开方式

展开剂中展开，直至展开剂上升一段距离（一般约 15cm），取出薄板，用铅笔画出溶剂前沿位置，以便测量 R_f 值。

展开操作时应注意以下几个问题：

① 色谱缸密闭性能良好，使色谱缸中展开剂蒸气饱和维持不变。

② 展开前，色谱缸空间应为展开剂蒸气充分饱和。将点好样的薄层板放入缸中，在不接触展开剂的情况下，盖严盖子，放置 15min，待缸内空间被展开剂蒸气饱和，再将薄板下端浸入展开剂中（注意点样线不能浸入展开剂中），这样操作可防止边缘效应。边缘效应是由于色谱缸中展开剂蒸气未达到饱和，因而在展开过程中，混合展开剂中极性较弱与沸点较低的溶剂在薄层的两边较易挥发，使溶剂组成与薄层中部不同，边沿处含有更多的极性较大的溶剂，会出现同一组分在薄层中部比在薄层两边沿处移动慢的现象，即中部的 R_f 值比边沿的 R_f 值小。

③ 将薄板下端浸入展开剂中展开时，薄板上的点样点不得浸入展开剂中，否则样品溶解于展开剂中，达不到展开的目的。

在展开过程中最好恒温恒湿，因为温度和湿度的改变都会影响 R_f 值和分离效果，降低重现性。尤其对活化后的硅胶、氧化铝板，更应注意空气的湿度，尽可能避免与空气多接触，以免降低活性而影响分离效果。

4. 显色

对有色物质的分离，展开后可直接观察斑点的颜色，无需进行显色。无色物质的分离，展开后需用各种方法使斑点显色，以便进行定性鉴定。

根据被分离物质的性质不同，可分别采用以下方法：

① 紫外灯观察法：具有荧光的物质及少数有紫外吸收的物质可在紫外灯（254nm 或 365nm）下观察有无暗斑或荧光斑点，在灯下划出斑点位置，并记录其颜色及强弱。

② 荧光薄层板检测法：具有紫外吸收的物质采用荧光薄层板检测。如采用硅胶 GF_{254} 制成的板，在 254nm 紫外灯下，整个薄层板呈黄绿色荧光，被测物质

由于吸收了部分照射在此斑点位置的紫外线，而呈现各种颜色的暗斑。

③ 显色剂显色法：既无色又无紫外吸收的物质可采用显色剂显色。显色剂分为通用型和专属型两类，如硫酸、碘是有机化合物的通用型显色剂。茚三酮是氨基酸的专用显色剂，三氯化铁-铁氰化钾是含酚羟基化合物的显色剂。各类化合物的显色剂可从分析化学手册或有关色谱专著中查得。

四、薄层色谱法的分析技术

1. 定性分析

对斑点的定性鉴别主要依靠 R_f 值的测定。一般薄板上斑点位置确定之后，便可计算出 R_f 值。然后，将该 R_f 值与文献记载的 R_f 值相比较来鉴定各组分。由于 R_f 值的测定易受很多因素影响，要使测定的条件与文献规定的条件完全一致比较困难。因此，通常的方法是对照法，是用已知的标准物质（对照品）作对照，在同一块薄层板上分别点上样品和对照品进行展开、定位。如果样品的 R_f 值与对照品的 R_f 值相同，可认为该组分与对照品为同一物质。有时为了定性可靠起见，还应采用多种不同的展开系统进行展开。如果所得到的 R_f 值与对照品均一致，才可基本认定是同一物质。有时为了进一步确证待测物质，可将斑点从硅胶上洗脱下来，用其他方法进行定性鉴定。

2. 定量分析

(1) 目视直接比较法　在同一薄层板上点上不同量的样品及接近最低检出量的已知标准样品，展开后用肉眼比较待测样品与标准样品斑点的大小、颜色的深浅，取与标准样品最接近的斑点，根据标准样品的含量来求出样品含量的近似值。此法的精确度为±10%，适合于药物中杂质含量的检测。

(2) 斑点洗脱法　样品经薄层分离定位后，将待测组分的斑点部分的吸附剂定量取下（刮下），用合适的溶剂将待测组分定量洗脱，然后按照比色法或分光光度法测定其含量。

(3) 薄层扫描法　系指用一定波长的光照射在薄层板上，对薄层色谱有吸收紫外光或可见光的斑点，或经激发后能发射出荧光的斑点进行扫描，将扫描得到的图谱及积分数据用于进行定量分析的分析方法。

薄层色谱扫描仪就是一种用于薄层色谱定量的仪器，它由光源、单色器、样品台、检测器、记录仪等构成，其光学系统有单光束、双光束和双波长三种，一般都可直接测量薄层板上斑点的光密度和荧光强度。测量荧光强度不仅选择性好，而且灵敏度高。测量方式可同时采用反射和透射两种方式，但反射法用得最多。

图 5-5 是一种双波长薄层色谱扫描仪示意图。从光源（氘灯、钨灯或氙灯）发射的光，通过两个单色器成为两束不同波长的光。经斩光器遮断，使两束光交

替照射在薄层板上，如为反射法测定，则斑点表面的反射光由光电倍增管接受（如用透射法测定，则由光电倍增管接受透射光）。检测器测得两波长的吸光度差值。由记录仪描绘出组分斑点吸收曲线，曲线呈峰形，如图 5-6 所示。在相同条件下，取标准物质绘制斑点的峰面积与待测组分的峰面积比较，即可测得待测组分的含量。

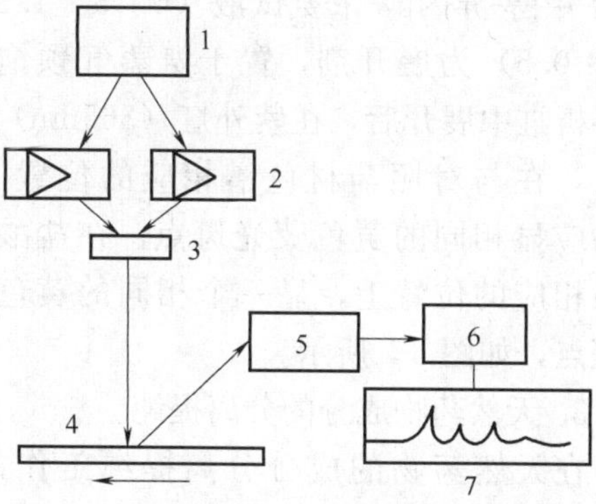

图 5-5　双波长薄层色谱扫描仪示意图

1—光源　2—单色器　3—斩光器　4—薄层板

5—光电倍增管　6—放大器　7—记录仪

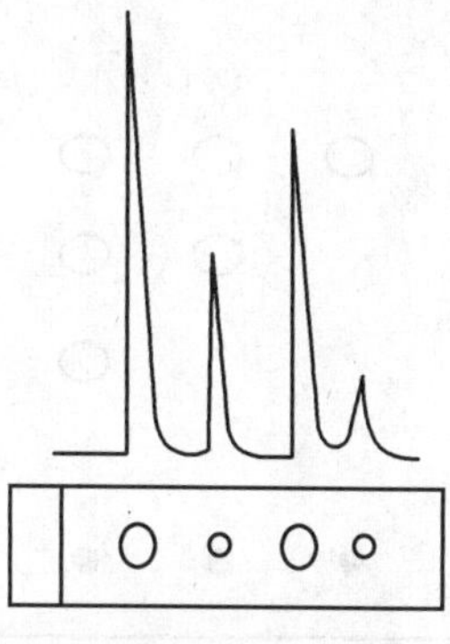

图 5-6　薄层色谱仪扫描曲线

五、薄层色谱法的应用

薄层色谱法几乎适用于绝大多数物质的分离分析，如生物碱、氨基酸、核苷酸、肽、蛋白质、糖类、酯类、甾类、酚类、激素类等。在药学领域中，薄层色谱法不仅应用于合成药物的成分分析、中间体测定、杂质检查等，而且也被应用于天然药物成分的研究、提纯及制备。在体内药物分析、复方制剂分析等各个领域中的应用也日趋广泛。下面略举几例做简要介绍。

1. 氨基酸的分离

蛋白质水解可得到各种氨基酸，现有天冬氨酸、甘氨酸、β-丙氨酸、β-氨基异丁酸、3-碘酪氨酸、亮氨酸的混合物，需进行分离鉴定。

色谱条件：纤维素 MN-300 作吸附剂制成薄层板，板厚 0.25mm，展开剂为正丁醇-乙酸-水（60∶15∶25），上行法展开，展开时间 5h，展开距离 15cm。展开后，晾干，用重氮化的对氨基苯磺酸显色或水合茚三酮显色，各组分呈现不同颜色的斑点，其 R_f 值分别为 0.27，0.33，0.45，0.56，0.65，0.73。

2. 中药鉴别

例如，三妙丸中黄柏的鉴定。

样品溶液的制备：取三妙丸粉末 0.1g，加乙醚 10mL，超声处理 15min，过滤，弃去乙醚液。残渣加甲醇 5mL，过滤，滤液浓缩至 1mL，作为供试品溶液。

对照品溶液制备：取黄柏对照药材 0.1g，同样品制备法处理。取盐酸小檗碱对照品适量，用甲醇配成每 1mL 含 0.5mg 的溶液。

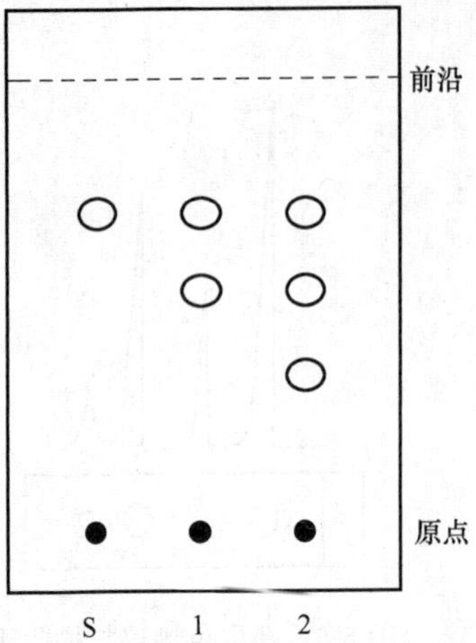

图 5-7　三妙丸中黄柏的薄层色谱图
S—盐酸小檗碱　1—黄柏　2—三妙丸

色谱条件：硅胶 G 薄层板，以苯-乙酸乙酯-甲醇-异丙醇-浓氨试液（6∶3∶1.5∶1.5∶0.5）为展开剂，置于氨蒸气预饱和的层析缸中展开后，在紫外灯（365nm）下观察，在与对照药材色谱相应的位置上，样品应显相同的黄色荧光斑点；在盐酸小檗碱相应的位置上，显一个相同的黄色荧光斑点，如图 5-7 所示。

3. 天然药物成分的分离提纯

在天然药物的成分分离提纯工作中，薄层色谱法不仅可以作为液相柱色谱的先导，摸索色谱条件，还可以监视分离提纯的程度。例如，洋金花注射液中，起麻醉作用的有效成分为东莨菪碱，但不同批号产品的效果不稳定。经薄层鉴定，发现疗效好的批号只有一个斑点（东莨菪碱），说明分离提纯好；而疗效差、副作用大的往往是分离提纯差的批号，薄层展开板上会出现 2 个斑点，证明有其他莨菪碱杂质存在。以薄层法摸索出了最佳提取东莨菪碱的方案。

吸附剂：中性氧化铝Ⅱ/Ⅲ级

展开剂：二甲苯-丙酮-无水乙醇-二乙胺（50∶40∶10∶0.6，体积比）

显色剂：改良碘化铋钾（甲）、碘-碘化钾（乙），临用前取甲乙试液各 5mL 混合后加冰醋酸 20mL，再加蒸馏水 60mL，混合即得。

任务二　高效液相色谱仪的认识与基本操作训练

【任务目的】

（1）掌握高效液相色谱仪的主要构成部分及作用。

（2）学习高效液相色谱仪的基本操作。

【工作准备】

仪器　岛津 LC-10AT 型高效液相色谱仪［仪器由 LC-10ATvp 泵、DGU-14A 真空脱气机、SIL-10ADvp 自动进样器、CTO-10Avp 柱温箱、RID-10A 示差折光检测器、色谱工作站（UPPER 或 GPCW32）组成］。

【工作内容】

1. 仪器的开机

将电源插头分别插入插座，依次打开真空脱气机、泵、柱温箱、自动进样器、示差折光检测器、计算机的电源开关。

2. LC-10ATvp 泵操作

打开泵的排液阀，按【Purge】键，进入吸入过滤器至泵的冲洗操作，也可用注射器在排液阀的管道处抽吸清洗，冲洗完毕后关闭排液阀。

显示屏显示

0.000mL	Max2500

0	Psi	Min	0

逐次按【Func】键，输入流速、压力上限和下限，按【Enter】；继续按【Func】键至出现“Set System Param”，输入【1】为双泵各自单独控制，输入【2】为双泵联动，若双泵联动，按【Conc】键，设定二泵流速比。

按【PUMP】键启动泵，对色谱柱进行平衡，待压力稳定后，可开始分析测试操作。

3. 柱温箱操作

如需控制柱温，按以下操作。

逐次按【Func】键，出现“Set Temp”画面，按【∧】或【∨】键设置温度，再按【Oven】键即开始加热，待“Ready”灯亮表示温度达到设定值。

4. RID-10A 示差折光检测器操作

逐次按【Func】键，根据不同的要求设置“Range”（灵敏度）和检测器流通池的温度（一般比柱温高约 5℃，有利于基线平衡）。

按【Shift】键＋数字【8】键，冲洗参比池，冲洗一段时间后，重复按【Shift】键＋数字【8】键，停止冲洗参比池，改为冲洗样品池，冲洗足够时间后，按【Shift】键＋数字【7】键起平衡作用，待平衡完成后即可分析测试工作。

5. SIL-10ADvp 自动进样器操作

打开自动进样器的排液阀，用注射器在排液阀的管道处抽吸清洗，关闭排液阀，再按【Purge】键进行自动冲洗。

编制样品序列表，按【Edit】键，进入样品序列表的编辑，根据光标位置选择“Line”（进样步骤）、“From”（进样开始瓶）、“To”（进样结束瓶）、“Rep”（重复进样次数）、“Vol”（进样体积）、“Stop”（停止时间），按【Enter】键，再按【CE】键，即可退出并自动保存样品序列表。

待色谱柱平衡后，按【Start】键开始按上述样品序列表进行进样。

6. UPPER 色谱工作站操作

打开色谱工作站计算机电源，双击桌面快捷方式【在线色谱工作站】。单击

“打开通道 1”前的小方框，出现色谱工作站主画面。单击通道 1 主画面的方法页，在采样控制页选择保存路径、采样结束时间等；在积分页设置峰宽、斜率、最小峰面积等，在组分页设置样品名称和保留时间等，在仪器条件页输入仪器条件等。当启动自动进样器后，即可在数据采集页观察记录的色谱图。

若要打印图谱和结果，双击桌面快捷方式【离线色谱工作站】，即可在主画面设置项中选择打印图谱和结果。

7. 关机

使用完毕后，需按柱的要求清洗泵、进样器、柱和检测器。把进样瓶取出，洗净后放回原处。使用完毕后，按使用登记要求逐项进行检查并登记。

问题探究

Q1：高效液相色谱仪的主要部件有哪些？

Q2：如何规范操作高效液相色谱仪？

知识链接二　高效液相色谱仪的基本构造及操作

高效液相色谱法（HPLC）是 20 世纪 70 年代初期，以经典液相色谱法为基础，引入气相色谱理论与实验方法而发展起来的一种新色谱技术，也称高压液相色谱法、高速液相色谱法。高效液相色谱法是在经典的柱色谱的基础上，引入了气相色谱法的理论，在技术上采用了高压泵、高效固定相和高灵敏度检测器。高效液相色谱法具有以下特点：

（1）可以分离分析高沸点的有机物　气相色谱法需要将被测样品气化才能进行分离和测定，分析对象只限于分析气体和沸点较低的化合物，它们仅占有机物总数的 20%左右。对于 80%高沸点、热稳定性差、相对分子质量大的有机物，目前主要采用高效液相色谱法进行分离和分析。

（2）高柱压　高效液相色谱柱的阻力较大，一般色谱柱进口压力为 15～30MPa。

（3）高柱效　由于高效液相色谱使用了许多新型的固定相，柱效可达每米 5000 块塔板，因为分离效能高，故高效液相色谱柱的长度较短，目前多采用 10～30cm，最短的柱子可达 3cm。

（4）高分析速度　高效液相色谱法分析样品只需要几分钟或几十分钟，一般小于 1h。例如氨基酸分离，采用经典液相色谱法需用 20 多小时才能分离出 20 种氨基酸，而用高效液相色谱法在 1h 内即可完成。

（5）高灵敏度　高效液相色谱法采用高灵敏度的检测器，大大提高了检测的灵敏度，检出限可达 10^{-11}g。

一、高效液相色谱仪的构造

典型的高效液相色谱仪主要由高压输液系统、进样系统、分离系统、检测系统四个部分构成（图 5-8）。高压输液泵将贮液器中的流动相以稳定的流速（或压力）输送至分析体系，在色谱柱之前通过进样器将样品导入，流动相将样品依次带入色谱柱，在色谱柱中各组分被分离，并依次随流动相流至检测器，检测到的信号送至工作站记录、处理和保存。

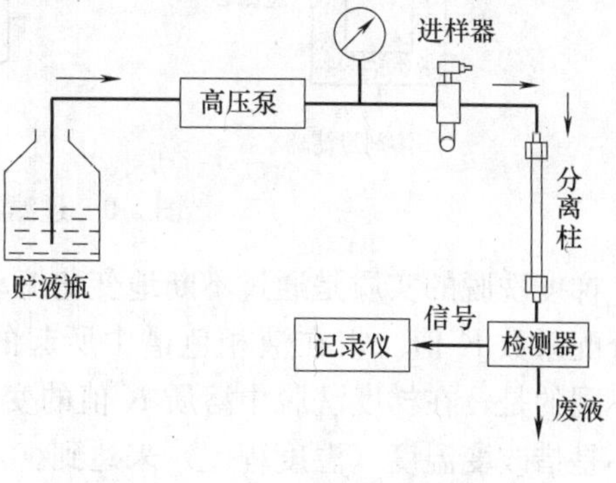

图 5-8　HPLC 的工作流程

1. 高压输液系统

高压输液系统主要由贮液器、高压输液泵、过滤器、梯度淋洗装置等组成。

（1）贮液器　一般为不锈钢、玻璃或氟塑料制成的容器，容量为 1～2L，用来贮存足够数量、符合要求的流动相。一般贮液器的放置位置要高于泵体，以保持输液静压差，使用过程应密闭，以防止因蒸发引起流动相组成改变，还可防止气体进入。

所有溶剂在放入贮液器之前必须进行过滤和脱气。一般用 0.45μm 滤膜过滤，除去溶剂中的机械杂质，以防输入液管道或进样阀阻塞；采用通氮脱气、超声波脱气、自动脱气机脱气等方法，以除掉溶于流动相中的各类气体。

（2）高压输液泵　高效液相色谱为了获得高柱效，所用色谱柱径较细，所填固定相粒度很小，因此，对流动相的阻力较大，为了使流动相能较快地流过色谱柱，就需要高压输液泵，简称高压泵。高压泵的功能是将溶剂贮存器中的流动相以高压形式连续不断地送入色谱分离系统。对高压泵来说，要求密封性好、输出流量恒定、压力平稳，便于迅速更换溶剂及耐腐蚀等。

（3）过滤器　由于液相色谱柱、进样器等都很精密，微小的机械杂质将导致这些部件的损害，而不能正常工作，同时机械杂质在柱头的积累还影响柱子的使用，因此一般在高压输液泵的进口和它的出口与进样阀之间，设置有过滤器。常见的有溶剂过滤器和管道过滤器，结构如图 5-9 所示。

（4）梯度淋洗装置　梯度淋洗是在分离过程中使两种或两种以上不同极性的溶剂按一定程序连续改变它们之间的比例，从而使流动相的强度、极性等相应发生变化，使各组分都在适宜的条件下获得分离，达到提高分离效果，缩短分析时间的目的。

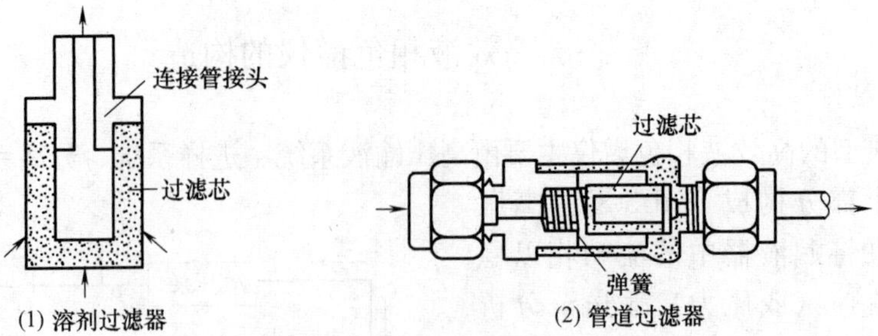

图 5-9　过滤器的结构

梯度洗脱的实质是通过不断地变化流动相的强度，来调整混合样品中各组分的分配系数 K 值。它在液相色谱中所起的作用相当于气相色谱中的程序升温，所不同的是，在梯度洗脱中溶质 K 值的变化是通过改变流动相的极性来实现的，而不是借改变温度（温度程序）来达到。

梯度淋洗装置分为两类：

① 外梯度装置（又称低压梯度），流动相在常温常压下混合，用高压泵压至柱系统，仅需一台泵即可。如图 5-10 所示。

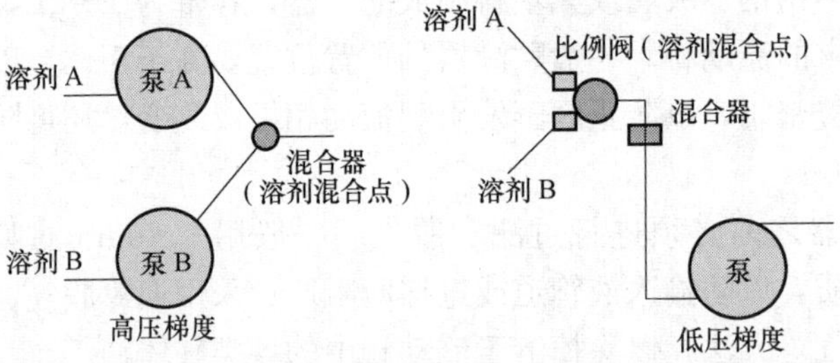

图 5-10　梯度淋洗装置示意图

② 内梯度装置（又称高压梯度），先将两种溶剂分别用泵增压后，再由泵按程序压入混合室，混合，再注入色谱柱。

2. 进样系统

进样系统包括进样口、注射器和进样阀等，它的作用是把分析试样有效地送入色谱柱进行分离。在液相色谱中，进样方式有隔膜式注射进样器进样、高压进样阀进样、自动进样装置等。

（1）隔膜式注射进样器　隔膜式注射进样器有硅橡胶隔膜，在原理上与气相色谱法完全一致。用微量注射器进样的优点是可柱头进样，减小死体积，充分发挥柱的效能，简单便宜。缺点是高压进样时漏液，会产生误差，隔垫使用次数有限，进样量小，重复性差。

（2）六通阀进样器　现在的高效液相色谱仪所采用的手动进样器几乎都是耐高压、重复性好和操作方便的阀进样器。六通阀进样器是最常用的，进样体积由定量管确定，六通阀结构如图 5-11 所示。

操作时先将进样器手柄置于图 5-11 所示的取样位，此时进样口只与定量管接通，处于常压状态，用微量注射器（体积应大于定量环体积）注入样品溶液，样品停留在定量环中。然后转动手柄至图 5-11 所示的进样位，使定量管接入输液管路，由高压泵输送的流动相将样品送入色谱柱中。

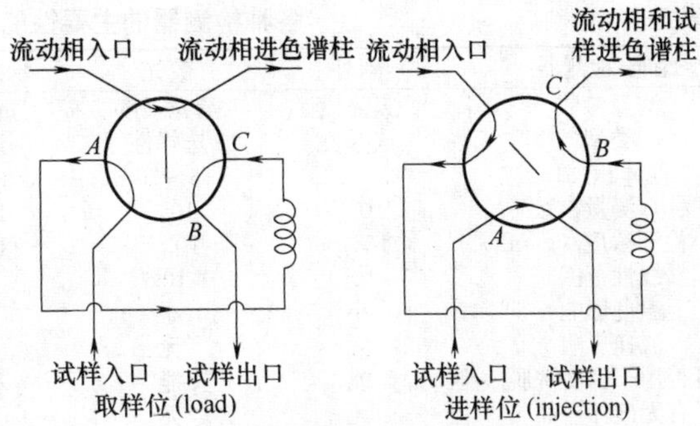

图 5-11　HPLC 旋转式六通阀进样装置

(3) 自动进样器　自动进样器是由计算机自动控制定量阀，按预先编制的程序完成进样和管道清洗工作，适于大批量样品分析，节省人力，但一次性投资成本高。

3. 分离系统——色谱柱

色谱柱是高效液相色谱仪的核心部件。柱效好、选择性好、分析速度快是对色谱柱的一般要求。

(1) 色谱柱材料及规格　色谱柱包括柱管与固定相两部分。色谱柱多为直形，内部充满微粒固定相。柱管材料有玻璃、不锈钢、铝、铜及内衬光滑聚合材料的其他金属。玻璃管耐压有限，故钢管用得较多，它是由内部抛光的不锈钢管制成。一般色谱柱长 5～40cm，内径为 1～6mm，柱效达 5000～10000 块/m 理论塔板数。

(2) 色谱柱的填充技术　色谱柱的填充是一项技术性很强的工作，色谱柱高柱效的获得，主要取决于柱填料的性能，但也与柱床的结构有关，而柱床结构直接受装柱技术的影响。液相色谱柱的填充技术有干法和湿法（也称匀浆填充法）两种。干法填充色谱柱操作是将填料通过漏斗加入到垂直放置的柱管中，同时敲打振动柱管，制得填充紧密而均匀的色谱柱。一般填料粒度大于 20μm 的可用干法装柱；而粒度小于 20μm 的填料因表面存在局部电荷，具有很高的表面能，在干燥时倾向于颗粒间的相互聚集，产生宽的颗粒范围并黏附于管壁，因此适宜采用湿法装柱。湿法填充色谱柱操作是以一种或数种溶剂配制成密度与固定相相近的溶液，经超声处理使填料颗粒在此溶液中高度分散，呈现乳浊液状态，即制成匀浆，然后用加压介质（己烷或甲醇等）在高压下将匀浆压入柱管中，制得均匀、紧密填充床的高效液相色谱柱。

4. 检测系统

高效液相色谱仪的检测系统主要作用是检测经色谱柱分离后的组分浓度的变化，并由记录仪绘制谱图来进行定性、定量分析。一般理想的检测器应该是灵敏度高、低噪声、线性范围大、对所有待测组分相同响应。

高效液相色谱仪中最常用的检测器有紫外检测器、示差折光检测器、荧光检测器和电化学检测器等。如表 5-1 所示。

表 5-1　　各种检测器的主要性能

性能/检测器	紫外	荧光	示差折光	安培	电导
测量参数	吸光度	荧光强度	折射率	电流	电导率
类型	选择性	选择性	通用	选择性	选择性
池体积/μL	1～10	3～20	3～10	<1	1
噪声(测量参数)	10^{-4}	10^{-3}	10^{-7}	10^{-9}	10^{-3}
最小检测浓度/(g/mL)	10^{-10}	10^{-11}	10^{-7}	10^{-12}	10^{3}
线性范围	10^{3}	10^{3}	10^{4}	10^{5}	10^{4}
温度影响	小	小	大	大	大
流速影响	无	无	有	有	有
可否用于梯度洗脱	能	能	不能	不能	不能
有无破坏样品	无	无	无	无	无

（1）紫外检测器（UVD）　紫外检测器是目前应用最广泛的液相色谱选择性检测器，约有 80%的样品可以使用这种检测器。紫外检测器由光源、流通池和记录器组成，光学系统如图 5-12 所示，由光源产生波长连续可调的紫外光或可见光，经过透镜和遮光板变成两束平行光，无样品通过时，参比池和样品池通过的光强度相等，光电管输出相同，无信号产生；有样品通过时，由于样品对光的吸收，参比池和样品池通过的光强度不相等，有信号产生。根据朗伯-比尔定律，样品浓度越大，产生的信号越大，紫外检测器灵敏度高，检测下限约为 10^{-10}g/mL；而且线性范围广，对温度和流速不敏感，可用于梯度洗脱；不破坏样品，可用于制备。紫外检测器的缺点是只对具有 π—π 或 p—π 共轭结构的化合物才能检测，流动相的选择有一定限制。

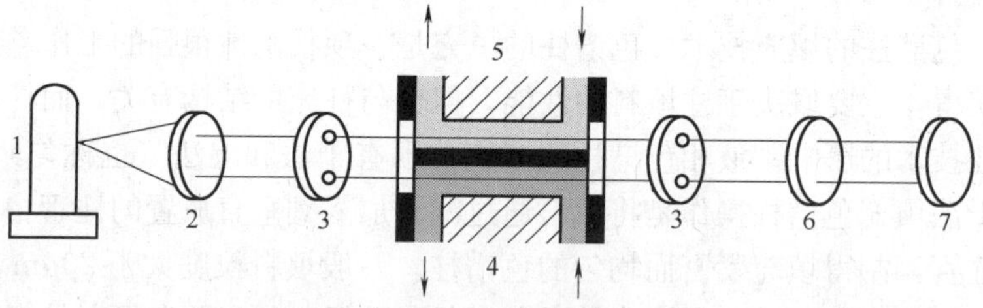

图 5-12　紫外检测器的光学系统

1—低压汞灯　2—透镜　3—遮光板　4—测量池　5—参比池　6—紫外滤光片　7—双紫外光敏电阻

（2）示差折光检测器（RID）　示差折光检测器是除紫外检测器之外应用最多的液相色谱检测器，它是一种通用型检测器，是基于连续测定色谱柱流出液折射率的变化来检测样品浓度的。当参比池与测量池充满流动相时，它们的折射率相等，此时，光强相抵消。当测量池有组分时，检测参比池（流动相本身）和样品池中流动相之间存在折射率差值，其差值与组分的浓度呈正比。

示差折光检测器的优点是通用性强，操作简便；缺点是灵敏度低，对温度变化敏感。此外，由于洗脱液组成的变化会使折射率变化很大，因此，这种检测器也不适用于梯度洗脱。

（3）荧光检测器（FD）　荧光检测器是各种检测器中灵敏度最高的检测器之一。它是利用某些溶质在受紫外光激发后，能发射荧光的性质进行检测的。许多有机化合物，特别是芳香族化合物具有的荧光活性很强，在一定条件下，荧光强度与物质浓度呈正比。

荧光检测器的灵敏度高，检出限可达 10^{-13}～10^{-12} g/mL，灵敏度比紫外检测器高 100 倍，适于痕量组分的分析，可用于梯度洗脱。但它的线性范围较窄，测定中不能使用可熄灭、抑制吸收荧光的溶剂作流动相。对不能直接产生荧光的物质，要使用色谱柱后衍生技术，操作比较复杂。

二、高效液相色谱仪的基本操作

目前高效液相色谱仪型号较多，不同型号仪器的操作方法有所不同（在使用前应仔细阅读仪器说明书），下面将举例介绍日本岛津 LC-10A 型高效液相色谱仪的操作方法。

岛津 LC-10A 型高效液相色谱仪基本配置包括 LC-10AD 双柱塞往复输液泵、CTO-10AC 柱温箱、SPD-10A 紫外检测器等独立单元。通过 SCL-10A 系统控制器可以统一控制这些单元的操作，也可以独立对各个单元进行操作。记录系统一般配置记录仪、色谱数据处理机或色谱工作站。仪器外形如图 5-13 所示。

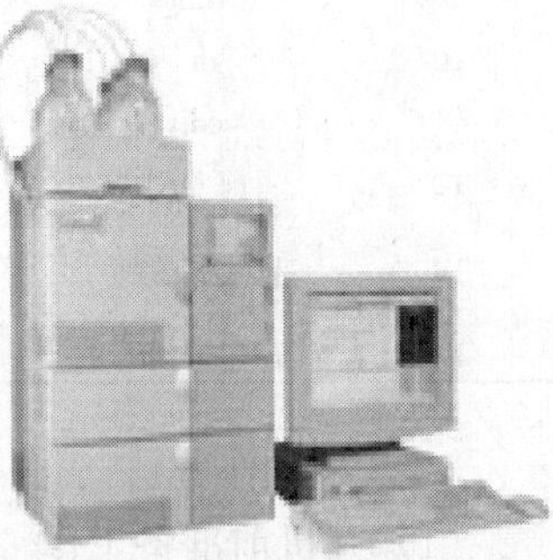

图 5-13　岛津 LC-10A 型高效液相色谱仪外形

1. 控制面板按键功能介绍（图 5-14）

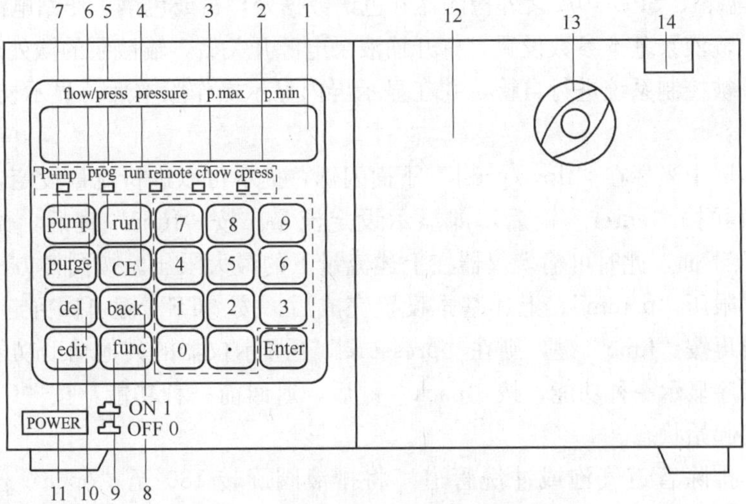

图 5-14　LC-10AD 输液泵操作面板

1—显示屏　2—信号指示灯　3—数字键　4—清除键　5—程序控制键　6—冲洗键　7—泵控键　8—退回键　9—功能键　10—删除键　11—编辑键　12—前盖门　13—排液阀旋钮　14—前盖门按钮开关

按键功能如表5-2所示。

表5-2 控制面板按键功能介绍

序号	名称	功能
1	显示屏	显示仪器所设置的各项功能，主要显示流量和系统压力值
2	信号指示灯	当灯亮时，该灯上方所描述的功能正在起作用
3	数字键	用于参数值输入
4	CE	清除键。可使显示屏回到起始显示状态；取消错误输入的数据
5	run	“启动/停止”时间程序
6	purge	清洗管道或排除管道气泡的“启动/停止”控制键
7	pump	“启动/停止”输液泵
8	back	退回键。如当编辑时间程序时，按此键退回至前一步设置
9	func	功能键。按此键，仪器顺序进入其他功能设置
10	del	删除一行时间顺序
11	edit	转入编辑时间程序模式
12	前盖门	掩盖输液泵头及连接管道
13	排液阀旋钮	“开/关”输液阀。按下purge键时，排液阀应旋在“open”位置，此时流动相不经色谱柱直接排到废液瓶中
14	前盖门按钮开关	按下，打开前盖门

2. 基本操作

(1) 开机前准备工作　选择分析所用试剂配制成流动相，并用0.45μm的滤膜过滤，灌入贮液器中，置于超声波清洗器中脱气10～20min。将带有过滤头的输液管线插入贮液器中，并确保浸没在溶剂中。

(2) 开启稳压电源，待“高压”红灯亮后，打开LC-10AD输液泵、CTO-10AC柱温箱、SPD-10A紫外检测器和色谱数据处理机或色谱工作站电源开关。

(3) 输液泵基本参数设置　打开输液泵电源开关后，输液泵的微处理机首先对各部分被控制系统进行自检，并在显示屏内显示操作版本后，显示初始信息。具体如下：

显示屏中光标在“flow/press”下面闪烁，提示可以进行流量设定，输入所需流量值并按“enter”键后，即显示设定流量。按“func”键后，光标移至“p. max”下面，此时可输入仪器在上述流量下的最大限压。按同样方法，可以设置最小限压“p. min”。上述基本设置完成后，按“CE”键可回到起始状态。如果此时再按“func”键，则在“pressure”下显示仪器的其他辅助功能，每按一次，顺序显示一种功能，按“back”键后，返回前一种功能，按“CE”键可直接回到起始状态。

(4) 排除管道气泡或冲洗管道　将排液阀旋转180°至“open”位置，按“purge”键，输液泵以10mL/min流量输送液体，观察输液管道中是否有气泡排出，当确信管道中无气泡后，按“pump”键，使输液泵停止工作，再将排液阀旋转至“close”位置。

（5）色谱柱冲洗　按“pump”键，输液泵以 1.0mL/min 流量向色谱柱输送流动相，在显示屏中可以监测到系统内压力的变化情况。

（6）SPD-10A 紫外检测器的设置　转动波长旋钮至所需波长，按“ABS”键，并在响应选择键中按下“STD”键，用“ZERO”键调节输出零点。

（7）C-R6A 数据微处理机的设置　按“SHIFT DOWN”键至“FILE/PLOT”，数据微处理机开始走基线。如果记录笔不在合适位置，按“ZERO”至“ENTER”。待基线平直后，再重新按一次，停止走基线。输入下列命令：SHIFT DOWN→PRINT/LIST→WIDTH→ENTER，调出色谱峰分析参数，进行修改或确认。

（8）进样　将六通进样阀转到“LOAD”位置，用平头注射器进样后，转回“INJECT”位置，并同时按 C-R6A 数据微处理机的“START”键，C-R6A 数据微处理机开始记录色谱峰，并进行积分。待色谱峰完全流出后，按“STOP”键，色谱数据微处理机停止积分，并按色谱峰分析参数表规定的方法对数据进行处理和打印结果。

技能拓展　高效液相色谱仪的保养与维护

高效液相色谱仪是精密光学仪器。正确安装、使用和保养对保持仪器良好的性能和保证测试的准确度有重要作用。

1. 高效液相色谱仪的维护与保养

（1）仪器的工作环境

① 仪器运行环境温度要求在 4～40℃，温度波动小于±2℃/h。湿度应低于 80％。保证室内通风状况良好。

② 避免太阳直射仪器，避免冷、热源对仪器产生影响，导致检测器基线漂移和噪声提高。

③ 仪器安装在洁净、平整、无振动的台面；避免腐蚀性气体和大量灰尘影响仪器正常运转。室内禁止明火。

④ 色谱仪必须有良好的接地。

（2）日常维护和保养

① 贮液器：完全由色谱纯溶剂组成流动相可以不过滤，其他溶剂在使用前，必须用 0.45μm 薄膜过滤。以保持贮液器的清洁，并注意定期用酸、水和溶剂清洗或更换普通贮液瓶。

② 高压泵：泵的密封圈是最易磨损的部件，密封圈的损坏可引起系统的许多故障，要注意保养和定期更换。

每天使用后应将整个系统管路中的缓冲液体冲洗干净，防止盐沉积，整个管路要浸在无缓冲的溶液或有机溶剂中。长期不用也要定期开泵冲洗整个管路。绝对不允许在没有流动相的或流动相还没有进入泵头的情况下启动泵而造成柱塞杆的干磨。

溶剂的质量或污染以及藻类的生长会堵塞溶剂过滤头而影响泵的运行，注意经常清洗过滤头。

③ 进样器：每天工作结束后，注意冲洗进样器，防止缓冲盐和其他残留物留在进样系统中。使用平头进样针进样。

④ 色谱柱：色谱柱前应装过滤器和保护柱，阻挡影响柱效能的化学“垃圾”；避免使用高浓度的缓冲盐，并在工作结束时立即用强溶剂（乙腈和甲醇）冲洗色谱柱；色谱柱使用一段时间后，柱效能会下降，必须进行再生处理[如反相柱依次采用20～30倍的色谱柱体积的甲醇/水=10/90（体积比）、乙腈、异丙醇作为流动相冲洗色谱柱，完成后再以相反顺序冲洗色谱柱。正相柱依次以20～30倍色谱柱的体积的正己烷、异丙醇、二氯甲烷、甲醇作为流动相冲洗色谱柱，然后再以相反的顺序冲洗色谱柱。要注意上述溶剂必须严格脱水]。

⑤ 检测器：为了节省检测器灯的使用寿命，在暂时不使用时可在不关机的情况下，只把灯关掉（建议最好在需要关灯时间为4h以上才关灯，因为频繁的开关灯，同样会缩短灯的使用寿命）。

2. 高效液相色谱仪常见故障和排除方法

高效液相色谱仪常见的故障分析和排除方法，如表5-3所示。

表5-3　高效液相色谱仪常见故障分析和排除方法

故障现象	可能原因	排除方法
不输送溶剂(泵不运行)	①电源未接通 ②电源熔断丝断 ③仪器电源开关接触不良	①检查电源和连接线 ②更换熔断丝 ③更换仪器电源开关
运行中停泵	超过高压限制	重新设定最高限压,或更换色谱柱,或更换合适内径管路
柱压高原因	①缓冲液盐分如(乙酸铵等)沉积于柱内 ②样品污染沉积。仪器预热时间不够	①依次用40～50 ℃的纯水、纯甲醇冲洗柱子 ②反复用纯水、甲醇、甲醇+异丙醇(体积比为4∶6)反向冲洗柱子
压力波动大,流量不稳定。或者,使得两者不能密封	①系统中有空气 ②单向阀的宝石球和阀座之间夹有异物	①保证不锈钢滤器沉入储液器瓶底,流动相要充分脱气 ②拆下单向阀，放入盛有丙酮的烧杯用超声波清洗
峰面积重复性不佳	①进样阀漏液 ②加样针不到位	①更换进样阀垫圈 ②保证加样针插到底
流动相内有气泡	①流动相未脱气 ②过滤器中有菌团,被阻塞	①关闭泵，打开泄压阀，打开“purge”键，清洗脱气 ②超声清洗几分钟

任务三　维生素 E 胶丸中 α-维生素 E 的 HPLC 定量测定

【任务目的】

（1）进一步熟悉高效液相色谱仪的使用方法。

（2）掌握 HPLC 定量分析的原理和方法。

【工作依据】

本实验采用反相 HPLC。反相 HPLC 使用的是非极性或弱极性的固定相分离柱（如 ODS 柱），流动相使用的是极性或比固定相极性强的溶剂（如甲醇、乙醇），依据样品中各个组分在两相中分配系数的差异性而实现分离。样品中极性强的组分在两相中被保留的时间相对稍短些。由于维生素 E 胶丸中可能存在 α、β、γ 和 δ 等异构体中的某几种，还可能含有工艺中产生的副产物以及添加剂，这些物质不一定能全部同时被分离。根据各类物质的紫外吸收特性，选择合适的检测波长达到准确定量的目的。α-维生素 E 在 220nm 附近和 292nm 附近有两个最大吸收峰，而且 220nm 的吸收比 292nm 的吸收更强，但在 220nm 附近很多溶剂和有机化合物都有吸收，对 α-维生素 E 的定量有干扰，因此，通常选择干扰小的 292nm 作检测波长。定量方法采用外标法。

【工作准备】

（1）仪器　高效液相色谱仪

（2）试剂　α-维生素 E 标准贮备溶液：用无水乙醇配制浓度 1000mg/L 的 α-维生素 E 标准贮备液。

α-维生素 E 标准使用溶液：用无水乙醇将 α-维生素 E 标准贮备溶液稀释 5 倍。

α-维生素 E 标准系列溶液：分别移取一定体积的 α-维生素 E 标准贮备溶液以无水乙醇稀释配制成含 α-维生素 E 为 50、100、500 的标准系列溶液。

流动相：根据柱性能采用 95％乙醇（或无水乙醇，均为 AR 级）与蒸馏水按合适的体积比配制。

混合维生素 E：用 50mL 洁净干燥的小烧杯准确称取混合维生素 E 100～150mg，以无水乙醇溶解并定容至 25mL 容量瓶中。使用时用无水乙醇稀释 5～10 倍。

【工作内容】

1. 打开仪器开关

按仪器操作说明书规定的顺序依次打开仪器各单元的电源，开机，并使仪器处于工作状态。

2. 设置色谱条件

ZorbaxSB-C18 色谱柱（4.6mm 内径×250mm）；90％乙醇水溶液作流动相；流速 0.8～1.2mL/min；柱温 30℃；紫外检测波长 292nm；进样量 20μL。

3. 样品预处理：

取 1 粒维生素 E 胶丸，用干净小刀割破胶丸，挤出中间的维生素 E 溶液，准确称量后用无水乙醇定容至 25mL 容量瓶中。

4. 进样

待基线稳定后，进样维生素 E 胶丸样品溶液。待样品中所有色谱峰出完后，按“STOP”键停止分析。然后进样 50mg/L 的 α-维生素 E 标准溶液，按保留时间确认维生素 E 胶丸样品中 α-维生素 E 的峰位置。如果 α-维生素 E 与邻近峰分离不完全，应适当调整流动相浓度或流速，使 α-维生素 E 与其他峰完全分离。在所选定的条件下依次进样 50、100、500mg/L 的 α-维生素 E 标准溶液。

5. 定量分析

按工作站操作规程绘制工作曲线或计算校正因子，设置定量分析程序。

上述操作重复进样维生素 E 胶丸溶液两次，工作站会给出 α-维生素 E 的分析结果。如果两次定量结果相差较大（如 5％以上），则再进样一次，取 3 次的算术平均值。

【数据处理】

(1) 分别根据 50、100、500mg/L 的 α-维生素 E 标准样品的峰面积和峰高绘制工作曲线，比较两条工作曲线的线性（用作图法或线性回归）。

(2) 分别用峰面积和峰高工作曲线计算维生素 E 胶丸中 α-维生素 E 含量。

(3) 按下表整理分析结果（峰面积工作曲线法）。

成分	保留时间/min	各次测定值/(mg/L)	平均值/(mg/L)
α-维生素 E			

【任务提示】

如果所用的检测器灵敏度较高，可以将 α-维生素 E 标准溶液配制成 20、100、200mg/L。

问题探究

Q1：什么叫正相 HPLC 和反相 HPLC?

Q2：HPLC 定量分析方法有哪几种?

知识链接三　高效液相色谱法的分析实验技术

一、高效液相色谱法的主要类型

高效液相色谱法按组分在固定相和流动相两相间分离机理的不同可分为：液-固吸附色谱法、液-液分配色谱法、化学键合相色谱法、离子交换色谱法、凝胶色谱法。

1. 液-固吸附色谱法

液-固吸附色谱法（LSC）是用固体吸附剂作固定相，被分离物质在固定相吸附力大小的不同而实现分离的方法。其作用机理是：当试样进入色谱柱时，溶质分子（X）和溶剂分子（S）对吸附剂表面活性中心发生竞争吸附。溶质的分离取决于溶质与流动相分子在吸附剂表面上的吸附竞争。其吸附平衡常数：

$$K=\frac{[X_{固相}][S_{液相}]^n}{[S_{固相}][X_{液相}]^n} \tag{5-4}$$

上式表明，如果溶剂分子吸附性更强，则被吸附的溶质分子将相应减少，从而吸附常数降低。反之，吸附常数大的组分，吸附剂对它的吸附能力强，保留值大，即出峰慢。

液-固吸附色谱法目前较常用吸附剂是硅胶、氧化铝、氧化镁、分子筛（极性）、活性炭（非极性）等，硅胶最为常用。液-固吸附色谱法选择流动相的基本原则是，极性大的试样用极性较强的流动相，极性小的则用低极性流动相。为了获得合适的溶剂极性，常采用两种、三种或更多种不同极性的溶剂混合起来使用，如果样品组分的分配比 K 值范围很广，则使用梯度洗脱。

液-固吸附色谱法选择性好，适宜分离那些溶解在非极性溶剂中、具有中等相对分子质量且为非离子性的试样。特别适宜于分离几何异构体、族分离。具体为偶氮染料、维生素、甾族化合物、多核苷芳烃、脂肪、油类、极性小的植物色素等。

2. 液-液分配色谱法

液-液分配色谱法（简称分配色谱法 LLC）是根据物质在两种不互溶（或部分互溶）的液体中溶解度的不同而实现分离的方法。将特定的液态物质（固定液）涂渍或化学键合在惰性载体（也叫担体）表面制备固定相，与流动相组成液-液两相。组分分离时依据不同的组分在互不相溶的两相中分配系数不同，因而溶质在两相间进行分配。当分配达到平衡时，分配系数为：

$$K=\frac{c_M}{c_S}=k\frac{V_M}{V_S} \tag{5-5}$$

式中　K——分配系数

k——容量因子

c_S、c_M——分别是溶质在固定相和流动相中的浓度

V_M、V_S——分别是流动相和固定相的体积

按照固定相和流动相的相对极性，液-液分配色谱可分为：

（1）正相液-液分配色谱法（normal phase liquid chromatography）以极性物质为固定相，非极性溶剂为流动相，即为流动相的极性小于固定相的极性，组分物质在柱内的洗脱顺序按极性从小到大流出，常用于分离极性较强的水溶性样品。

（2）反相液-液分配色谱法（reverse phase liquid chromatography）以非极性物质为固定相，极性溶剂为流动相，即流动相的极性大于固定相的极性。极性大的组分物质先流出，极性小的组分后流出，常用于分离极性较弱的油溶性样品。

液-液分配色谱法的固定相由载体和固定液组成。常用的载体主要是惰性的玻璃微球或吸附剂，如全多孔球形或无定形微粒硅胶、全孔氧化铝等。常用的固定液有下列几种；β，β'-氧二丙腈（ODPN），聚乙二醇（PEG），十八烷（ODS）和角鲨烷固定液等。固定液可以直接涂渍在多孔载体上组成固定相，但在使用过程中固定液易流失，使柱子的使用寿命不长。

液-液分配色谱法的流动相除一般要求外，还要求流动相尽可能不与固定相互溶。实际过程中选用流动相的依据是溶剂的极性，例如在正相液-液分配色谱中，可先选中等极性的溶剂为流动相，若组分的保留时间过短，表示溶剂的极性过大，则改用极性较弱的溶剂；此时若组分的保留时间太长，则选择极性在上述两种溶剂极性之间的溶剂，如此重复多次实验可选得最适宜的溶剂。

3. 化学键合相色谱法

固定液以化学键合（化学反应）的方式将固定液结合在载体的表面，采用这种固定相的色谱，称为化学键合相色谱（简称键合相色谱，EPC）。

化学键合固定相一般都采用硅胶（薄壳型或全多孔微粒型）为基体。在键合反应之前，要对硅胶进行酸洗、中和、干燥活化等处理，然后再使硅胶表面上的硅羟基（≡Si—OH）与各种有机物或有机硅化合物起反应，制备化学键合固定相。键合相主要有：硅酸酯型（≡Si—O—C）键合相、硅氮型（≡Si—N）键合相、硅氧硅碳型（≡Si—O—Si—C）键合相、硅碳型（≡Si—C）键合相四种类型。其中以硅氧硅碳型应用最为普遍，如十八硅烷基（简称碳十八柱，ODS），反应如下：

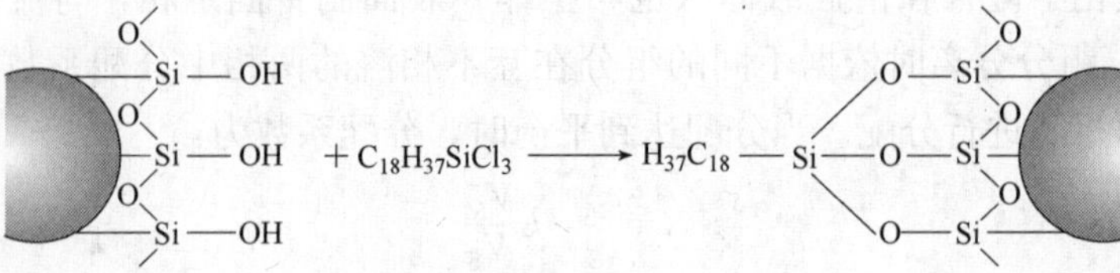

键合C_{18}、C_8、C_1与苯基等非极性烃基团，用于反相色谱；键合氨基、氰基［氰乙硅烷基$\equiv Si(CH_2)_2CN$］等极性基团，用于正相色谱；键合醚基和二羟基等弱极性基团，用于反相或正相色谱。

化学键合相具有柱稳定性高、选择性高、柱效能高等特点，特别适合于梯度洗脱，为复杂体系的分离创造了条件。目前键合固定相色谱法已逐渐取代分配色谱法。化学键合相色谱的应用见表5-4。

表5-4　化学键合相色谱的应用

样品种类	键合基团	流动相	色谱类型	实例
低极性 溶解于烃类	$-C_{18}$	甲醇-水 乙腈-水 乙腈-四氢呋喃	反相	多环芳烃、甘油三酯、类脂、脂溶性维生素、氢醌
中等极性 可溶于醇	$-CN$ $-NH_2$	乙腈-正已烷 氯仿 正已烷 异丙醇	正相	脂溶性维生素、甾族、芳香醇、胺、类脂止痛药、芳香胺、脂、氯化农药、苯二甲酸
	$-C_{18}$ $-C_8$ $-CN$	甲醇-水 乙腈	反相	甾族、可溶于醇的天然产物、维生素、芳香酸、黄嘌呤
高极性 可溶于水	$-C_8$ $-CN$	甲醇、乙腈、水、缓冲液	反相	水溶性维生素、胺、芳醇、抗生素、止痛药
	$-C_{18}$	水、甲醇、乙腈	反相离子对	酸、磺酸类染料、儿茶酚胺
	$-SO_3^-$	水、缓冲液	阳离子交换	无机阳离子、氨基酸
	$-NR_3^+$	磷酸缓冲液	阴离子交换	核苷酸、糖、无机阴离子、有机酸

4. 离子交换色谱法

离子交换色谱法固定相是离子交换树脂。其中使用最多的是聚苯乙烯阳离子和阴离子交换树脂。离子交换色谱流动相是离子性液体，大都是各种缓冲溶液。由于不同物质在流动相中溶解后，生成的离子对离子交换树脂中离子交换中心具有不同亲和力，使在固定相和流动相之间产生不同分配系数，对固定相离子亲和力高的，分配系数高，在柱中保留时间就长。分配系数与很多实验参数有关，如作流动相的缓冲溶液的pH改变，可改变分配系数，因而改变分离情况。其他如离子电荷、离子半径、离子强度、温度等，均影响分配系数。

离子交换色谱主要用于分离离子化合物或与离子相互作用的化合物。如氨基酸、蛋白质、核酸、无机离子等。在药物化学和生物化学中应用广泛。

5. 凝胶色谱法

凝胶色谱法也称空间排阻色谱（GFC）。凝胶色谱法与其他色谱分离机理有所不同，它是基于分子尺寸和形状不同进行分离的一种色谱技术，近似于分子筛效应。当试样随流动相在凝胶外间隙与凝胶孔穴旁流过，相对分子质量大、分子体积大的分子不能渗透进凝胶孔穴而被排斥，较快的被流动相洗出来；较小的分子，能渗入大大小小的孔隙而完全不受排斥，所以最后流出；中等大小的分子则可渗入较大的孔隙中，但受到较小孔隙的排斥，所以介乎上述两种情况之间。这样，样品中各组分，按分子大小，先后由柱中洗出而分离。

凝胶色谱是分离、鉴定高相对分子质量化合物的有效手段，广泛的用来测定聚合物相对分子质量分布。

二、高效液相色谱法的实验技术

1. 溶剂处理技术

为保证检测结果的准确性，延长高效色谱仪的使用寿命，溶剂和流动相在使用前要进行溶剂纯化、流动相脱气和流动相过滤等处理。

(1) 溶剂纯化技术　分析纯和优级纯在很多情况下可以满足色谱分析的要求，但不同的色谱柱和检测方法对溶剂的要求不同。常用的纯化操作有脱水、重蒸、吸附、萃取。如用紫外检测器检测时，要对溶剂进行除去紫外杂质、脱水、重蒸等纯化操作，除去在检测波长下有吸收的杂质；用吸附纯化操作消除乙腈中的丙酮、丙烯腈等杂质；用水萃取纯化操作消除氯仿中的乙醇、卤代烃等极性杂质；用分子筛纯化操作除去正相色谱中使用的亲油性有机溶剂含的少量水。

(2) 流动相的脱气　流动相使用前一定要进行脱气操作，以消除溶液中因溶解有氧气或混入了空气而形成的气泡，防止基线不稳、噪音过大、样品氧化现象。常用脱气技术有超声波脱气、通氮脱气、自动脱气机脱气等。

超声波脱气方法是将配制好的流动相连同容器一起放入超声水槽中，脱气10～20min。该方法操作简便，应用广泛。

通氮脱气方法是将钢瓶中的氮气缓慢而均匀的通入贮液器里的流动相中，氮气将其他气体置换顶替出去，而氮气由于在流动相中溶解度小，气泡小不影响检测。

自动脱气机脱气方法是将流动相通过一段由多孔性合成树脂膜构成的输液管，输液管外有真空容器。真空泵工作时，膜外侧被减压，相对分子质量小的氧气、氮气、二氧化碳会从膜内进入膜外而被排除。其优点是可以对多个溶剂进行脱气。

(3) 流动相的过滤　流动相使用前一定要进行过滤操作，以防止不溶物堵塞流路或色谱柱入口处的微孔垫片。流动相过滤可用 C_4 微孔玻璃漏斗除去 4μm 以下的固态物质；严格说应用 0.45μm 以下有机溶剂专用微孔滤膜或水溶剂专用微孔滤膜过滤。

2. 样品的预处理技术

样品预处理的目的是消除样品中干扰检测的杂质。其常用的预处理方法有浓缩、稀释、超滤、微渗析等。用得最广泛的是微渗析技术。

3. 定性方法

由于高效液相色谱过程中影响溶质迁移的因素较多，同一组分即使在相同操作条件下，不同色谱柱上的保留值也可能有很大差别，因此高效液相色谱法与气相色谱相比，定性难度较大。常用的定性方法是标准样品定性法，即利用每一种化合物在特定色谱条件下（流动相组成、色谱柱、柱温等相同），具有不同的保留值从而进行定性分析。除此外，还可以利用高效液相色谱-质谱联用技术实现在线检测。两谱联用仪给出样品的色谱图，并能快速给出每个色谱组分的质谱图，同时获得定性、定量信息。目前联用技术是复杂样品成分分析、鉴定最重要的手段。

4. 定量方法

高效液相色谱定量方法与气相色谱的定量方法类似，主要采用面积的归一化法、内标法或外标法等。

（1）归一化法　归一化法要求所有组分都能分离并出峰，其基本方法与气相色谱中的归一化法类似。由于高效液相色谱所用检测器为选择性检测器，对很多组分没有响应，因此高效液相色谱法很少使用归一化法。

（2）外标法　外标法是以待测组分纯品配制标准试样和待测试样同时作色谱分析来进行比较而定量的方法，可分为标准曲线法和直接比较法。具体方法参阅气相色谱的外标法定量。

（3）内标法　内标法是将已知量的参比物（内标物）加到已知量的试样中，使试样中参比物的浓度已知；在进行色谱测定后，待测组分峰面积和参比物峰面积之比应该等于待测组分的质量与参比物质量之比，求出待测组分的质量，进而求出待测组分的含量。内标法具有准确度高的特点。

三、高效液相色谱法的应用

高效液相色谱法对挥发小或无挥发性、热稳定性差、极性强，特别是为具有某种生物活性的物质提供了适合的分离分析环境，因而广泛应用于医药研究、食品工业、环境监测、石油化工等领域。

1. 在医药研究中的应用

高效液相色谱法有高选择性、高灵敏度，已经成为医药研究的有力工具。人工合成药物的纯化及成分的定性、定量分析，中草药有效成分的分离、制备及纯度测定，药物代谢的测定等，都需要用到高效液相色谱的不同测定方法。图5-15是磺胺类药物反相色谱分析的例子。

2. 在食品分析中的应用

食品分析中对高效液相色谱法的应用主要体现在两方面：一是食品中含量较高的三大营养物质，即碳水化合物、脂类、蛋白质（氨基酸、肽）的检测；二是

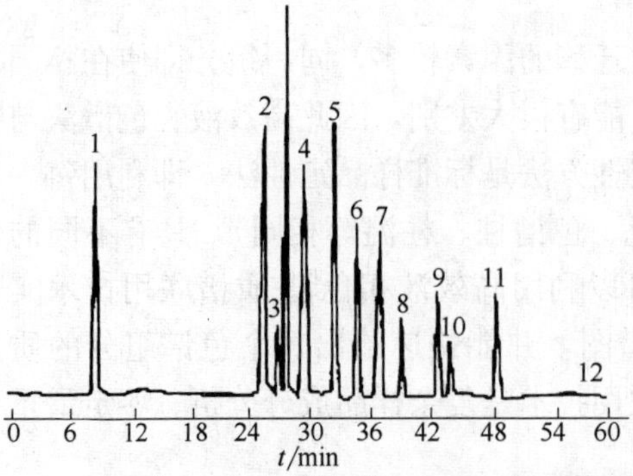

色谱柱：Partisil-ODS（5μm，4.6mm×250mm）
流动相：（A）10%甲醇水溶液；
（B）1%乙酸的甲醇溶液
线性梯度程序：（B）组分以 1.7%/min 的速率增加
检测器：UVD（254mm）

图 5-15　磺胺类药物的反相色谱分析

1—磺胺　2—磺胺嘧啶　3—磺胺吡啶　4—磺胺甲基嘧啶　5—磺胺二甲基嘧啶　6—磺胺氯哒嗪
7—磺胺二甲基异噁唑　8—磺胺乙氧哒嗪　9—4-磺胺-2,6-二甲氧嘧啶　10—磺胺喹噁啉
11—磺胺溴甲吖嗪　12—磺胺胍

食品中微量成分，即维生素、微量物质及食品添加剂等的分析。近年来高效液相色谱分析法在食品分析中的应用日益增多，它比化学分析法操作简便、快速，并能提供更多有用信息。食品中添加的防腐剂、抗氧化剂、甜（香）味剂、乳化剂、天然或人工合成色素等，一般均可用高效液相色谱法进行较准确、快速的测定。图 5-16 为 9 种抗氧化剂在反相键合柱上的分离谱图。

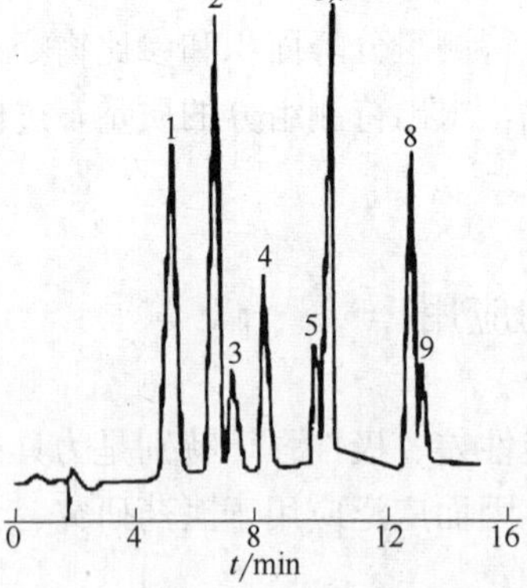

色谱柱：Lichrosorb RP-18　3.2mm×250mm，10μm
流动相：梯度洗脱在 16min 内从 H_2O：乙酸（95：5）增加至乙腈：乙酸（95：5）
流量：1mL/min
检测器：UVD（280mm）

图 5-16　9 种抗氧化剂在反相键合柱上的分离谱图

1—棓酸丙酯　2—2,4,5-三羟基苯丁酮　3—叔丁基对苯二酚　4—去甲二氢愈创木酸
5—叔丁基对羟苯甲醚　6—2-叔丁基-4-羟甲基苯酚　7—棓酸辛酯
8—棓酸十二酯　9—二叔丁基甲酚

3. 农药残留的检测

农药可分为杀菌剂、除草剂和杀虫剂。由化学组成可分为有机氯农药、有机磷农药、氨基甲酸酯、含氮除草剂、苯氧羧酸除草剂等。随着新型高效农药的出现，农药的环境影响及残留农药的检测方法发生了新的变化。很多新型农药的水

溶性较好，长期积累造成地下水污染，某些农药使用后残留存在于土壤、植物体中，对不易降解的农药，会经过食物链在人体中富集，造成对人体健康的危害。图 5-17 是有机磷农药的分离谱图。

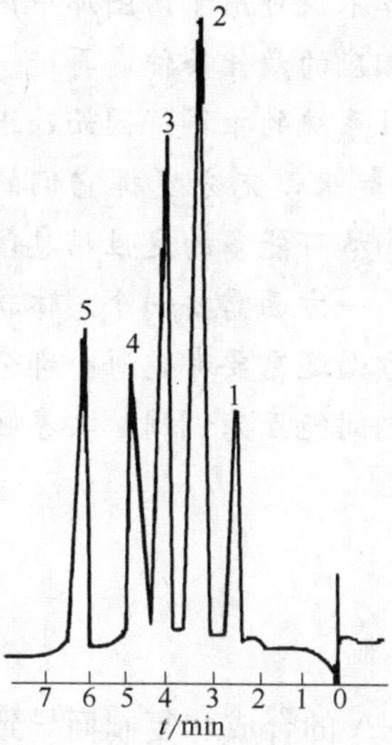

色谱柱：Lichrosorb RP-18　0.7mm×200mm，5μm 微填充毛细管柱

流动相：80%甲醇水溶液

流量：40μL/min

检测器：荧光检测器

图 5-17　有机磷农药的分离谱图

1—敌百虫　2—乙基对氧磷　3—马拉硫磷　4—杀硫磷　5—乙基对硫磷

4. 其他应用

高效液相色谱法还在其他很多方面有所应用。随着生命科学和生物技术的迅速发展，人们对氨基酸、多肽、蛋白质及核苷酸、核酸等生物分子的研究兴趣日益增加，高效液相色谱法中的很多方法都可以用于这些生物的分离和分析。高效液相色谱法还可以测定一些高相对分子质量和较高沸点的有机物，用于环境监测和精细化工分析。

阅读材料　高效液相色谱专家系统

完成一个液相色谱的分析任务，需要一个合适的分析方法、可靠的仪器、高效的柱子以及优化的操作条件，而且人们常常还期望获得足够的定性信息和准确的定量数据，因此，如果要尽快的找到合适的分析方法，达到分析目的，通常要具有丰富色谱知识的专家才能完成。专家系统是色谱学与信息技术结合的产物，由于应用色谱法进行分析要根据研究内容选择不同的流动相、固定相、预处理方法以及其他条件，因此需要大量的实践经验，色谱专家系统是模拟色谱专家的思维方式为色谱使用者提供帮助的程序，专家系统的知识库中存储了大量色谱专家的实践经验，可以为使用者提供关于色谱柱系统选择、样品处理方式、色谱分离条件选择、定性和定量结果解析等帮助。

某些复杂样品需做适当的预处理，使复杂的样品变得简单容易分离和检测，其目的是使得推荐的柱系统更佳；只有当推荐的柱系统为最佳，进一步进行的操作条件优化才有真正的价值；反过来，也只有都在最佳的操作条件下来比较不同的柱系统，才能判断出最佳的柱系统；而色谱的定性库不仅可用于谱图库中谱峰的定性，还可用于条件优化，通过智能优化来求得其相应的最佳条件，再进一步的比较不同方法之间的差异，筛选出最佳方法来改善柱系统的推荐；因而，进一步的发展，就必须将专家系统中的每一部分有机结合起来，充分发挥它们的功能，尽可能的推荐一个最佳柱系统，给出其最佳条件和尽可能多的定性信息，最后进行色谱定量。在软件设计上，必须全面合理安排，一方面需要一个总体软件来控制选择调用专家系统中的每个部分的程序；另一方面还需要考虑每个部分程序之间的连接，使得每一程序之间以及它们的子程序之间能互为调用，共享数据库和谱图库。

综合实训　氧氟沙星片的含量测定

项目背景：氧氟沙星为杀菌剂，通过抑制细菌 DNA 的合成和复制而导致细菌死亡。根据以上信息，学生自主完成以下任务：

任务一：根据氧氟沙星的性质，选择检测方法。

任务二：查找资料，设计氧氟沙星片的含量测定方案。

任务三：对方案进行验证实施。

任务四：设计检验报告单，记录实验数据，并对实验结果进行分析与说明。

自主练习

一、选择题

1. 在一硅胶薄板上用不同的溶剂系统分离咖啡碱和氯原酸，结果如下，从中选出最好的溶剂系统是（　　）。

A. 氯仿-丙酮（8∶2），咖啡碱的 R_f 为 0.1，氯原酸的 R_f 为 0.0

B. 氯仿-丙酮-甲醇-乙酸（7∶2∶1.5∶0.5）：咖啡碱的 R_f 为 0.48，氯原酸的 R_f 为 0.05

C. 正丁醇-乙酸-水（4∶1∶1）：咖啡碱的 R_f 为 0.68，氯原酸的 R_f 为 0.42

2. 薄层色谱常用的通用型显色剂有（　　）。

A. 碘、硫酸溶液　　B. 茚三酮　　C. 荧光黄溶液　　D. 蒽酮

3. 在以硅胶为固定相的吸附柱色谱中，正确的说法是（　　）。

A. 组分的极性越强，被固定相吸附的作用越强

B. 物质的相对分子质量越大，越有利于吸附

C. 流动相的极性越强，组分越容易被固定相所吸附

D. 吸附剂的活度级数越小，对组分的吸附力越大

4. LC 中的通用型检测器是（　　）。

A. 紫外检测器　B. 示差折光检测器　C. 热导池检测器　D. 荧光检测器

5. 在液相色谱中流动相选择原则：（　　）。

A. 极性大的样品用极性大的洗脱剂

B. 极性小的样品用极性小的洗脱剂

C. 以上都是

6. 在 HPLC 法中，为改变色谱柱选择性，可进行如下哪种操作（　　）。

A. 改变流动相的种类和配比　　B. 改变固定相的种类

C. 改变填料粒度　　D. 改变色谱柱的长度

二、数据分析题

1. 化合物 A 在薄层板上从原点迁移 7.6cm，溶剂前沿距原点 16.2cm，计算化合物 A 的 R_f 值。若在相同的薄层色谱展开系统中，溶剂前沿距原点 14.3cm，化合物 A 的斑点应在此薄板上何处？

2. AB 二组分的分配系数之比 0.912，要保证二者的分离度达到 1.20，柱长应选择多少米？设有效塔板高度为 0.95mm。

3. 用 C_{18} 柱分离苯和萘的混合样品，以甲醇-水为流动相，测得数据如下：苯的保留时间为 4.65min，半峰宽为 0.154min；萘的保留时间为 7.37min，半峰宽为 0.230min。①分别以苯和萘计算理论塔板数。②求苯和萘的分离度。

4. 以 HPLC 法测定某生物碱样品中黄连碱和小檗碱的含量。称取内标物、黄连碱和小檗碱对照品各 0.2000g，配成混合溶液，重复测定 5 次，测得各色谱峰面积平均值分别为 3.60、3.43 和 4.04m^2，再称取内标物 0.2400g 和样品 0.8560g，配成溶液，在相同条件下测得色谱峰面积分别为 4.16、3.71 和 4.54m^2。计算：样品中黄连碱和小檗碱的含量。

模块六　其他仪器分析技术

学习目标

知识目标：理解红外吸收光谱法、电泳分析法、气相色谱-质谱联用分析法的原理，了解红外光谱仪、电泳议、质谱仪等主要功能以及在药物分析、食品分析中的用途。

技能目标：学习红外光谱仪、电泳仪、质谱仪等使用方法。

随着科学技术的进步，仪器分析方法和分析仪器发展迅速，应用也越来越广泛。本模块主要对红外吸收光谱法、电泳分析法和气相色谱-质谱联用技术做简要介绍。

任务一　红外吸收光谱法鉴定食品中防腐剂苯甲酸

【任务目的】

(1) 掌握一般固体样品的制样方法以及压片机的使用方法。

(2) 了解红外光谱仪的工作原理。

(3) 掌握红外光谱仪的一般操作过程。

【工作依据】

苯甲酸为固体粉末状样品，其制样常采用压片法。具体方法如下：将苯甲酸均匀地分散在固体介质（KBr）中使之成为固体溶液，用压片机压成均匀透明的薄片固定，放入红外光谱仪的光路中测定其红外吸收光谱。为了得到较为理想的光谱图，苯甲酸和溴化钾在使用时都要研细混匀，颗粒直径小于 2μm。

【工作准备】

(1) 仪器　红外光谱仪、压片机、玛瑙研钵、红外干燥灯。

(2) 试剂　苯甲酸（优级纯）、溴化钾（优级纯）、苯甲酸试样。

【工作内容】

1. 准备工作

打开红外光谱仪主机电源，预热 20min。打开计算机，进入工作站。用脱脂棉蘸丙酮清洗玛瑙研钵及研锤、不锈钢药匙及镊子、压片模等部件，用电吹风机吹干。

2. 样品的制备

称取在110℃下干燥48h以上并保存在干燥器内的溴化钾约150mg，于洁净的玛瑙研钵中，研磨成均匀、细小的颗粒，然后转移至压片模具中（图6-1），即可得到直径为13mm，厚1～2mm透明的溴化钾晶片，小心从压模中取出晶片，并保存在干燥器内。

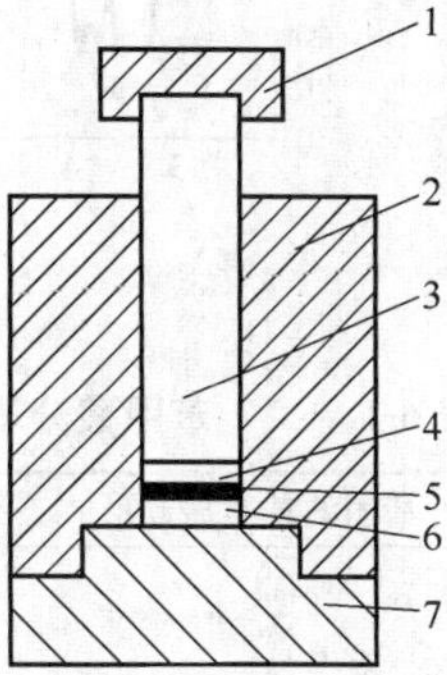

图6-1　压模结构

1—压杆帽　2—压模体　3—压杆
4—顶膜片　5—试样
6—底模片　7—底座

另取一份150mg左右溴化钾于洁净的玛瑙研钵中，加入2～3mg优级纯苯甲酸，研磨均匀、压片并保存于干燥器中。

再取一份150mg左右溴化钾，于洁净的玛瑙研钵中，加入2～3mg苯甲酸试样，同上操作制晶片，并保存在干燥器内。

3. 样品的分析测定

（1）扫描背景　在未放入样品前，扫描背景一次。

（2）扫描样品　将制好的样品从干燥器中取出，放入样品室中，扫描样品一次。

【数据处理】

（1）基线校正：对基线斜率的谱图要进行基线校正。

（2）平滑处理：噪声太大时要对谱图进行平滑处理。

（3）坐标调整：使谱图纵坐标处于百分透射比在0%～100%的范围内，横坐标一般在4000～5000cm^{-1}范围内。

（4）在苯甲酸标样和试样红外吸收光谱图上，标出各特征吸收峰的波数，并确定其归属。

（5）将苯甲酸试样光谱图与其标准光谱图进行对比，如果两张谱图上的各种特征吸收峰及其吸收强度一致，则可认为该试样是苯甲酸。

【任务提示】

［1］制得的晶片，必须无裂痕，局部无发白现象，如同玻璃般完全透明，否则应重新制作。

［2］晶片局部发白，表示压制的晶片厚薄不匀；晶片模糊，表示晶体吸潮，水在3450cm^{-1}和1640cm^{-1}处有吸收峰。

［3］将溴化钾参比晶片和苯甲酸标样晶片分别置于主机的参比窗口和试样窗口上。

［4］苯甲酸的标准红外吸收光谱如图6-2所示。苯甲酸分子中各基团基频峰的频率如表6-1所示。

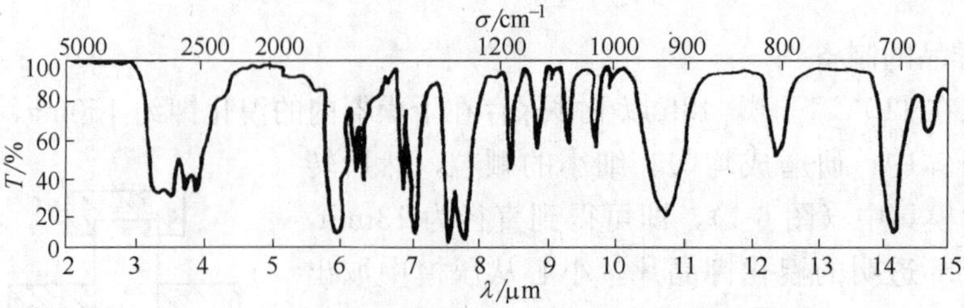

图 6-2　苯甲酸的标准红外光谱

表 6-1　　苯甲酸分子中各基团基频峰的频率（4000～650cm^{-1}范围）

原子基团的基本振动形式	基频峰的频率/cm^{-1}
$v_{=C-H}$(Ar上)	3077,3012
$v_{C=C}$(Ar上)	1600,1582,1495,1450
$\delta_{C=H}$(Ar上邻接五氢)	715,690
v_{O-H}	3000～2500(多重峰)
δ_{C-H}	935
$v_{C=O}$	1400
v_{C-O-H}(面内弯曲振动)	1250

问题探究

Q1：如何操作红外光谱仪？

Q2：如何解析红外光谱图并利用谱图解析产品的真伪？

知识链接一　红外吸收光谱法

红外吸收光谱法又称红外分光光度法，是利用样品的红外吸收光谱进行定性分析、结构鉴定及定量分析。红外光谱可分为三个区域：近红外区（13330～4000cm^{-1}）、中红外区（4000～400cm^{-1}）和远红外区（400～10cm^{-1}）。绝大多数有机物和无机物的基频吸收带都出现在中红外区。红外吸收光谱法现在已成为现代结构化学和分析化学最常用和不可缺少的工具，在高聚物的构型、构象、力学性质的研究以及物理、天文、气象、遥感、生物、医学等领域也有广泛的应用。

红外吸收光谱法具有以下特点：

（1）范围广　化工、制药、食品、环保等有机化合物研究；合成纤维、橡胶等高聚物研究；无机材料测试；催化剂表面结构、吸附和反应机理研究等。

（2）特征性强　每种化合物都有与自己结构相关的红外光谱，由几组互相佐证的相关峰来加强定性分析的可靠性。尤其在官能团定性方面是别的分析方法所不及的。

（3）其他优点　可测样品范围广（无机、有机、高分子等不限相态且用量少）；速度快、操作简便、重现性好、精度高；设备价格相对低廉；有大量可供查阅的标准谱图等。

红外吸收光谱法也存在一些局限性：少数化合物没有红外吸收，如对称性分子和同核双原子分子；不是所有的吸收峰都可解释，尤其是一些指纹峰；对某些复杂物质的结构分析，还须与核磁、质谱、拉曼等方法配合；定量分析的灵敏度和准确度较低等。

一、红外吸收光谱原理

红外吸收光谱法是鉴别化合物和确定物质分子结构的常用方法之一。当一定频率的红外光照射某物质分子时，若分子中某基团的振动频率与它相同，则此物质就能吸收这种红外光，光的能量通过分子偶极矩的变化而传递给分子，使分子的振动能级发生跃迁。因此，如果连续地用不同频率的红外光照射某一物质，该物质就会根据自身的组成和结构对各种频率的红外光进行选择性吸收，用仪器将物质的分子吸收红外光的情况记录下来，即可得到红外吸收光谱图。

红外光谱是物质定性的重要的方法之一。它的解析能够提供许多关于官能团的信息，可以帮助确定部分乃至全部分子类型及结构。其定性分析有特征性高、分析时间短、需要的试样量少、不破坏试样、测定方便等优点。传统的利用红外光谱法鉴定物质通常采用比较法，即与标准物质对照和查阅标准谱图的方法，但是该方法对于样品的要求较高并且依赖于谱图库的大小。如果在谱图库中无法检索到一致的谱图，则可以用人工解谱的方法进行分析，这就需要有大量的红外知识及经验积累。大多数化合物的红外谱图是复杂的，即便是有经验的专家，也不能保证从一张孤立的红外谱图上得到全部分子结构信息，如果需要确定分子结构信息，就要借助其他的分析测试手段，如核磁、质谱、紫外光谱等。尽管如此，红外谱图仍是提供官能团信息最方便快捷的方法。

红外光谱定量分析法的依据是朗伯-比尔定律。红外光谱定量分析法与其他定量分析方法相比，存在一些缺点，因此只在特殊的情况下使用。它要求所选择的定量分析峰应有足够的强度，即摩尔吸光系数大的峰，且不与其他峰相重叠。红外光谱的定量方法主要有直接计算法、工作曲线法、吸收度比法和内标法等，常用于异构体的分析。

二、红外光谱仪的基本构造

红外光谱仪又称红外分光光度计，它是以光源辐射出来的不同波长红外线透过样品并对其强度进行测定，通过扫描产生的红外光谱对样品进行定性或定量分析的仪器。广泛应用于有机物、高聚物以及其他复杂结构的天然及人工合成产物的测定。

红外光谱仪的部件类型与紫外-可见分光光度计类似，但在部件的排列顺序上有些差异，最基本的区别之一是红外光谱仪的吸收池在单色器之前，究其原因，一是红外光没有足够的能量引起样品的光化学分解，二是可使到检测器的杂散光能量减至最小。

1. 光源

红外光源应是能够发出足够强的连续红外光的物体。常用的有能斯特灯或硅碳棒。能斯特灯是用稀土金属氧化物混合烧结而成的中空小棒，高温下导电并发出红外线，但在室温下是非导体，因此在工作时要预热。它的优点是发光强度高，尤其在大于 $1000cm^{-1}$ 的高波数区。硅碳棒是利用碳化硅烧结而成，工作温度在 1200～1500℃。它的优点是坚固、发光面积大，并且工作前不需要预热。

2. 吸收池

吸收池的光学窗口材料不应对红外光有吸收，而玻璃、石英等材料对红外光几乎全部吸收，因此吸收池窗口通常用 NaCl、KBr 等盐晶制成。NaCl、KBr 等材料制成的窗片要注意防潮。固体样品也常与纯 KBr 混匀压片，然后直接测定。

3. 单色器

单色器的作用是把通过样品池和参比池的复合光色散成单色光，再射到检测器上加以检测。单色器由色散元件、准直镜、狭缝构成。

4. 检测器

由于红外光能量低，不足以引发电子发射，紫外-可见光检测器中的光电管等不适用于红外光的检测。红外光区要使用以辐射热效应为基础的热检测器。目前使用的热检测器主要有真空热电偶、热电检测器和光电导检测器。

三、红外光谱仪的种类

根据红外光谱仪的原理和结构，目前商品仪器可分为红外分光光度计、傅里叶变换红外光谱仪和激光拉曼红外分光光度计三种类型。目前应用广泛的是傅里叶变换红外光谱仪。傅里叶变换红外光谱仪由光学部分和计算机系统组成，光学部分的核心是干涉仪。如图 6-3 所示。

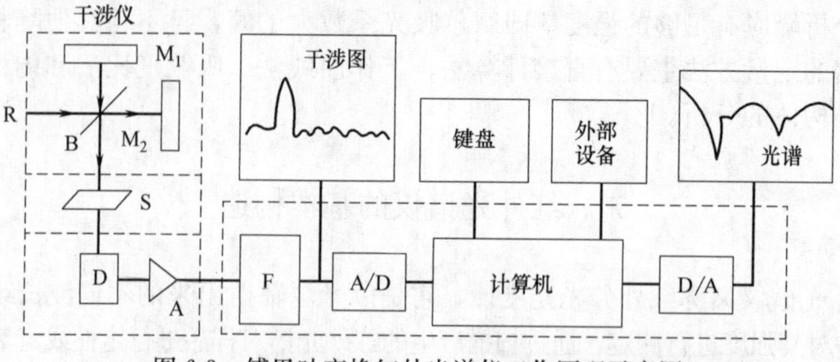

图 6-3　傅里叶变换红外光谱仪工作原理示意图

R—红外光源　M_1—定镜　M_2—动镜　B—分速器　S—样品　D—检测器

A—放大器　F—滤光器　A/D—模数转换器　D/A—数模转换器

四、红外光谱仪的基本操作

目前红外光谱仪型号繁多，不同型号仪器的操作方法略有不同（在使用前应仔细阅读仪器说明书），下面介绍 IR-408 型红外光谱仪。

IR-408 型红外光谱仪是双光束光栅色散型仪器，以硅碳棒为红外光源，真空热电偶为检测器，测量波数范围为 $4000\sim400cm^{-1}$。

1. 仪器外形

仪器外形如图 6-4 所示。

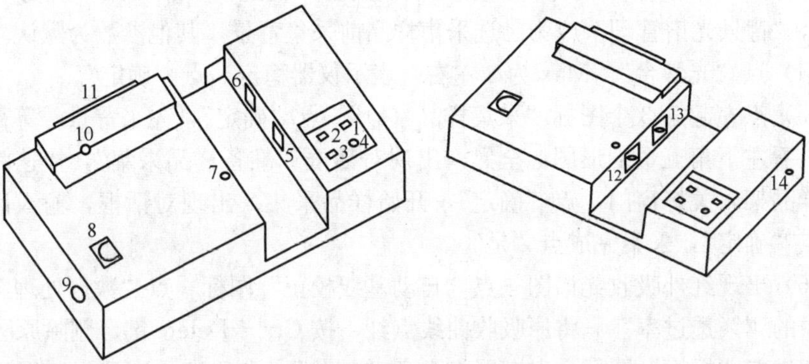

图 6-4　IR-408 型红外光谱仪外形图

1—电源开关及指示灯　2—笔开关　3—扫描开关及指示灯　4—放大增益开关　5—样品遮光板　6—参比遮光板　7—调透射比为 100%旋钮　8—波数盘　9—调波数旋钮　10—笔托　11—记录笔　12—试样安放处　13—参比安放处　14—光强选择开关

2. 仪器操作方法

（1）打开稳压电源开关。按下主机电源开关 1，指示灯亮。

（2）将光强选择开关 14 旋至“1”处，预热 10min 以上。

（3）将放大增益开关 4 置于“1”处（若光源强度减弱，或被测物对红外光的吸收较弱时，可适当将此开关旋至高位）。

（4）先打开参比遮光板 6，然后打开样品遮光板 5。

（5）托住笔托，安装记录笔。

（6）转动调波数旋钮 9，使波数盘上的“4000”刻度对准游标尺的“0”刻度。

（7）将记录纸两端标有箭号“→”的小孔套在带白点的轮齿上。

（8）转动旋钮 7，调透射比为 100%。

（9）将样品架（夹）插入试样安放处 12。

（10）按下笔开关 2。

（11）按下扫描开关3，扫描即开始。当扫描至650cm^{-1}处，扫描结束，记录笔自动抬起。

（12）继续扫描时，需重新转动调波数旋钮9，使波数盘上的“4000”刻度对准游标尺的“0”刻度，扫描方能开始。

（13）扫描结束后，按次序将样品遮光板、参比遮光板、主机电源开关、稳压电源开关复原。托住笔托，将笔取下。最后套好仪器外罩。

下面介绍傅里叶变换红外光谱仪操作步骤。具体操作步骤如下：

（1）顺序打开计算机和红外光谱仪主机电源。

（2）双击“OMINC”图标—进入工作界面。

（3）点“采集”下拉菜单中的“实验设置”，检查“Y轴格式”应为Absorbance，“背景光谱管理”应为已选采集样品前采集背景，其他参数为默认。

（4）点“光学台”—Max为8左右，表示仪器稳定。点“确定”。

（5）点左起第3个图标“采集样品（s）”—点“确定”，先采背景，等待扫描完成，看左下角五个菱形图标全黑，出现对话框“准备样品采集”，快速将样品插入样品架，关好窗门，点“确定”，开始样品采集。出现对话框，输入谱图标题，点“确定”，采集完成点“是”。

（6）出现红外吸收光谱图—点“自动基线校正”图标—点“数据处理”下拉菜单中的“%透过率”—将原吸收曲线点红，按Ctrl+Delete键，删除原图。

（7）点“标峰”图标—点谱图右上角“替代”—点“满刻度显示”图标。若要增加峰波数标注，点左下工具栏T键，光标移至要标注的峰处，按住鼠标左键选取合适位置，标注完后，点工具栏箭头状图标。

（8）点“谱图分析”—“检索设置”，选“HR Aldrich FT-IR Collection Edition I”—点“加入”—点“确定”。回到样品红外图谱，点“检索”图标，出现检索结果。

（9）实验结束时，先关闭工作界面，再顺序关闭红外光谱仪主机和计算机电源。

阅读材料　红外光谱分析法的联用技术应用

红外光谱对化合物鉴别的前提是被测化合物必须具有一定纯度，对于一些纯度较差样品所得光谱是很难辨认的，进行分离提纯显然十分麻烦复杂。而色谱法最大特点即高效的分离本领，但这种方法除了保留时间可用作定性参考依据外，识别化合物能力较低。因此两种方法联用可得到取长补短的效果，如气相-红外联用、高效液相-红外联用、超临界流体色谱与红外联用、热失重色谱与红外联用。下面介绍两种较为特殊的联用技术。

1. 超临界流体色谱与红外联用

溶质在超临界流体中的扩散速度比在液体中扩散速度高约100倍，这使它不需像液相色谱那样用高压才能通过具有一定阻力的柱子。而物质在流体中的溶解度与相对密度有关，超临界状态的相对密度较气体大许多，因此可用调节压力的手段改变流体的相对密度，从而控制溶解溶质的能力，对于相对分子质量大、极性强、受热易分解的分子有很大的适用性，中药成分较为复杂，这类分子可能更常见，SFC/IR谱联用时，更充分显示了它的优越性。SFR/IR联用的另一个优点是当将外加压力除去后，超临界流体即成为气体，极易从分析的体系中除去，因此与红外联用时，不会产生对红外光谱的干扰，这种干扰是液相色谱与红外联用时的最大障碍，所以，超临界流体色谱不但兼有气相和液相色谱的优点，同时也避免了它们的不足。

2. 热失重色谱与红外联用

热失重分析法对混合物含量测定十分有用，但无法判断各失重区段确切的物质成分，可用傅里叶变换红外光谱分析法对热失重各区段放出的尾气进行在线联用分析。该技术可应用在许多领域，如：煤或其他燃料的燃烧过程研究；食品烹调过程研究；高聚物高温性能的研究；废品销毁时对环境影响的研究；催化剂的效用和中毒研究；推进剂的燃速和改进研究；矿物焙烧程序研究；同时可进行药物残留溶剂的定性和定量分析。

任务二 醋酸纤维素薄膜电泳分离血清蛋白

【任务目的】

（1）学习醋酸纤维素薄膜电泳原理。

（2）掌握醋酸纤维素薄膜电泳分离血清蛋白的操作技术。

（3）会正确操作电泳仪。

【工作准备】

（1）器材 电泳仪、醋酸纤维素薄膜（2cm×8cm），培养皿，点样器，电泳仪，玻璃板，粗滤纸，铅笔和直尺，竹镊子。

（2）试剂 巴比妥缓冲液（pH 8.6，离子强度 0.07）、染色液、漂洗液、透明液、新鲜血清（未溶血）。

【工作内容】

1. 试剂的配制

巴比妥缓冲液（pH8.6，离子强度 0.07）：巴比妥 1.66g，巴比妥钠 12.76g，加水至 1000mL。置 4℃冰箱保存，备用。

染色液：氨基黑 10B 0.5g，甲醇 50mL，冰醋酸 10mL，蒸馏水 40mL，混匀。

漂洗液：含 95%乙醇 45mL，冰醋酸 5mL，蒸馏水 50mL，混匀。

透明液：冰醋酸 25mL，无水乙醇 75mL，混匀。

2. 浸泡

用镊子取醋酸纤维素薄膜 1 张（识别光泽面和无光泽面，并在角上用笔做上记号），小心平放在盛有缓冲液的平皿中，浸泡 30min 左右。

3. 点样

将浸透的薄膜从缓冲液中取出，夹在两层粗滤纸内吸干多余的液体，然后平铺在玻璃板上（无光泽面朝上），使其底边与模板底边对齐。点样时，先在点样器上均匀地沾上血清，再将点样器轻轻地印在点样区内，使血清完全渗透至薄膜内，形成一定宽度、粗细均匀的直线。点样区距阴极端 1.5cm 处（图 6-5）。

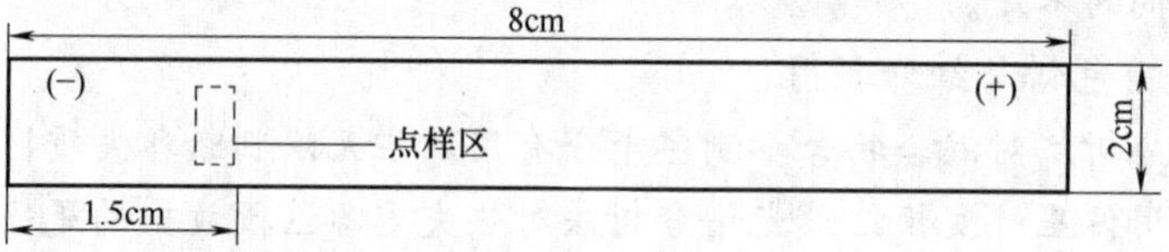

图 6-5　醋酸纤维素薄膜规格及点样位置示意图（虚线处为点样位置）

4. 电泳

根据电泳槽膜支架的宽度，裁剪尺寸合适的滤纸条。在两个电极槽中，各倒入等体积的电泳缓冲液，在电泳槽的两个膜支架上，各放两层滤纸条，使滤纸一端的长边与支架前沿对齐，另一端浸入电泳缓冲液中。当滤纸全部润湿后，用玻璃棒轻轻挤压在膜支架上的滤纸以驱赶气泡，使滤纸的一端能紧贴在膜支架上，即为滤纸桥。将点样端的薄膜平贴在阴极电泳槽支架的滤纸桥上（点样面朝下），另一端平贴在阳极端支架上。盖上电泳槽盖，使薄膜平衡 10min。通电，调节电流强度 0.4～0.6mA/cm 膜宽度，电泳时间 1～1.5h（图 6-6）。

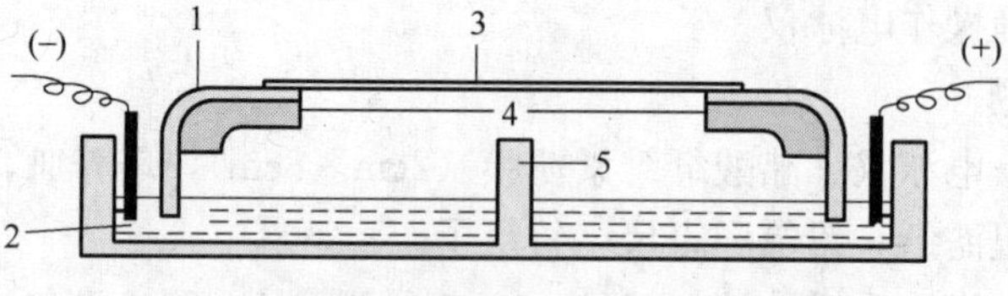

图 6-6　醋酸纤维素薄膜电泳装置示意图

1—滤纸桥　2—电泳槽　3—醋酸纤维素薄膜　4—电泳槽膜支架　5—电极室中央隔板

5. 染色

电泳完毕后将薄膜取下，放在染色液中浸泡 10min。

6. 漂洗

将薄膜从染色液中取出后移置漂洗液中漂洗数次，直至背景蓝色脱净。取出薄膜放在滤纸上，用吹风机将薄膜吹干。

7. 透明

将脱色吹干后的薄膜浸入透明液中，浸泡 2～3min 后，取出紧贴于洁净玻璃板上，两者间不能有气泡，干后即为透明的薄膜图谱（图 6-7）。

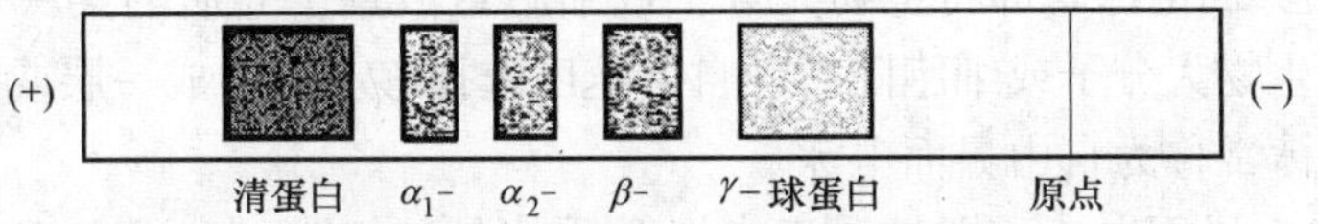

图 6-7　血清蛋白醋酸纤维素薄膜电泳图谱示意图

【任务提示】

[1] 市售醋酸纤维素薄膜均为干膜片，薄膜的浸润与选膜是电泳成败的关键之一。若漂浮于液面的薄膜在 15～30s 迅速润湿，整条薄膜色泽深浅一致，则此膜均匀，可用于电泳。

[2] 醋酸纤维素薄膜电泳常选用 pH8.6 巴比妥-巴比妥钠缓冲液，其浓度为 0.05～0.09mol/L。选择何种浓度与样品和薄膜的厚薄有关。缓冲液浓度过低，则区带泳动速度快，区带扩散变宽；缓冲液浓度过高，则区带泳动速度慢，区带分布过于集中，不易分辨。

[3] 点样时，应将薄膜表面多余的缓冲液用滤纸吸去，以免引起样品扩散。但不宜太干，否则样品不易进入膜内，造成点样起始点参差不起，影响分离效果。

[4] 点样时，动作要轻、稳，用力不能太大，以免损坏膜片或印出凹陷影响电泳区带分离效果。

[5] 电泳时应选择合适的电流强度，一般电流强度为 0.4～0.6mA/cm 膜宽度。电流强度高，则热效应高；电流过低，则样品泳动速度慢且易扩散。

[6] 操作过程为防止指纹污染，应戴手套。

问题探究

Q1：电泳分析法的分析原理是什么？

Q2：简述醋酸纤维素薄膜电泳的原理和优点。

知识链接二　电泳分析法

许多重要的生物分子，如氨基酸、多肽、蛋白质、核苷酸、核酸等都具有可电离基团，它们在某个特定的 pH 下可以带正电或负电，在电场的作用下，这些带电分子会向着与其所带电荷极性相反的电极方向移动。电泳技术就是利用在电场的作用下，由于待分离样品中各种分子带电性质以及分子本身大小、形状等性质的差异，使带电分子产生不同的迁移速度，从而对样品进行分离、鉴定或提纯的技术。

电泳分析法主要分为以下几类：

（1）自由电泳　即悬浮在介质中的细胞和生物大分子，在有电场作用下自由定向移动，该类自由电泳又分两种：

① 自由界面电泳；即将生物大分子或细胞悬液置于介质的某一层上，电泳时该层上的生物大分子或细胞随着各自的速度选择移动，形成一层或多层不同界面，这种电泳常称为自由界面电泳。

② 非自由界面电泳：即悬浮于水性介质的各种细胞，在通电后，处于水界质中的细胞全部移动，不出现界面，常称分析型自由电泳。

（2）区域电泳（区带电泳）　在不同电力条件，不同支持物（载体）上进行直接分离，鉴定生物物质，促使获得各自电荷差异的生物粒子或分子，形成各自区域以带形停留在载体上。此类电泳技术分离技巧简便，应用十分广泛。

一、电泳分离原理

图 6-8 是电泳工作装置图。缓冲液 A、B 中，各放有一个电极，电极接在直流电源上，这样，在两电极间便形成一个恒定的电场。再用支持介质将 A、B 连接起来，形成一个“桥”。为了进行电泳，支持介质先用缓冲液浸泡饱和，然后将所要进行电泳的样品液滴在支持介质上。在电场作用下，样品中的各带电颗粒将发生定向移动，带正电的颗粒移向负极，带负电的颗粒移向正极。如果在样品混合物的离子到达电极之前关闭电源，那么混合物的各种成分便按照它们的电泳迁移率被分离开。

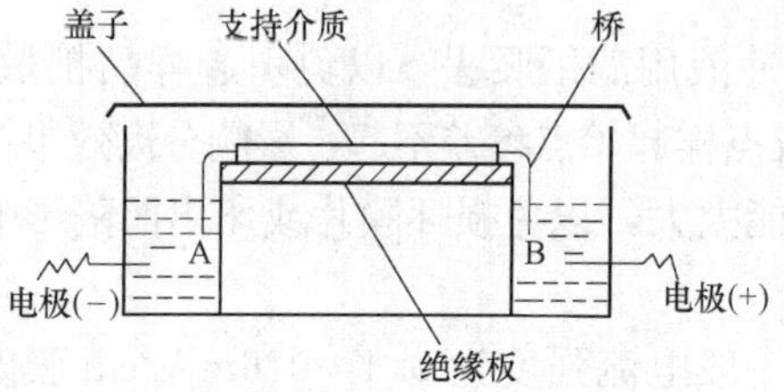

图 6-8　电泳工作装置图

所谓电泳迁移率，是指带电颗粒在单位电场强度下进行电泳的迁移速度，可用下式表示：

$$u=\frac{v}{E}=\frac{d/t}{V/L}=\frac{dL}{Vt}$$

式中　u——迁移率，$cm^2/(V \cdot s)$

v——颗粒的迁移速度，cm/s

E——电场强度或电势梯度，V/cm

d——颗粒迁移距离，cm

t——通电时间，s

V——加在支持物两端的实际电压，V

L——支持物的有效长度，cm。

电泳迁移率除了与外加电场强度有关外，还与分子的大小、介质黏度、颗粒所带的电荷有关。在电泳技术中，把每厘米的电压降 V/L 叫做电势梯度。可以看出：在数值上，电势梯度等于电场强度。电势梯度越大，带电质点移动的速度越快。在低压电泳仪中，电势梯度一般在 20V/cm 以下；在高压电泳仪中，电势梯度可高达 200V/cm。

缓冲溶液的主要作用是在迁移过程中充当运动流的载体，并保持溶液中的 pH 为常数。

一般来说，不同成分的物质，其颗粒本身所带的电量、颗粒的大小及质量都是不同的，它们的迁移率也不相同。而成分相同的物质，其各种特性则十分相似。因此，它们运动时，趋向于形成一条紧密相靠的带。单方向的电泳就像程度不同的几个级别的长跑运动员赛跑一样。如果在比赛中途的某一时刻，从空中俯拍一张相，同一级别的运动员趋向于一起。电泳也是这样，例如血清蛋白中含有 α_1-、α_2-、β-清蛋白和 γ-球蛋白等各种蛋白质，它们的质/荷比是不相同的。故迁移率也不相同。如果把清蛋白放在支持介质上进行电泳，经过一段时间后，迁移率最大的清蛋白移动的距离最大，迁移率较小的 γ-球蛋白移动的距离最小，其余的依次排在二者之间，如图 6-9 所示。这样，各种蛋白质就被分离开了。

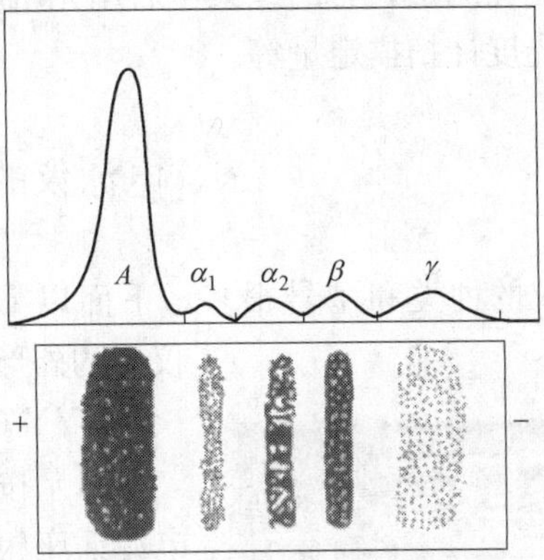

图 6-9　血清蛋白的电泳图谱

二、电泳仪的基本构造

电泳仪是进行电泳分析的仪器，广泛用于临床诊断、工业制备和基础理论的研究中。普通电泳仪由两部分组成，一部分是直流电源装置，另一部分是电泳槽装置。高压电泳仪因为功率损耗很大（通常有上千瓦的功耗），除了上述两部分之外，还需要有一个较复杂的冷却装置。

1. 电源

电源是产生电泳电场的装置，常为可调式直流电源。一般都用交流电源经过整流、滤波后获得，主要部分是一个整流器，可用晶体管、电子管或可控硅整流。多数装有稳压装置，用电压表和电流表指示输出电压及电流的大小。

2. 电泳槽

电泳槽是用来盛装缓冲液和进行电泳的场所，多用透明塑料膜压或用有机玻璃胶合而成。电泳槽外形有水平式、垂直式和圆盘式等多种，其中水平式电泳槽一般由电极、缓冲液槽、电泳介质支架和一个透明的绝缘盖等几部分组成（图

6-8）。电极分别装在两个缓冲液槽内。电极应具有良好的导电性、抗腐性和抗电解作用，常用铂丝或镍铬合金丝等材料。

支持介质放在两个支架上，其两端与电泳液接通而形成盐桥。通电后，电流只能在支持介质体上通过，电泳物质在其上泳动。绝缘盖起防止缓冲液蒸发以及防触电的保护作用。有些电泳槽有冷却装置以保证电泳介质的温度不致过高。

需要注意的是，电泳仪只是一种分离仪器。要想知道分离后各种成分的含量，电泳后还需要进行其他工作，如有的在电泳后作固定、烤干、染色、洗脱，然后进行比色测量；有的经染色后用光密度计来进行描记、定量，还有的直接用紫外分光光度计扫描定量等。

三、电泳仪的基本操作

电泳仪的种类和型号很多，下面以 DYY-6C 电泳仪为例介绍其基本操作。仪器的外形如图 6-10 所示。

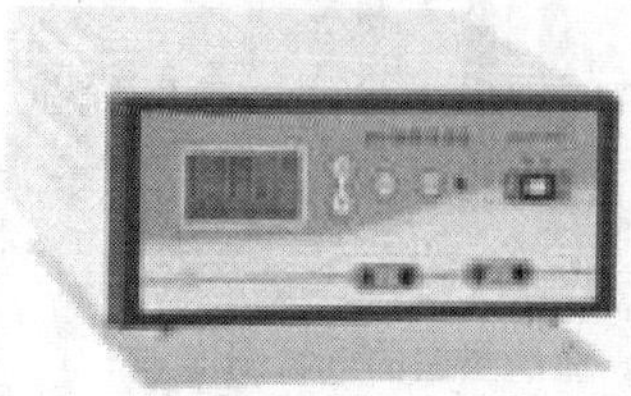

图 6-10　DDY-6C 电泳仪外形

DYY-6C 电泳仪的基本操作如下：

（1）按下电源开关，并确认与有接地保护的电源插座相连。按颜色接好电泳槽与电泳仪的连接导线，并装入电泳样品。确认电源符合要求后，开启仪器电源开关，蜂鸣 4 声后，液晶屏显示上一次工作的设定值。

Us＝400V　←
Is＝400mV
Ts＝1：30
T＝01：00——start
T＝0：00——Go on

如果每次使用同一参数时，即可直接选择 Start 后启动输入。

（2）设置工作程序　如要改变其数值可按“▲”“▼”按键，每按一次改变一个数字量，如希望快速改变可按住按键不放松，则数值会连续快速改变，当到达所需数值时松开即可。如希望查看并设置电压、电流和定时时间，可以按“选择”键，此时“←”指示相应位置，同样，其数量有上下调节键控制。

设定定时时间的范围为：1min～99h59min。

程序设置完毕后，按“启动”键，仪器蜂鸣 4 声，启动电泳仪输出程序。“输出指示灯”闪亮，当输出稳定后，稳压/稳流状态由 U、I 是否闪烁表示。在稳压/稳流状态改变时，仪器会自动蜂鸣 2 声以提醒用户。

仪器正常输出后，设定值 Us、Is、Ts 自动变为实际值 U、I、T。

（3）如果没有达到预想的稳定值，可采取两方面措施解决：

① 检查电泳样品的配制是否正常。

② 调节相应电压电流的设定值。

(4) 选择设置 Us、Is、Ts 后，在 8s 内不按任何按键，则自动返回显示实际值 U、I、T。

(5) 仪器正常输出时若要停机，可按“启/停”键，输出立刻关闭，并显示“stop”同时仪器反复蜂鸣，此时按一下选择键，仪器停止蜂鸣。如果希望继续工作，按一下“Go on”，定时时间继续累加，而如果选择“Start”，则计时重新从“0：00”开始。

(6) 仪表显示一下信息的含义：

stop——停机；No Load——空载；Over_load——过载停机；Over_U——电压超限；Over_I——电流限；当出现开路、过载等显示时，应检查相应输出回路是否存在故障，在 6s 内恢复正常则仪器可继续工作，否则停机。

在使用仪器时，要注意的是：

(1) 本机使用一段时间后应检查电极连线与电泳槽是否接触良好，以避免因连接故障造成仪器不能正常工作。

(2) 仪器在使用中请勿将电泳槽放在电泳仪上进行试验，严禁溅入电解质溶液，如溶液已进入电泳仪，切勿接通电源，以免造成事故，同时应由专业人员修理后才可使用。

(3) 本仪器输出电压较高，使用中应避免接触输出回路及电泳槽内部，以免发生危险。

(4) 本机接两个以上电泳槽时，电流显示值为各槽电流之和。而各槽上的电压是相同的，此时应采用稳压工作方式为宜。

(5) 本仪器输出功率较大，因此采用了智能通风散热电路，当输出电流达到一定数值时，仪器后面板的风扇自动启动，因此在仪器工作时不要用物体遮挡后面板。

(6) 使用过程中如发现异常，要立即断电并进行检修。

(7) 使用过程中出现停电后来电情况，本仪器将回到初始设定状态。当仪器定时达到最大时间 100h 后，仪器自动关闭输出，并显示“END”。

四、毛细管电泳

毛细管电泳是 20 世纪 80 年代初发展起来的一类高效快速分离分析方法，具有分辨率高、选择性好、定量准确、微量和易自动化等特点。毛细管电泳将电泳载体移到毛细管中，克服了传统电泳的热扩散和试样扩散的缺点，大大提高了分析灵敏度。毛细管电泳按分离模式分为毛细管区带电泳、凝胶电泳、等速电泳、等电聚焦和胶束电动力学毛细管色谱等类型。以毛细管区带电泳应用最为广泛。

毛细管区带电泳是近年发展起来的一种高效快速的液相分离分析技术，它具有原理简单、操作简便、耗费低、易自动化等优点。主要用于蛋白质的分离、药物的分离和检测等方面。

1. 基本原理

毛细管电泳除具有一般的电泳迁移外，还受到电渗的影响。毛细管表面因基团电离而带负电荷，与溶液中阳离子形成停滞的双电层，见图 6-11（2）部分阳离子会扩散到运动着的双电层，因溶剂化而带着溶剂向负极流动形成电渗。当毛细管的半径大于双电层厚度的 7 倍时，毛细管中的电渗就形成平流，如图 6-11（3）所示。

试样引入后，正离子迁移方向与电渗方向一致，所以正离子在毛细管内的迁移速度加快。

负离子迁移方向与电渗方向相反。离子的迁移方向和速度，决定于泳动速度和电渗作用大小。由于电渗流一般远大于泳动流速，因此在毛细管中，负离子也总是向负极移动。中性粒子的泳动速度为零，所以中性粒子也随电渗而行。以中性物质的速度可以测定电渗作用。因此，在毛细管电泳中，所有的离子性和非离子性溶质都被电渗携带而向负极运动，对加了电压后毛细管内流体的研究表明，液体在毛细管中的流动呈扁平型的“塞子流”，这种流型导致了毛细管的高效分离。

2. 仪器装置

毛细管区带电泳是以具有 pH 缓冲能力的电介质溶液为载体，以毛细管为分离室的一种高压区带电泳。其仪器主要由下列几个基本部分组成：①直流高压电源；②两个电极槽；③石英毛细管，分别浸在两个电极槽中，并充满和电极槽相同的液体；④检测器，在毛细管的一端安装有紫外、荧光、电位、质谱等检测器。如图 6-11（1）所示。

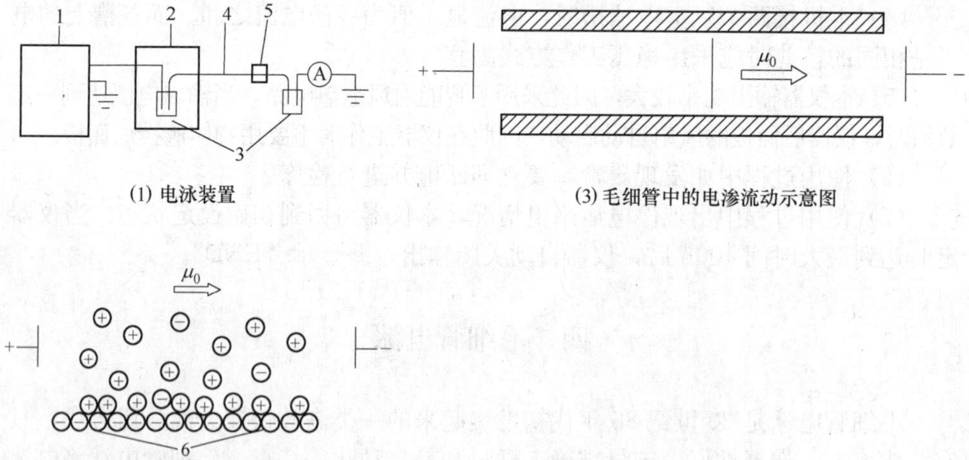

(2) 毛细管壁-溶液的界面上的离子示意图

图 6-11　毛细管电泳装置和区带电泳基本原理

1—直流高压电源　2—有机玻璃外壳　3—电极槽　4—毛细管　5—检测器　6—毛细管表面

阅读材料　电泳技术的应用

众所周知，目前最先进的电脑和最精巧的机器人，也难以和蚂蚁的精巧程度相比。而且蚂蚁还能传宗接代，更是现代技术所望尘莫及的。而蚂蚁的这些特性与核酸和蛋白质的结构与功能是分不开的。核酸（包括脱氧核糖核酸和核糖核酸）可降解成片段，还可进一步降解成核苷酸；蛋白质（包括酶和同工酶）、多肽和氨基酸等都具有可电离的基团，基团在溶液中能吸收或者给出氢离子，从而成为电荷粒子；又由于电荷粒子的多少不等以及具有相同电荷的分子又有大有小，于是在不同的介质中，在电场影响下，它们移动的速度也不相同。人们利用这种特性，用电泳的方法对上述物质进行定性及定量分析，或者将一定的混合物分离成各个组分以及作少量电泳制备。因为电泳技术的这种独特功能，所以就成了分子生物学研究工作中不可缺少的重要分析手段，被广泛应用于基础理论研究、农业科学、医药卫生、工业生产、国防科研、法医学和商检等许多领域。

在医院临床检验中，利用电泳技术分析血清中的酶及同工酶，可以诊断肾病的综合征、心绞痛、肝硬化、肝癌、多发性骨髓瘤、恶性肿瘤、乙型肝炎、慢性肝炎等疾病；分析血色素组分，可以判定血细胞的正常与异常；测定体液中可能存在微生物、原虫的特异性抗原成分，在抗原成分分离的基础上，寻找所需的单克隆抗体等。

在公安、政法侦审工作中，利用电泳技术检测的结果，对确定案件性质、提供侦察线索和犯罪证据等，常常起着十分重要的作用。多年来一直用作案现场留下的污迹与嫌疑分子的血型相核对的方法，遇到了一个以上的嫌疑分子是同样的血型时，这种方法就失灵了。然而利用电泳技术可以从人的体液和其他组织的样品中分离出代表一个人的独特基因组成的一系列谱带，从而能比较准确地鉴别罪犯。

在工业上有许多应用。例如，在陶瓷生产中，借助它来除去黏土中所混杂的氧化铁杂质。方法是：将这种黏土放在水中，加以搅拌，然后通电。由于黏土微粒带负电荷而向正极移动，氧化铁微粒带正电荷而向负极移动。因此，在正极附近就可收集到纯净的黏土。气溶胶也可发生电泳现象，如在水泥、冶金等工厂中，通高压电于含烟尘的气体时，可除去大量烟尘以减少空气污染，净化环境，保护人民健康。

我国是一个幅员辽阔的农业国，电泳技术在农业领域用途非常广泛，它可以用于杂种优势的预测，杂种后代的鉴定，不同品种的区别，亲缘关系的分析，雄性不育系的鉴定，遗传基因的定位，植物抗性的研究等许多方面。在促进“新的绿色革命”中电泳技术正显示出强大的威力，特别对解决种子质量，鉴别假劣种子方面可建奇功。它较传统的生态方法有更多优点：一是速度快，准确可靠；二是不需大面积土地，只需在实验室直接分析种子或幼苗；三是不受环境影响；四是花钱少，成本低，技术比较容易掌握。总之，电泳方法省时省工省钱，效果好。

任务三　气相色谱-质谱联用（GC-MS）测定可乐中的咖啡因含量

【任务目的】

（1）掌握利用 GC-MS 进行有机物定性和定量分析的方法。

（2）了解食品类样品处理的方法。

【工作准备】

（1）仪器　HP5973 GC-MS，萃取装置，蒸馏装置。

（2）试剂　市售可乐，无水乙醚，四氢呋喃，无水 Na_2SO_4，NaCl。

【工作内容】

1. 可乐萃取与浓缩

取可乐 40mL，用 20mL 无水乙醚萃取 2 次，合并后在水浴上浓缩。浓缩至 0.5mL 左右即可用于定性分析。若进行定量分析，须将乙醚蒸干，准确加入 0.5mL 四氢呋喃，溶解后待用。

2. 定性分析

质谱仪开机，调试。

设置 GC 条件，设置 MS 条件。

进样，得到总离子色谱图，对总离子色谱图中每个峰进行库检索，确定是否存在咖啡因，打印咖啡因的质谱图和检索结果。

3. 定量分析

确定咖啡因之后，根据其峰面积进行定量分析。定量分析方法很多，最为准确的为加有内标的外标法。如果对测量精度要求不高可用单点外标法。

【任务提示】

[1] 萃取时振摇不要过猛，否则分层困难。

[2] 由于乙醚极易挥发，蒸馏时注意不要蒸干。

问题探究

Q1：用乙醚萃取可乐中的咖啡因时，为什么要加入 NaCl？

Q2：质谱仪为什么要在真空下工作，如果真空不好就开始工作，可能会造成什么影响？

Q3：哪些因素会影响质谱仪的灵敏度？

知识链接三　气相色谱-质谱联用技术

色谱是一种很好的分离手段，可以将复杂的混合物中的各个组分分离开，但它的定性能力较差，通常只是利用各组分的保留特性进行定性，这在样品组分完全未知的情况下进行定性分析是非常困难的。随着一些定性定结构的分析手段如质谱（MS）、红外光谱（IR）、核磁共振波谱（NMR）等技术的发展，确定一个纯组分是什么化合物相对就容易了。下面主要介绍气相色谱-质谱联用技术。

质谱法（massspectrometry，MS）是通过将样品转化为运动的气态离子并按质荷比（m/z）大小进行分离记录的分析方法，所得结果即为质谱图（亦称质谱，massspectrum）。根据质谱图提供的信息，可以进行多种有机物及无机物的定性和定量分析、复杂化合物的结构分析、样品中各种同位素比的测定及固体表面结构和组成分析等。

对MS而言GC是它的进样系统，对GC而言MS是它的检测器。由于质谱是对气相中的例子进行分析，因此GC与MS的联机困难较小，主要是解决压力上的差异。色谱是常压操作，而质谱是高真空操作，焦点在色谱出口与质谱离子源的链接。由于毛细管柱载气流量小，采用高速抽气泵时，两者可以直接连接。将气相色谱的毛细管直接插到质谱仪的离子盒中，组分被气相色谱仪分离后一次进入离子盒并电离，载气被抽走。

一、质　谱　仪

GC-MS主要由3部分组成：色谱部分、质谱仪部分和数据处理系统。质谱仪部分是GC-MS的核心部分，它的主要作用是将经GC分离的有机组分进行检测。质谱仪种类很多，但是不管是哪种类型的质谱仪，其基本组成是相同的，都包括离子源、质量分析器、真空系统和检测器。

1. 离子源

离子源的作用是将被分析的样品分子电离成带电的离子，并使这些离子在离子光学系统的作用下，汇聚成一定能量的离子束，然后进入质量分析器被分离。

2. 质量分析器

质量分析器是质谱仪的重要组成部分，利用不同方式将样品离子按质荷比分开。质量分析器的主要类型有单聚焦分析器、双聚焦分析器、四极滤质器等。

3. 真空系统

GC-MS的质谱部分需要在高真空条件下工作，离子源的真空度达$1.3\times10^{-5}\sim1.3\times10^{-4}$Pa，质量分析器的真空度达$1.3\times10^{-6}$Pa，若真空度过低会造成：

(1) 系统中的氧气会使离子源的灯丝烧坏；

(2) 会使本底增高，干扰图谱；

(3) 会引起副反应，改变分子的裂解模型，使图谱复杂化。

4. 检测器

质谱仪目前普遍使用电子倍增器进行离子检测，电子倍增器由一个转化极、倍增极和一个收集极组成。质量分析器出来的离子轰击电子倍增器的阴极表面，使其发射出二次电子，再用二次电子依次轰击一系列电极（倍增极），使二次电子不断获得倍增，最后由阳极（收集极）接受电子流，使离子束的信号得到了放大。

二、质谱图的定性定量分析

一般GC-MS的使用过程为：将在气相色谱仪上优化后的色谱条件用到GC-MS上，通过全扫描分析进行定性，然后选择目标化合物的特征质量，采用选择性离子扫描方式进行定量分析。

采用全扫描方式获得的总离子流图与FID产生的谱图极为相似，总离子流谱图中每一个点的强度等于该时间所有离子丰度的总和，根据归一计算每一个点可获得一张对应的质谱图，定性的依据就是出峰的位置的质谱特征。图6-12是14种多环芳烃标样的总离子流图，在该图上每一个峰代表一种化合物，并各对应一个质谱图。现在，质谱仪都配有计算机质谱图库，利用工作站软件的谱库检索功能，可以很方便地确定有机化合物结构。

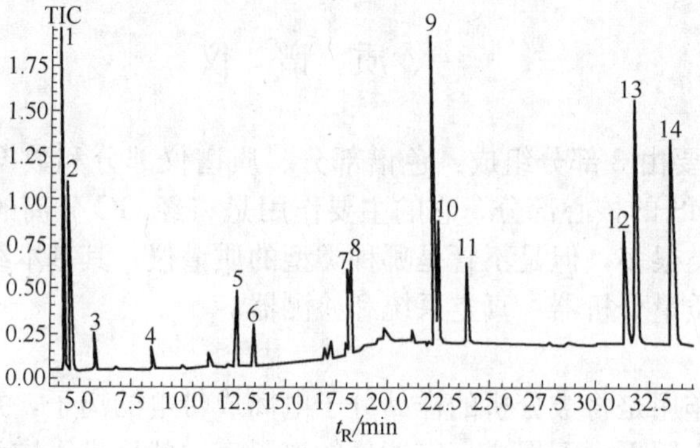

图6-12　14种多环芳烃标样的总离子流图

1—苊烯　2—苊　3—芴　4—蒽菲　5—荧蒽　6—芘　7—苯并［*a*］蒽　8—䓛
9—苯并［*b*］荧蒽　10—苯并［*k*］荧蒽　11—苯并［*a*］芘　12—茚并［1,2,3-cd］芘
13—二苯并［a,h］蒽　14—苯并［g,h,i］苝

三、GC-MS的应用

GC-MS的联用技术，发挥了色谱仪的高分离能力和质谱的准确测定相对分子质量和结果解析的能力，可以说是目前将两种分析仪器联用中组合效果最好的仪器，其技术也在不断进步，在各种行业中得到了广泛的应用。GC-MS可直接用于混合物的分析，可承担如致癌物质的检测、食品分析、工业污水分析、农药残留量的分析、中草药成分的分析等。如使用GC-MS的联用技术对地西泮、咪达唑仑、硝基安定、唑吡坦、氯硝安定、艾司唑仑、阿普唑仑和佐匹克隆等镇静催眠药的检测。具体采用叔丁基甲醚提取，甲基睾酮作为内标，HP-1MS色谱柱（17m×0.2mm×0.11mm）分离，程序升温，质谱检测。该方法的检测限和回收率均满足药物日常检测的要求，前处理简单、快速、可靠。

阅读材料　GC-MS调谐过程和性能测试方法

质谱仪的m/z标度是靠标准物质的质量标定的。GC-MS采用的标准物质一般为全氟三丁胺（FC-43）。这个化合物是三丁胺的H全部被F取代而成，电离后产生的离子m/z覆盖范围宽，碎片离子较少，质谱比较简单。GC-MS调谐的目的有3个：用FC-43的m/z 69，131，219，414，502等几个质量对质谱仪的质量指示进行校正；对质谱参数进行优化，以达到最好的峰形和分辨率；调整m/z 69，131，219，414，502等几个质量成一定比例，以消除质量歧视。

（1）仪器启动与仪器调谐

① 抽真空：质谱仪在真空下工作，要达到必要的真空度需要由机械真空泵和扩散泵（或涡轮分子泵）抽真空。如果采用扩散泵，从开机到正常工作需要2h左右，若采用涡轮分子泵则只需30min左右。

② 仪器调谐：这项工作可以通过仪器的“autotune”（自动调谐）操作来完成。

③ 设置质谱仪工作参数：主要是设置质量范围、扫描速度、灯丝电流、电子能量和倍增器电压。

同样，需要设置合适的GC操作条件。

（2）灵敏度和分辨率测试　在上述操作完成之后，GC-MS即进入正常工作状态，此时可以进行仪器灵敏度和分辨率测试。

①测定灵敏度：通过GC进八氟萘样品1pg，在一定的质谱条件下（EI方式，电子能量为70eV，灯丝电流为0.25mA），采集标样的质谱，用m/z 272作质量色谱图（提取离子色谱图），测定质量色谱图的信噪比。如果信噪比值小于10，要增加样品的用量。此时的进样量为该仪器的灵敏度。表示灵敏度要同时注明进样量和信噪比。

②测定分辨率：进标准样品FC-43，显示质量219，测定219峰的半峰宽ΔM，计算R值。

综合实训　中药木鳖子中脂肪酸组成的测定

项目背景：木鳖子又名木鳖藤，为葫芦科植物木鳖子的成熟种子，具有消肿散结，祛毒等作用，用于痈疮肿毒、乳痈、瘰疬、痔漏、干癣、秃疮。其化学成分中含有各种脂肪酸。

根据以上信息，学生自主完成以下任务：

任务一：选择检测方法。

任务二：查找资料，设计中药木鳖子中脂肪酸组成的测定方案。

任务三：对方案进行验证实施。

任务四：设计检验报告单，记录实验数据，并对实验结果进行分析与说明。

自主练习

简答题

1. 简述电泳的基本原理。
2. 影响电泳的外界因素有哪些?
3. 什么是粒子的迁移率?迁移率与哪些因素有关?
4. 简述毛细管电泳基本工作原理和毛细管电泳的特点。
5. 气相色谱-质谱联用技术的工作原理是什么?
6. 红外吸收光谱仪的基本构造是什么?

参考文献

[1] 黄一石. 仪器分析. 北京：化学工业出版社，2002.
[2] 任晓棠. 仪器分析技术. 武汉：华中科技大学出版社，2010.
[3] 曹国庆. 仪器分析技术. 北京：化学工业出版社，2009.
[4] 李晓燕. 现代仪器分析. 北京：化学工业出版社，2011.
[5] 汪正范. 色谱联用技术. 北京：化学工业出版社，2001.
[6] 陈培榕. 现代仪器分析实验与技术. 北京：化学工业出版社，2001.
[7] 郭英凯. 仪器分析. 北京：化学工业出版社，2010.
[8] 刘立行. 仪器分析. 北京：中国石化出版社，2008.
[9] 陈文娟. 药物分析实验. 北京：中国医药科技出版社，2008.
[10] 郭景文. 现代仪器分析技术. 北京：化学工业出版社，2004.
[11] 魏培海. 仪器分析. 北京：高等教育出版社，2007.
[12] 王秀萍. 仪器分析技术. 北京：化学工业出版社，2003.
[13] 朱良漪. 分析仪器手册. 北京：化学工业出版社，1997.
[14] 史景江. 色谱分析法. 重庆：重庆大学出版社，1990.
[15] 许国旺. 现代实用气相色谱法. 北京：化学工业出版社，2004.
[16] 刘约权. 现代仪器分析. 北京：高等教育出版社，2006.
[17] 王锋. 现代仪器分析. 北京：中国轻工业出版社，2008.